rororo

rororo

OLIVIA GRIMAUD

WEIL DU KANNST

WIE DU DEIN VOLLES POTENZIAL ENTFALTEST UND EIN ERFOLGREICHES BUSINESS FÜHRST

ROWOHLT TASCHENBUCH VERLAG

Da ich mich in diesem Buch zuallererst an die fabelhaften Frauen da draußen wende, die mit dem Gedanken spielen, ein Unternehmen zu gründen, habe ich mich entschieden, vorwiegend die weibliche Form zu nutzen, wenn ich euch direkt anrede oder von meinem Unternehmen und meiner Beratung schreibe. Die fabelhaften Männer, mit denen ich zusammenarbeite, dürfen sich mitgemeint fühlen. Im übrigen Text versuche ich, Formen zu verwenden, die alle Geschlechter einschließen, wo mir das nicht möglich ist oder gelingt, nutze ich mal die männliche und mal die weibliche Form. Zum Schutz ihrer Persönlichkeit habe ich außerdem die Namen einiger Personen geändert.

Die Empfehlungen in diesem Buch habe ich gründlich abgewogen. Natürlich habe ich nicht auf alles eine Antwort, und es gibt noch vieles mehr zu lernen und zu entdecken, aber das hier ist ein Anfang. Was ihr daraus macht, liegt ganz bei euch.

Originalausgabe
Veröffentlicht im Rowohlt Taschenbuch Verlag,
Hamburg, August 2024

Covergestaltung zero-media.net, München
Coverabbildung Katja Hentschel
Satz aus der Bennet Text bei Dörlemann Satz, Lemförde
Druck und Bindung CPI books GmbH, Leck
ISBN 978-3-499-01519-9

INHALT

VORWORT

Wir schreiben den 1. August 2020, vor vier Wochen erst habe ich nebenbei meinen Instagram-Account eröffnet, zusätzlich zu meinem 40-Stunden-Job als Head of Social Media für ein großes internationales Unternehmen. Wir wollen um 13:00 Uhr in den Urlaub fahren, und ich fühle, wie mir die Erschöpfung der Pandemie in den Knochen steckt. Die Wahl des Urlaubsziels ist aufgrund der Pandemie eingeschränkt, und wir haben uns für die Ostsee entschieden, immer ein beliebtes Urlaubsziel für Berliner, Pandemie hin oder her. Während mein Zuhause in den letzten Monaten zur Kommandozentrale, Kita und nun auch zur Content-Schmiede mutierte, bin ich mir selbst nicht mehr so sicher, ob ich in den Urlaub oder in die Reha fahre.

Wenn ich Freundinnen von meinem Instagram-Account berichte, auf dem ich Frauen dabei helfe, mit ihrem Coaching- oder Beratungs-Business sichtbar zu werden, stoße ich meist auf Kopfschütteln. Was sie nicht verstehen: Es ist meine selbst gewählte Ablenkung, meine Flucht aus dem Alltag, aus Job und *Paw Patrol*, dessen Titelmusik mich bereits in meinen Träumen verfolgt.

Ich sitze also buchstäblich auf gepackten Koffern, in wenigen Minuten soll es losgehen. Meine Tochter hat sich ihre lila Toniebox unter den Arm geklemmt und wühlt noch einmal in ihrer Kiste nach ihrem Lieblingstonie: Anne Kaffeekanne.

Mein Freund steht an der Tür, Handy in der Hand, und teilt mir mit, dass irgendwo zwischen Herzsprung und Rostock Stau ist und dass wir besser gleich losfahren sollten.

«Ja, Moment, ich stelle noch eben meine Abwesenheitsnotiz ein.» Da fällt mir auf, dass ich bisher nie auf einem Mac von Apple eine Abwesenheitsnotiz aktiviert habe, aber so viel anders kann das ja nicht sein als am Windows-Rechner. Ich verfasse schnell einen Zweizeiler.

Liebe Damen und Herren,

ich bin bis einschließlich 15. August nicht im Haus; E-Mails werden in dieser Zeit weder gelesen noch weitergeleitet. In dringenden Fällen wenden Sie sich bitte an meine Kollegin.

Liebe Grüße
Olivia Grimaud

Ich drücke auf Enter, und gerade als ich den Laptop zuklappen möchte, passiert es. Im Sekundentakt bekomme ich Abwesenheitsnotizen von sämtlichen Menschen, denen ich in den letzten sechs Monaten geschrieben habe – nicht nur das, ich bekomme ihre Abwesenheitsnotizen mehrmals. Mein Herz fängt an zu rasen. «Irgendwas stimmt hier nicht», sage ich mir selbst.

Sören wird ungeduldig und sagt: «Wenn wir die Rushhour vermeiden wollen, müssen wir jetzt wirklich los.»

Ich bin nicht in der Lage, ihm zu erklären, was da passiert; ich weiß es ja selbst nicht. Zwischen all diesen Abwesenheitsnotizen erreichen mich auch vereinzelt Nachrichten von Kolleginnen, die gleich in der Zeile ankommender Mails nach unten rutschen, da mehr und mehr Abwesenheitsnotizen von Kollegen eintreffen.

Meine erste Vermutung war, dass ich meine Mail versehentlich an den gesamten Mitarbeiterverteiler geschickt hatte, an über 4000 Menschen, aber es war noch schlimmer.

Mein Telefon klingelte, mein Kollege Jens. Ich hob mit gestresster Stimme ab: «Bekommst du das auch?» Er antwortete: «Olli, keine Ahnung, was du gemacht hast, aber dein Postfach läuft Amok. Du antwortest gerade mit deiner Abwesenheitsnotiz an jede einzelne E-Mail, die ich dir in den letzten sechs Monaten geschrieben habe. Sogar an die Mails, in denen ich nur in Copy war. Mein ganzes Postfach ist voll mit deiner Abwesenheitsnotiz ...»

Mir wurde kotzübel: Ich hatte nur auf meine ankommenden Mails geschaut, doch dabei lag das Problem woanders: Ich schickte einfach an jede einzelne Mail, an jeden Kontakt – egal, wie oft wir geschrieben hatten, ob es sich um eine neue Mail, eine Abwesenheitsnotiz oder um eine E-Mail-Konversation handelte – meine Abwesenheitsnotiz. Das Schlimmste war, dass meine Abwesenheitsnotiz wiederum Abwesenheitsnotizen auslöste von jenen, die wirklich gerade im Urlaub waren. Mein Postfach lief nicht nur Amok, es spielte Pingpong.

Mein Versuch, über die IT eine Lösung zu finden, wurde mit einem «Typisch Mac-User» quittiert. Ihr Vorschlag: Es geschehen lassen. Irgendwann würde die Flut schon aufhören. Ich vermochte kaum daran zu glauben. Als mein Chef anrief, war mein Körper schweißnass und mein Kopf heiß und rot. Ich nahm zitternd den Hörer ab, und Gott sei Dank vernahm ich seine entspannte und fröhliche Stimme: «Na, was hast du denn da gemacht?» Ungelogen, seine Gelassenheit werde ich nie vergessen, im Gegenteil, ich werde sie ihm immer hoch anrechnen.

Nachdem ich Sören erklärt hatte, was passiert war, verbrachten wir noch eine weitere Stunde damit, den E-Mail-Amoklauf zu beobachten. Ich war wie gelähmt, schämte mich und wäre am liebsten im Erdboden versunken. Auf meinem

Handy ging eine Welle an WhatsApp-Nachrichten von Kolleginnen ein, denen ich immer wieder dasselbe schrieb: «Es ist gleich vorbei – sorry.»

Nachdem ich eingesehen hatte, dass ich nichts mehr tun konnte, brachen wir endlich auf. Taub, ausgelaugt und erschöpft stieg ich ins Auto, und hinter mir ertönte sie wieder: die *Paw-Patrol*-Titelmusik aus der Toniebox.

Sören versuchte, mir gut zuzureden, doch ich reagierte nicht, er fragte mich etwas, ich antwortete nicht, ich starrte einfach aus dem Fenster. Er fasste meine Hand, denn er wusste, wann bei mir der Punkt erreicht war.

Ich erinnere mich noch so gut daran, wie wir eine Pause machten, mir der sommerliche Wind um die Ohren wehte; nur noch 30 Minuten, dann sollten wir ankommen. Ich hatte die letzten zwei Stunden kein Wort gesagt. Doch dann platzte es aus mir heraus:

«Schatz, ich will irgendwann mein eigenes Ding machen.»

Er schaute mich an und fragte: «Warum willst du das?»

Und ich sagte: «Weil ich kann.»

Vier Jahre später habe ich mir ein Online-Unternehmen aufgebaut, meine digitale Unternehmensberatung «Weil sie kann» gegründet, mehrfach sechsstellige Jahresumsätze erzielt und Tausenden Frauen dabei geholfen, aus ihrem Wissen, ihrer Expertise oder ihrer Idee ein profitables Online-Geschäft zu entwickeln.

Egal, ob du bereits deine Selbstständigkeit gestartet hast oder noch dabei bist, deine Vision zu formen, egal, ob du dein Online-Business hauptberuflich oder nebenberuflich aufbauen möchtest. Dieses Buch zeigt dir Schritt für Schritt, wie du dein volles Potenzial entfaltest, mit deiner Vision einen echten Impact hast, einen Markenauftritt entwickelst, der aus der Masse heraussticht und nicht nur ein weiteres Vanille- und Nice-to-have-Angebot ist. Ich zeige dir, wie du verkaufst, als wäre es das Normalste auf der Welt, und du schlüpfst hinein in deine neue CEO-Identität. Mach dich bereit, mit deinem Tun die Welt zu erobern. Warum? Weil du kannst!

WEIL ICH KANN – SCHÖPFERIN STATT OPFER

Stell dir vor, du könntest mit einer Superkraft durchs Leben steuern – und diese Superkraft ist deine eigene Klarheit. Es ist, als hättest du endlich die Brille gefunden, durch die du plötzlich jeden Winkel deines Lebens gestochen scharf siehst. Diese Klarheit wird zu deinem unübersehbaren Super-Glücksbringer, der dir deinen ganz eigenen Weg weist, der sämtliche Ablenkungen in Rauch auflöst und durch den du in einem Heuhaufen voller Möglichkeiten immer ganz genau jene Nadel findest, die passgenau für dich, deine Vision und dein Leben gedacht ist.

Auf den kommenden Seiten zeige ich dir, wie genial es ist, ein eigenes digitales Unternehmen zu erschaffen, das mehr ist als nur eine Geldmaschine – und wie schön es ist, jemand zu sein, der die Kasse zum Klingeln bringt und noch dazu einen echten Impact in dieser Welt hat. Es wird auch um die ersten kleinen, aber grundlegenden Schritte gehen, die du machst, um deinen Traum vom finanziell freien und selbstbestimmten Leben in die Realität umzusetzen – selbst wenn du am Start noch ein bisschen durch den Nebel stolperst. Du weißt vielleicht noch nicht genau, wie das alles gehen soll, aber wenn du weißt, warum dir das Ganze so dermaßen wichtig ist, findet sich der Weg. *Trust me.*

Ich selbst habe klein angefangen, aber meine Träume waren groß. Mein Ziel war ein ortsungebundenes digitales Unternehmen und ein Verdienst mit genügend Nullen, um mir Freiheit, Zeit mit meinen Kindern und Sorglosigkeit zu ermöglichen. Und ich wollte keine Kompromisse. Doch das war weiß Gott nicht immer so: Ich bin das jüngste von fünf Kindern, 1985 in Aix-en-Provence, Frankreich, geboren, aber mit vier Jahren nach Berlin gezogen, zurück in die Heimatstadt meiner Mutter. Wir lebten in einer Fünfzimmerwohnung in Berlin-Wilmersdorf mit meiner Großmutter, die von meiner Mutter zu Hause gepflegt wurde. Geld war immer knapp, und das war für mich einfach normal.

An einen Tag kann ich mich besonders gut erinnern: Es war Dezember 2001, der letzte Tag vor den Weihnachtsferien. Ich war in der 11. Klasse, saß in der ersten Reihe und spürte die Aufregung in der Luft. In der letzten Schulstunde vor dem erlösenden Gong teilte unser Klassenlehrer einen Zettel aus. Ich ahnte bereits, was darauf stand, denn meine älteren Geschwister hatten diese Prozedur in den vergangenen Jahren bereits durchlaufen. Also stellte ich mich innerlich darauf ein, wie ich reagieren würde.

Der Zettel, den ich in meinen Händen hielt, war die Anmeldung für die Ski-Klassenfahrt nach Chamonix in den französischen Alpen. An unserer Schule war diese Chamonix-Fahrt für die 11. Klasse Tradition, quasi das Highlight der gesamten Schullaufbahn. Schon seit der 5. Klasse hörten wir die aufregendsten Geschichten darüber.

In den vergangenen Wochen hatte sich in der Klasse bereits alles um dieses Ereignis gedreht. Wer ein Zimmer teilen würde, wer neben wem im Bus sitzen würde oder welche Pistenstrecken besonders angesagt waren.

Die Freude und Spannung bei den anderen war kaum zu übersehen, als sie endlich den ersehnten Zettel in Händen hielten. Jubelrufe «Frohe Weihnachten für mich!» hallten durch den Klassenraum. Nur ich konnte mich nicht so recht freuen. Ich saß da, nahm den Zettel entgegen und überflog den Text. Meine Augen wanderten zu den beiden Auswahlmöglichkeiten: Mein Kind fährt mit. Mein Kind fährt nicht mit und nimmt stattdessen am angepassten Schulunterricht teil.

Ich nahm meinen Stift und setzte mein Kreuz neben die zweite Option. Warum sollte ich die Antwort hinauszögern? Meine Mutter würde am Abend den Zettel unterschreiben, und damit wäre die Sache für mich erledigt.

Rund 500 Euro nur für mich allein und nur für eine Klassenfahrt – das konnten wir uns einfach nicht leisten. Selbst wenn wir finanzielle Unterstützung des dafür vorgesehenen Schulfonds beansprucht hätten, wäre es immer noch nicht machbar gewesen.

Chamonix würde ohne mich stattfinden. Tatsächlich war ich nur ein einziges Mal in meinem Leben Ski gefahren, und zwar mit meiner besten Freundin, deren Familie zufälligerweise ein Ferienhaus in Chamonix besaß. Meine Ski-Erfahrung endete mit einem Rettungseinsatz und einem verrenkten Knie auf dem Berg. Das war die perfekte Ausrede, um meine Scham darüber, dass wir uns die Klassenfahrt nicht leisten konnten, zu verbergen. Als mich ein Klassenkamerad fragte, ob ich es mir nicht doch überlegen wolle, antwortete ich cool: «Nur wenn ich nicht Ski fahren muss.»

Ich wusste genau, dass dies nur möglich wäre, wenn eine der begleitenden Personen die Aufsicht übernehmen würde. Glücklicherweise hatte ich aus sicherer Quelle erfahren, dass diese sich mindestens genauso sehr auf die Skireise freuten wie meine Klasse.

«Ich hasse Skifahren, du weißt das. Ich möchte mir mein Knie nicht noch einmal verletzen und im Notdienst behandelt werden müssen», fügte ich noch hinzu.

Meine Geschichte schien bei den meisten gut anzukommen. Ich glaube, ich kaufte sie mir im Laufe der Zeit sogar selbst ab.

Heute weiß ich: Meine Mutter hat ihr Bestes getan, um uns fünf Kinder durchzubringen – ohne meinen Vater. Er starb, als ich vier Jahre alt war. Für mich war meine Mama meine Heldin, die alles zusammenhielt, Geld hin oder her. Vor allem, seit ich selbst Mama bin, ist meine Bewunderung für meine Mutter noch größer als je zuvor.

Denn auch wenn wir vielleicht nicht die neuesten Hosen hatten, Spielzeuge oder Markenschuhe, so hatten wir eines: uns. Ein Zuhause, angefüllt mit Lachen, Streichen, Zusammenhalt, Streit, Versöhnungen und Wärme.

Meine Mutter starb im Februar 2021, und meine Geschwister sind bis heute meine engsten Verbündeten. Ich meine es so, wenn ich sage: Wir sind die beste Gang der Welt. Und nein, wir streiten nicht weniger als früher, aber immerhin: Wir haben uns zum Streiten, und wenn es hart auf hart kommt, stehen wir im Kreis Schulter an Schulter so eng zusammen, dass keiner von uns fällt.

Mein Leben lang war es für mich irgendwie immer normal, wenig Geld zu haben. Auch als Erwachsene, egal, ob ich einen guten Job hatte oder nicht: Es war für mich normal, entweder alles auszugeben oder wenig zu haben. Dass dies tief sitzende Glaubenssätze in Bezug auf Geld waren, die mich daran hinderten, mein Geld zusammenzuhalten, mein Geld zu investieren oder es anzulegen, sollte ich erst mit 32 Jahren erfahren.

Der Wendepunkt kam im Mai 2019. Meine Ehe war im Sommer zuvor zu Ende gegangen, und ich hatte mir damals für 12 Monate eine Auszeit von meinem Job als Head of Social Media genommen. Die Trennung, das ständige Performen auf der Arbeit, die Verantwortung und vor allem die Einsicht, dass der

Versuch, die perfekte Mutter, Freundin, Chefin, Angestellte zu sein und dabei «alles unter einen Hut» zu bekommen, einfach völliger Schwachsinn war, brachten mich zu dieser Auszeit. Mein monatliches Geld während dieser Phase reichte kaum für die Miete, und wirklich jeder Euro war fest verplant. Große Sprünge waren einfach nicht drin.

Ich kaufte unsere Kleidung entweder auf dem Flohmarkt, was ich tatsächlich auch heute noch mache – doch aus einer Leidenschaft heraus statt wie damals aus Not. In diesem Jahr bestand mein Luxus darin, in meiner gewonnenen Zeit mit meiner Tochter auf dem Spielplatz zu toben, mir einen Coffee to go zu spendieren und ihr ein Eis.

An diesem Maitag öffnete ich den Briefkasten, und ein Umschlag von meinem Stromanbieter fiel mir entgegen. Na klasse, dachte ich. Was wollen die denn schon wieder?

Es handelte sich um die dritte Mahnung für die Nachzahlung der alljährlichen Stromabrechnung, bei der ich versäumt hatte, eine Summe von 125 Euro zu begleichen. Verdammt, schon wieder, dachte ich.

Ich sehe die Zahlen noch genau vor mir: 125 Euro. Heute ein für mich lächerlicher Betrag. An diesem Tag im Mai 2019 war er die Welt. Es waren fast zwei Wochen Lebensmittel oder drei Monate Insulin für meinen kranken Hund, Sommerschuhe für meine Tochter oder, oder, oder …

Und da stand ich mit der Mahnung in der Hand und mit der deutlichen Aufforderung, den Betrag innerhalb von 14 Tagen zu begleichen, da mir sonst der Strom abgestellt würde.

Mir wurde schwindelig, mein Herz raste, und es zog mir buchstäblich den Boden unter den Füßen weg.

Ich erinnere mich noch genau, wie ich in meinem Schlafzimmer auf dem Boden zusammenbrach und vor Wut über mich so heftig weinte, dass mir die Luft zum Atmen fehlte.

Wie konnte es sein, dass ich an diesen Punkt gekommen war?

Erst nach und nach wurde mir klar, wie viele Glaubenssätze über Geld ich mit mir herumtrug. Ständig dieses Kämpfen, diese permanente Angst, dass es nicht reichte. Bis zu diesem Zeitpunkt war es für mich völlig normal, immer bis zur dritten Mahnung zu warten oder regelmäßig im Dispo zu sein. Egal wie viel Geld ich verdiente – sei es als Studentin im Bioladen oder später als Head of Social Media für große Unternehmen, ich war felsenfest davon überzeugt: Viel Geld ist nichts für mich, Geld zu haben, ist unsicher. Am besten schnell weg damit.

In jenem Moment, auf dem Boden meines Schlafzimmers, traf ich eine Entscheidung: Ich würde mich niemals wieder in einen finanziellen Zustand des Mangels oder der Abhängigkeit begeben.

Ich hatte keine Ahnung, wie, und auch keine Ahnung, wodurch ich das erreichen sollte, aber es stand fest: Ich wollte die Kontrolle über mein Leben und vor allem: Ich wollte meiner Tochter ein Vorbild sein. Und wie so oft im Leben fängt alles mit einer Entscheidung an.

Eine Freundin erzählte mir dann von einem Podcast, der mir in meiner Situation helfen könnte. Ich bin ehrlich, ich hatte mir davon nicht viel versprochen, zumal es sich um eine Zeit handelte, in der Podcasts weit von dem entfernt waren, was Podcasts heute sind.

Dennoch: Ich gab dem eine Chance, und eines Morgens im Juni, nachdem ich meine Tochter fürs Wochenende zu ihrem Vater gebracht hatte, drehte ich mit meiner Hündin Poppy eine Runde um den Block. Und statt wie sonst *Best of Backstreet Boys* dabei zu hören (ja, ich oute mich hiermit als Fan seit Stunde null), suchte ich den Podcast auf Spotify und hörte zum allerersten Mal in *Happy Holy Confident* hinein, den Podcast für Persönlichkeitsentwicklung von Laura Malina Seiler.

Ich hörte mich durch eine Folge, und es war, als ob sie mir aus dem Herzen sprach. Ich fühlte mich verstanden von jemandem, den ich selbst noch nie gesehen und von dem ich noch nie gehört hatte, und es war, als setzten sich meine Gedanken, meine Glaubenssätze und meine bisherigen Entscheidungen wie ein Puzzle zusammen. Es ging in der Folge darum, sich dem eigenen Weg zu widmen und den alten Glaubensmustern abzuschwören. Ich hörte eine Folge nach der anderen, und ungelogen: Am Ende des Tages hatte ich sämtliche Folgen durchgehört und nebenbei den ganzen Haushalt erledigt.

Ich war *on fire*. Es war, als ob der dunkle Schleier der Ohnmacht, nichts an meiner eigenen Situation ändern zu können, von mir wegflog und mir eine Welt voller neuer Möglichkeiten offenbart wurde. Einzig und allein durch die Macht meiner eigenen Gedanken.

Drei Wochen später hatte ich nicht nur meine Stromrechnung bezahlt, ich hatte einen kleinen Job als Texterin angenommen – ich kaufte mir auch meinen allerersten Onlinekurs: Die *Rise Up and Shine University*, ein Onlinekurs, bestehend aus vielen kleinen Videos, Anleitungen und einem Workbook. Diese Entscheidung markierte den Startpunkt meiner persönlichen Entwicklung, und es folgten noch viele solcher Investitionen, die mich zu der Unternehmerin machten, die ich heute bin.

Ich erinnere mich noch so gut daran: Der Kurs kostete 299 Euro, und dieser Betrag kam mir damals gigantisch vor. Doch ich kaufte ihn zu der kleinstmöglichen Rate, und ich tat es, ohne die Garantie zu haben, ob mich diese Ausgabe irgendwie weiterbringen würde.

Mir war noch nicht klar, dass es sich hierbei nicht um eine Ausgabe, sondern um eine Investition handelte. Und zwar in mich und in meine Kraft, alles zu erschaffen, was ich mir vornahm.

Dies war die Geburtsstunde, in der ich meine eigene Schöpfungskraft zum Leben erweckte. Es folgten unzählige Bücher, Podcasts, Meditationen von verschiedensten Autor:innen, Coaching-Ausbildungen zur Leadership- & Kommunikationstrainerin, die mich heute – 5 Jahre später – auf ein Leben zurückblicken lassen, in dem ich mutige Entscheidungen traf, für die ich belächelt oder sogar angeprangert wurde.

Und obwohl die Veränderungen damals nicht sofort eintraten, waren es die kleinen Schritte in den darauffolgenden Jahren, die mein gesamtes Leben und meine Art, Dinge zu betrachten und anzugehen, grundlegend verändert haben.

Ich habe in diesem Sommer 2019 ein Poster über mein Bett gehängt, das heute über meinem Bürotisch prangt: *Your Mind Is a Powerful Thing. When You Fill it With Positive Thoughts Your Life Will Start to Change.*

Ich fing an, Verantwortung für mein Handeln zu übernehmen, ich beobachtete, wie ich mit mir selbst sprach, ich erkannte, wie wenig liebevoll ich mit mir selbst umging und wie sehr ich darauf bedacht war, es anderen recht zu machen statt mir selbst.

Ich ging zurück in die Festanstellung, aber mit dem Wunsch, irgendwann mein eigenes «Ding» zu machen. Und ich vertraute darauf, dass meine Vision sich zu gegebener Zeit offenbaren würde. Doch ein erster Schritt, vielleicht der wichtigste, war es, finanzielle Ruhe in mein eigenes System zu bringen.

Ich trat einen Job als Head of Social Media an, mit einem sechsstelligen Jahresgehalt, das ich mich zuvor niemals getraut hätte zu verlangen, ich fing an, meine Altlasten wie BAföG abzuzahlen, und ich beschäftigte mich mehr und mehr auch mit Anlagemöglichkeiten, mit Investitionen, Aktien und ETFs.

Heute weiß ich, dass all meine Limitierungen auf Erfahrungen fußen, die ich in meiner Kindheit und Jugend gemacht und als Wahrheit eingeordnet habe. Und ich weiß auch, dass ich selbst die Kraft habe, meine Bewertungen von Dingen bewusst zu steuern.

Die finanzielle Ruhe in meinem System erlaubte es mir, aus meinem Survival-Modus herauszukommen. Und vor allem: Als ich anfing, Ordnung in meine Situation zu bringen, änderte sich mein ganzes Leben. Ich ließ Menschen hinein, die dafür sorgten, dass ich mich leicht fühlte, und ich verabschiedete mich von Menschen, die ich rückblickend als Energievampire bezeichnen würde.

Ich lernte meinen jetzigen Partner kennen, der mich aus heiterem Himmel in meinem Lieblingscafé ansprach. So ganz klassisch, offline, OHNE App, ohne Swipe oder Match. Er fragte, ob er sich auf den Stuhl mir gegenüber setzen dürfe, und ich erwiderte grantig: Wenn's denn sein muss.

Wir begannen eine unbefangene Konversation, und als ich mich verabschiedete, tauschten wir keine Nummern. Ich dachte mir: Wenn's so sein soll, dann sehen wir uns wieder. Zehn Tage später kreuzten sich unsere Wege auf der Straße, er lud mich zu einem offiziellen Coffee Date ein, und seitdem sind wir Partner in Crime, eine Patchworkfamilie, Seite an Seite. Von da an tauschte ich mich mit ihm über sämtliche Ideen aus, die mir neben meiner Festanstellung durch den Kopf jagten. Sowohl er als auch meine Mutter waren immer diejenigen, die mir sagten: Ja, mach das! Ohne Aber, ohne «Das kannst du nicht».

Und dann folgte der Moment, in dem alles zum Erliegen kam: Im März 2020 traf Corona die Welt, und die verstummte und hielt den Atem an: Die Straßen leerten sich, die Büros waren verlassen, und der Alltag, den wir so selbstverständlich führten, fand für lange Zeit hinter verschlossenen Türen statt.

Inmitten dieses globalen Innehaltens saß ich in meinem Wohnzimmer, das zum Dreh- und Angelpunkt meines Lebens wurde: Büro, Kita, Rückzugsort – alles unter einem Dach.

Die Welle der Digitalisierung brach über uns herein, und plötzlich war ich als Head of Social Media gefragter denn je. Alles, was bisher offline stattgefunden hatte, sollte nun digital ablaufen, und während andere in Kurzarbeit gingen, war ich damit betraut, den digitalen Wandel mit voranzutreiben. Es war eine Zeit, die sowohl von Anspannung als auch von neuen Möglichkeiten geprägt war.

Die Umstellung auf virtuelle Meetings, die Organisation von Online-Events und das Managen von digitalen Kampagnen gehörten nun zu meinem Tagesgeschäft. Die strategische Ausrichtung unserer Onlinekommunikation und der Kommunikationskanäle, die ich betreute, rückte in den Fokus des Unternehmens, als andere Vertriebs- und Marketingkanäle durch den Lockdown zum Erliegen kamen.

Mein Team und ich arbeiteten Tag und Nacht daran, Inhalte zu produzieren, die nicht nur relevant, sondern auch tröstend und aufbauend waren. Wir wussten, dass die Menschen mehr Zeit im Internet verbrachten auf der Suche nach Informationen, Inspiration und auch Ablenkung in einer Zeit, die von Unsicherheit gezeichnet war.

Social-Media-Plattformen erlebten eine nie da gewesene

Nutzungsdichte – und das über alle Demografien hinweg. Die Herausforderung bestand darin, in einer Flut von Information und Kommunikation die Sichtbarkeit zu erhöhen und gleichzeitig echte Verbindungen zu schaffen. Wir mussten unsere Botschaften fein justieren, da sich die Wünsche und Bedürfnisse unserer Kunden schlagartig verändert hatten.

Ich organisierte virtuelle Schulungen für Mitarbeiterinnen, Kollegen und Partner, damit diese lernten, wie sie ihre eigenen digitalen Strategien implementieren konnten. Während unserer Onlineseminare und Onlinediskussionsrunden teilte ich mein Fachwissen und ermutigte alle, die neuen Werkzeuge und Plattformen aktiv zu nutzen.

Die Coronakrise hatte die digitale Transformation beschleunigt, und ich hatte das Privileg – und den Druck –, dabei zu sein, wenn es darum ging, das Unternehmen durch diese Transformation zu führen, in einer Welt, in der die Art und Weise, wie wir Geschichten erzählen und Beziehungen knüpfen, neu definiert wurde.

Dieser unerwartete Wandel brachte auch persönliche Herausforderungen mit sich. Die Grenzen zwischen Arbeit und Privatleben verschwommen. Ich fand mich oft dabei wieder, wie ich Zoom-Meetings aus meinem Wohnzimmer heraus leitete, während im Hintergrund meine Tochter lauthals die Titelmusik von Peppa Wutz trällerte.

Ich erinnere mich daran, wie ich eines Vormittags dem Vorstand des Konzerns eine wichtige Präsentation vorstellte. Ich hatte an den Tagen zuvor bis tief in die Nacht an der Präsentation gefeilt, Strategien ausgearbeitet, und mir schlug vor Aufregung das Herz bis zum Hals.

Von meinem Bildschirm starrten mich 25 Augenpaare an, vermehrt Menschen, die mit dem Thema Onlinemarketing und Social-Media-Marketing noch nicht ganz so viele Berührungspunkte hatten, aber durch Corona die Notwendigkeit dieser Tools erkannten.

Inmitten meiner Erläuterung, warum wir diese sozialen Netzwerke nun für tiefe Kundinnenbindungen nutzen sollten, schallte aus dem Badezimmer die laute Stimme meiner dreijährigen Tochter: «Maamaaaaaaaaa! Ich bin fertig!» Das Töpfchentraining macht auch vor Vorständen nicht halt.

Meine Hoffnung, dass das Mikro meines Laptops Hintergrundgeräusche filtern würde, erlosch augenblicklich, als ich das Lachen auf den Gesichtern meiner Zuschauerinnen sah.

Diese Zeit war aber auch geprägt von einem Gefühl der Zugehörigkeit und Sinnhaftigkeit. In einer Zeit, in der die Welt stillstand, war unsere Arbeit im Bereich Social Media dynamischer denn je. Wir boten einen Orientierungspunkt, eine Quelle der Stabilität und des Wachstums, auf die sich sowohl das Unternehmen als auch unsere Kundinnen verlassen konnten.

Als die Monate vergingen, wurde deutlich, dass die Veränderungen, die wir durchlebten, weit über den Rahmen einer vorübergehenden Krise hinausgingen. Die digitale Landschaft, die ich jeden Tag gestaltete, war keine Übergangslösung, sondern der Beginn einer neuen Ära im digitalen Marketing und ein neues Kapitel in meiner Karriere. Statt mich der Stille zu beugen, suchte ich nach einem Weg, die Stille zu füllen – mit Hoffnung, Führung und einem Plan, anderen zu helfen, trotz der Isolation sicht- und hörbar zu bleiben.

So kam es, dass ich mich im Juni 2020 entschied, mit meinem Instagram-Kanal (damals *Female Social Media Club* und heute @oliviagrimaud) einen Ort zu erschaffen, an dem ich mit anderen mein Wissen teilen kann, damit sich vor allem Frauen mit ihrer Selbstständigkeit – als Coachin, Expertin oder Trainerin – mehr Sichtbarkeit aufbauen können. Denn dies war der Trend: Menschen lösten sich aus ihren Hauptjobs und erkannten, welche Talente in ihnen schlummerten, und sie verfolgten zunehmend den Wunsch, diese zu nutzen. Mehr und mehr nebenberufliche Selbstständige nahmen den digitalen Wandel wahr.

Mein Instagram-Kanal entwickelte sich schnell zu einer Plattform des Austauschs und des Lernens. Er wurde zu einer inspirierenden Gemeinschaft, in der ich mein Wissen und meine Erfahrungen teilte und Frauen dabei unterstützte, ihre persönliche Marke aufzubauen und ihre Onlinepräsenz zu stärken. Ich bot Ratschläge zu Marketingstrategien, Content-Erstellung und dem Aufbau eines authentischen digitalen Netzwerks.

Das Echo war überwältigend. Anhand der Kommentare und Nachrichten spürte ich, wie groß das Bedürfnis nach Orientierung und Unterstützung in diesen ungewissen Zeiten war. Frauen aus verschiedenen Branchen suchten nach Wegen, ihre Passionen zu monetarisieren und ihre eigene Geschichte im Netz zu erzählen.

Ich half ihnen, ihre Einzigartigkeit zu erkennen und diese in eine starke Onlinepräsenz umzuwandeln. Dies war nicht nur ein Prozess des beruflichen Wachstums, sondern oft auch eine persönliche Entfaltung.

Als ich die Entwicklungen auf meinem Kanal verfolgte und sah, wie aus meinen Followerinnen nach den ersten zaghaften Schritten selbstbewusste Unternehmerinnen wurden, die ihren eigenen Wert erkannten und diesen in der digitalen Welt kommunizierten, stellte ich fest, dass auch ich meinen Platz in der digitalen Landschaft gefunden hatte: Ich half anderen, ihr Licht leuchten zu lassen.

Ich kommunizierte bereits zu Beginn offen mit meinen Vorgesetzten über meinen Instagram-Kanal, denn parallel zu meiner hauptberuflichen Aufgabe wurde er zu meiner nebenberuflichen Leidenschaft, die mir half, meine eigenen Talente und Möglichkeiten zu entdecken. Ich nutzte die Tools und Methoden, die ich anderen beibrachte, um mich selbst als *Thought Leaderin* im Bereich des Social-Media-Marketings zu etablieren.

Dieser Wandel fühlte sich kraftvoll und bereichernd an und führte mir vor Augen, dass der digitale Wandel berufliche Chancen eröffnete, die zuvor unvorstellbar gewesen wären. In einer Welt, die stillstand, fand ich eine Bewegung und Dynamik, die mein Leben und das Leben vieler anderer bereicherte und umgestaltete. Wir erkannten gemeinsam, dass in der Herausforderung auch das Geschenk der Möglichkeit lag.

Als ich meinen Weg in die Welt der sozialen Medien fand, war der Gedanke, damit Geld zu verdienen, noch eher ein vager Traum denn ein greifbares Ziel. Die Idee schwebte wie eine Seifenblase in der Luft, bunt schillernd, aber zerbrechlich – etwas für die Zukunft, das ich irgendwann, wenn die Zeit reif war, ernsthaft verfolgen wollte.

Umso überraschender und surrealer wirkten auf mich die ersten Anfragen von Kundinnen, die in mein Postfach trudelten. Mit gerade einmal 300 Followerinnen auf meiner Plattform stand ich noch am Anfang meiner Präsenz in den sozialen Netzwerken. Doch irgendetwas an meiner Art zu kommunizieren, an den Inhalten, die ich teilte, hatte einen Nerv getroffen. Es fühlte sich an, als wäre ich unvermittelt auf fruchtbaren Boden gestoßen, wo ich nicht einmal bewusst gesät hatte.

Sicherlich, es sollte noch anderthalb Jahre dauern, bis ich tatsächlich meinen ersten Euro verdiente – doch diese ersten, unerwarteten Anfragen entfachten ein Feuer der Hoffnung in mir. Sie waren erste Zeichen, dass in meiner Idee Potenzial steckte – ein Potenzial, das trotz aller Anfangsschwierigkeiten und Herausforderungen darauf wartete, verwirklicht zu werden.

Im Grunde meines Herzens wusste ich schon in diesen frühen Tagen, dass sich meine Leidenschaft für Social Media langsam zu etwas viel Größerem entwickelte: zu einem echten Business, das eines Tages meine Welt verändern könnte. Ich wusste noch nicht, wie ich diesen Weg beschreiten sollte, aber das Interesse der ersten Kundinnen hatte mir den entscheidenden Nudge gegeben.

GROWTH MINDSET VERSUS FIXED MINDSET

Als ich mich entschied, sichtbar zu werden und anderen mit meinem Account zu helfen, wehte mir zuerst viel Gegenwind entgegen. Meine Freunde machten sich anfänglich darüber lustig, nahmen meine Arbeit nicht ernst, und noch weniger sahen sie darin ein potenzielles Businessmodell, das mir später zu meiner Eigentumswohnung, einem ordentlichen Depot und einem Leben frei von Jours fixes und schlechtem Automatenkaffee verhelfen könnte.

Doch ich hörte eine Stimme in mir, die sagte: Geh los!

Denn selbst wenn ich als Kind nicht über viel Materielles verfügt hatte, gab es etwas, das sich tief in mir verankert hat: Meine Mutter hatte mich immer bestärkt. Egal welche Ideen ich hatte, sie sagte mir immer: «Ja, mach das!» Als ich mit 24 Jahren für drei Monate auf die Île de la Réunion fliegen wollte, um dort bei der Inselzeitung ein Auslandspraktikum zu machen, sagte sie: «Ja, mach das!»

Und als ich ihr mit 26 Jahren offenbarte, dass ich, anstatt meine Karriere im PR- und Marketingbereich weiterzuverfolgen, lieber ein Cupcake Café eröffnen wollte, erwiderte sie: «Mein Schatz, tu das!»

Dafür werde ich ihr immer dankbar sein. Sie gab mir immer das Gefühl: Wenn du etwas willst, findest du einen Weg. Selbst wenn du es noch nicht kannst, wirst du es lernen.

Ich hatte keinen Schimmer von Cupcakes oder Gastronomie im Allgemeinen. Cupcakes backen und an wildfremde Leute verkaufen? Und dann auch noch in einer Zeit, in der man höchstens Rezepte googeln konnte, die ansonsten in der SUPERillu zu finden waren?

Anstatt mich auf den Boden zu werfen und zu jammern, dass ich nicht backen konnte und kein Geld hatte, fand ich Wege, um meine Wünsche wahr werden zu lassen. Mit 26 Jahren eröffnete ich die Cupcake Cuisine. Dafür stand ich nächtelang nach der Uni und nach meinem Nebenjob bei H&M in meiner Küche und buk Cupcakes, bis ich das perfekte Rezept gefunden hatte. Wenn ich etwas wirklich wollte, dann fand ich auch einen Weg, egal, wie groß die Herausforderung war.

Noch vor fünf Jahren konnte ich mir kaum alleine die 800 Euro Miete für meine Wohnung leisten, ich hatte Mühe, meine Stromrechnung zu begleichen, den Onlinekurs zahlte ich ratenweise. Und heute: Ich besitze die Wohnung, ich lebe in meinem Traumhaus außerhalb der Stadt, habe meine eigene GmbH ohne Fremdfinanzierung oder Anteilseignerinnen gegründet und kann mein Leben mit meiner Familie finanziell frei und selbstbestimmt gestalten.

Wie war das möglich? Ich hatte ein glasklares Ziel vor Augen und war getragen von einem Warum, das mir dabei half, meinen eigenen Weg zu diesem Ziel zu finden. Mein Warum: Ich wollte Frauen auf ihrem Weg zu einem freien, selbstbestimmten und erfolgreichen Leben helfen. Komme, was wolle.

Was diese Zielstrebigkeit betrifft, trennen sich Menschen in zwei Gruppen auf: diejenigen, die Wege finden, und diejenigen, die sich den Umständen ergeben.

Die Psychologin und Professorin Carol Dweck prägte 2006 erstmals die Begriffe *Growth Mindset* und *Fixed Mindset*. In ihrem Buch *Mindset: The New Psychology of Success* (Selbstbild: Wie unser Denken Erfolge oder Niederlagen bewirkt) erklärt sie, wie diese unterschiedlichen Denkweisen die Art und Weise beeinflussen, wie sich Menschen Herausforderungen stellen, mit Rückschlägen umgehen und ihre Ziele verfolgen. Lass mich kurz erklären, was sich hinter den Begriffen *Growth Mindset* und *Fixed Mindset* verbirgt:

Growth Mindset

Das Growth Mindset, zu Deutsch «entwicklungsorientierte Denkweise», geht davon aus, dass Intelligenz, Fähigkeiten und Talente nicht statisch sind, sondern sich durch Anstrengung, Lernen und Erfahrung weiterentwickeln können. Menschen mit einem Growth Mindset glauben an ihr eigenes Potenzial, sehen Herausforderungen als Chancen zur Weiterentwicklung und nehmen Rückschläge als Lernmöglichkeiten an.

Fixed Mindset

Das Fixed Mindset, zu Deutsch «festgelegte Denkweise», geht hingegen davon aus, dass Intelligenz und Fähigkeiten von Natur aus begrenzt und unveränderbar sind. Menschen mit einem Fixed Mindset glauben eher, dass ihre Fähigkeiten auf bestimmten Gebieten liegen, und meiden häufig Herausforderungen, um Misserfolg zu vermeiden und ihr Selbstwertgefühl zu schützen.

Diese beiden Mindsets haben Auswirkungen auf unsere Leistung, Motivation und Einstellung gegenüber Herausforderungen. Beide Mindsets zu verstehen, kann dir helfen, deine Denkweise zu erweitern, dein Entwicklungspotenzial zu nutzen, und dich bei der Bewältigung von Herausforderungen unterstützen.

Wenn ich eines über mich selbst behaupten kann: Ich habe einen starken Willen, mit dem ich immer wieder Wege finde, um meine Ziele zu erreichen. Genau daran scheitern die meisten Menschen aber schon. Sie setzen sich keine konkreten Ziele. Sie gehen einfach los und schauen, was das Leben ihnen bringt. Und oft serviert es statt leckerer Törtchen mit Sahnehäubchen und Glitzer nur ein paar Kekskrümel, und die Menschen sind enttäuscht. Oder schlimmer noch, sie sagen sich: «Hab ich es doch gleich gewusst.» Aber genau hier liegt das Geheimnis des Erfolgs. Die Klarheit über deine Ziele bestimmt die Qualität deiner Reise hier auf dieser Welt.

Stell dir vor, du steigst in ein Taxi und sagst dem Fahrer schlicht: «Fahr los!» Klar, du kommst irgendwo an, aber es ist unwahrscheinlich, dass du genau da ankommst, wo du eigentlich hinwillst. Ich selbst habe ganze vier Anläufe gebraucht, bis ich zu meinem Herzensthema fand.

Bevor ich mit meiner Unternehmensberatung «Weil sie kann GmbH» Frauen bei ihrer Mission unterstützte, habe ich einiges ausprobiert:

1. Ich habe Brustbeutel aus recycelten Stoffen nähen lassen. Dafür bin ich mit meiner Mutter zu Wertstoffhöfen gefahren und habe Säcke voller alter Stoffreste aufgekauft und ungefähr 50 Brustbeutel erstellt – nur um die Idee wieder zu verwerfen.
2. Ich wollte Hüftgurte für Kleinkinder in Deutschland, Österreich und der Schweiz ganz groß machen. Dafür waren eine Freundin und ich sogar bei der *Höhle der Löwen* eingeladen und hatten Investorengespräche.
3. Ich wollte lange Zeit Kitas in Berlin und ganz Deutschland als Träger gründen. Dafür besuchte ich einige Fortbildungen und kniete mich in Finanzplanung, Standortanalyse, Auflagen, Bedarfsanalyse etc. rein. Nur um die Idee doch wieder zu verwerfen, da sie durch den Erziehermangel in Deutschland einfach viel zu risikobehaftet war.
4. Meinen ersten richtigen Gehversuch jedoch machte ich mit meinem Cupcake-Laden, der Cupcake Cuisine in Berlin-Kreuzberg. Knapp zwei Jahre stand ich in der wohl kleinsten Küche Berlins, buk gefüllte Mini-Cupcakes, fuhr sie durch ganz Deutschland zu Events und durfte sogar Karl Lagerfeld bei einer seiner After-Show-Partys beliefern. Für einen Euro das Stück!

Ich sage es ganz ehrlich: Die rosige Vorstellung davon, wie es ist, ein Café zu führen, und die Realität klaffen weit auseinander. Ich hatte Puderzucker an Orten, wo die Sonne nicht hinscheint ...

Freizeit war für mich ein absolutes Fremdwort. Meine Freundinnen und Familie mussten mich im Laden besuchen, wenn sie mich sehen wollten, doch selbst dann hatte ich kaum bis gar keine Zeit, um mich gemütlich mit einem Cappuccino zu ihnen zu setzen. In meinem Kopf lauerte eine ewig lange Liste an Dingen, die noch zu erledigen waren.

Die Gastronomie ist ein Knochenjob. Noch dazu verkaufte ich mein Produkt dermaßen unwirtschaftlich, dass ich mich heute noch wundere, wie ich damit überhaupt für Mitarbeiter, Miete und eigenes Gehalt aufkommen konnte. *But I did it*.

Und heute kann ich sagen: Ja, durch diese Zeit bin ich sturmerprobt. Und noch besser: Erst durch diese ersten Gehversuche weiß ich heute mein Online-Business noch viel mehr zu schätzen: Ich kann überall arbeiten, wo ich will, und per Knopfdruck Umsatz machen. Ich habe keine laufenden Ladenkosten, keine Waren, die ich bezahlen muss, und bin nicht an Öffnungszeiten gebunden. Noch dazu: Ich habe Gewinnmargen, bei dem meinem Steuerberater die Ohren schlackern.

Aber all diese Schritte musste ich gehen. Sie haben mich hierhergeführt, damit ich dir diese Worte schreiben und dich auf deinem eigenen Weg motivieren kann. Warum? Weil du kannst!

Am Anfang deiner Reise solltest du dir zwei entscheidende Fragen beantworten:

1. Welche Ziele habe ich?
2. Warum möchte ich diese erreichen?

Wenn du gerade an einem Punkt in deinem Leben stehst, an dem du spürst: «Hey, da ist noch mehr für mich bestimmt. Ich will mehr fühlen als ‹Ja, ist schon okay›», dann höre auf diese innere Stimme!

Dir Ziele zu setzen, ist ein wichtiger erster Schritt, um Klarheit über deine Wünsche und Träume zu gewinnen. Es hilft dir, fokussiert zu bleiben und motiviert zu handeln. Und vor allem: Es eliminiert den Berg an Möglichkeiten, mit dem du jeden Tag konfrontiert bist.

Wenn du dir klare Ziele setzt, eröffnet sich dir eine Richtung, und du hast einen Fokus. Du weißt genau, wohin dein Weg dich führen soll, und kannst deine Energie gezielt darauf ausrichten. Das gibt dir ein Gefühl von Kontrolle über dein Leben und stärkt dein Selbstbewusstsein.

Zudem hilft es dir dabei, Prioritäten zu setzen und Entscheidungen zu treffen. Wenn du zum Beispiel das Ziel hast, in einem Jahr fit genug für einen Halbmarathon zu sein, wirst du deine Freizeit automatisch anders gestalten als jemand, der dieses Ziel nicht vor Augen hat. Du wirst vielleicht öfter laufen gehen oder bestimmte Lebensmittel meiden – alles mit dem Gedanken an deinen großen Plan. Ziele motivieren ungemein! Es ist einfach viel spannender, auf etwas hinzuarbeiten, als nur den Alltag abzuspulen.

Damit du dich gut auf deinen Weg vorbereiten kannst, findest du hier ein kleines Mini-Training, mit dessen Hilfe du Klarheit über deine Ziele und dein Warum erlangst.

Training: Die Reise beginnt

1. Was sind deine Ziele?

Wie möchte ich mein Leben gestalten? Wo sehe ich mich in fünf Jahren, zehn Jahren, zwanzig Jahren? Nimm dir einen Moment und schreibe deine Ziele auf. Formuliere sie konkret und präzise.

2. Warum möchtest du diese Ziele erreichen?

Welcher Grund steckt dahinter, dass du deine Ziele erreichen möchtest? Wünschst du dir mehr Freiheit, um deine Zeit mit Reisen zu verbringen? Wünschst du dir mehr Geld, um dir das Leben deiner Träume zu ermöglichen?

Notiere drei konkrete Situationen, wie dein Leben aussieht, wenn du deine Ziele erreicht hast, und wie du dich dabei fühlst. Beschreibe sie so, als wären sie schon Realität.

3. Wie wirst du diese Ziele erreichen?

Überlege dir konkrete Schritte, die du unternehmen musst, um deinen Zielen näher zu kommen. Was kannst du in den nächsten 24 Stunden konkret dafür tun, deinem Ziel näher zu kommen?

4. Welche Fähigkeiten, Kenntnisse oder Ressourcen benötigst du?

Gibt es bestimmte Maßnahmen, die du ergreifen kannst, um deine Chancen auf Erfolg zu erhöhen? Bleibe flexibel und offen für Veränderungen, falls sich neue Möglichkeiten bieten oder sich Umstände ändern.

5. Was sind deine Meilensteine?

Setze dir Meilensteine, um deinen Fortschritt zu messen und dich weiter zu motivieren.

Teile deine Ziele mit Menschen, die dich unterstützen und ermutigen. Sie können als Mentorinnen dienen oder dich bei der Umsetzung unterstützen.

Denke daran, dass du die Regisseurin deines Lebens bist. Du bestimmst, welche Ziele du verfolgst und wie du dorthin gelangst. Du kannst alles erreichen, was du dir vornimmst.

DATE MIT DEINEM FUTURE SELF

Auf den letzten Seiten hast du erfahren, weshalb es so wichtig ist, dass du dir über deine Ziele im Klaren bist. OHNE Ziel loszufahren, führt dich im Zweifel zwar auch irgendwohin, aber höchstwahrscheinlich nicht dorthin, wo du hinmöchtest. Um dich tief und nachhaltig mit deinem Ziel zu verbinden, möchte ich dich auf ein Date einladen. Nein, nicht mit mir, sondern ein Date mit dir und deinem Future Self.

Lass mich das erklären: Das Konzept des Future Self geht davon aus, dass es eine Version von uns selbst gibt, die in der Zukunft existiert – wie auf einer anderen Zeitlinie. Dieses zukünftige Ich ist deine beste Beraterin, deine Verbündete, dein Anker.

Die Idee des Future Self begegnete mir erstmals durch die Arbeit von Dr. Joe Dispenza, einem Experten für Meditation und Transformation. Er erforscht die Kraft der Meditation und Visualisierung, um das Bewusstsein zu erweitern und Veränderungen im persönlichen Leben zu fördern.

Eine besondere Methode, die Dr. Dispenza empfiehlt, ist das Visualisieren des Future Self. Diese Praxis ermöglicht es uns, eine Verbindung mit der Version unserer selbst herzustellen, die wir in der Zukunft sein könnten, unsere Ziele zu berücksichtigen, und motiviert uns, positive Veränderungen in unserem gegenwärtigen Leben herbeizuführen.

Seit mehr als drei Jahren ist das Date mit meinem Future

Self ein fester Bestandteil meiner Abendroutine. Wenn ich mich ins Bett lege, die Einschlafbegleitung mache oder mich mein Gedankenkarussell einholt, lade ich mir meine beste Beraterin, Freundin und Weggefährtin ein: mein Future Self.

Bei meinem ersten Date mit mir selbst hatte ich übrigens ein Future Self vor Augen, das sorglos über die eigenen Finanzen verfügte, Frauen dabei half, sich ihr Traumleben zu erschaffen, und die Zeit mit dem eigenen Business und der Familie genoss. *And look at me today!*

Wo ich mich heute in einem Jahr sehe? Das behalte ich für mich, denn: *I grow as I go* und lasse Taten statt Worte sprechen.

Das Date mit deinem Future Self dient dir dazu, dich auf deine Ziele zu fokussieren. Du findest in dieser Praxis Klarheit und Erdung. Das Training kannst du überall und immer durchführen – morgens, abends, nachts oder auch während eines Waldspaziergangs.

Mein Tipp: Bevor du dich auf dein erstes Date mit dir selbst einlässt: Mach dich auf eine Welle an Gefühlen gefasst. Versuche nicht, sie zu unterdrücken, sondern schau hin und fühle nach, was dein Herz sich wünscht. Es gibt kein richtiges oder falsches Visualisieren. Es gibt keine Wertung, alles darf, nichts muss.

Erlaube dir, groß zu denken, und befreie dich von deinen eigenen Limitierungen. Jedes Mal ein bisschen mehr.

Training: Das Date mit deinem Future Self

Finde einen ruhigen Ort und setze dich bequem hin. Schließe die Augen und atme tief ein und aus. Lasse deinen Körper und Geist zur Ruhe kommen.

Visualisiere dich selbst, wie du dort sitzt, spüre den festen Boden unter den Füßen. Dann siehst du deine Hände vor dir, sie sind warm und von Licht durchflutet. Du fühlst dich ruhig und geborgen. Als du aufblickst, findest du dich an einem vertrauten Ort wieder. Diesen Ort besuchst du häufig, du kennst ihn gut, hier findest du einen Moment nur für dich. Dieser Ort kann dein Lieblingscafé sein, dein Lieblingsort in der Natur oder einer in deinem Zuhause – ganz egal. Es ist ein Ort, der nur in dir allein existiert und in diesem Moment ein wohliges Gefühl hervorruft. Du riechst die vertrauten Gerüche, du hörst die bekannten Geräusche – vielleicht sind es die Stimmen um dich herum, das Klappern des Geschirrs, oder es ist das Rascheln der Blätter, das Vogelgezwitscher.

Du gehst in Gedanken zu deinem Lieblingsplatz, an dem du dich meist niederlässt, und da siehst du bereits eine Gestalt sitzen. Es ist dein Future Self – du in einem Jahr. Eine unbeschreibliche Wärme durchströmt deinen Körper, und du bekommst eine angenehme Gänsehaut. Du spürst, wie sich ein Lächeln auf deinem Gesicht ausbreitet.

Du gehst auf dein zukünftiges Ich zu, das sofort aufsteht und dich mit einer festen Umarmung empfängt. Du fühlst diese Umarmung durch deinen ganzen Körper fließen. Es ist ein Gefühl von Sicherheit und Geborgenheit. Dein Future Self ist für dich da und schenkt dir Vertrauen. Kurz bevor ihr die Umarmung löst, nimmst du noch den Duft deiner Haare wahr.

Ihr setzt euch einander gegenüber. Du erkennst dich selbst sofort, da ist dieses vertraute Band, aber du spürst auch, dass sich etwas verändert hat. Dein Future Self strahlt Selbstbewusstsein und Gelassenheit aus. Ihr schaut euch tief in die Augen, und du siehst den Funken der Lebendigkeit und unendlicher Kraft.

Stelle dir jetzt vor, wie dein Future Self über die Entscheidungen spricht, die es in der Vergangenheit getroffen hat, um dorthin zu gelangen, wo es jetzt ist. Du erkennst, dass du diese Realität erschaffen kannst – indem du mutig bist und deine Ziele verfolgst.

Frage dein Future Self, wie sich dein Leben in einem Jahr gestaltet. Wie startet dein Tag? Was tust du, um in den Fluss zu kommen und Energie zu tanken? Was hast du inzwischen losgelassen?

Nimm dir Zeit, die Antworten deines zukünftigen Ichs, die Bilder und Informationen, in dich aufzunehmen. Lasse Sicherheit und Vertrauen in dich hineinfließen. Nach einer Weile erhebst du dich und verabschiedest dich von deinem Future Self. Nimm noch ein letztes Mal die vertrauten Geräusche und Gerüche wahr. Atme tief ein und sei präsent im Hier und Jetzt.

Wenn du bereit bist, öffne langsam die Augen und spüre Vertrauen und Sicherheit durch deinen ganzen Körper fließen. Genieße die Gewissheit, dass alles, was du dir für dich wünschst, bereits da ist. Du hast heute, hier und jetzt alles, was du brauchst, um dieses Leben zu erschaffen.

Ich lade dich nach diesem Training herzlich dazu ein, noch einen Schritt weiter zu gehen, um die Verbindung mit deinem Future Self zu stärken. Denn jetzt, wo du dein zukünftiges Ich in all seinen Farben visualisiert hast, ist es an der Zeit, diese Vision zu verankern. Stell dir vor, wie du ihm eines Tages begegnest – was möchtest du ihm sagen? Nutze die frischen Eindrücke und Gefühle als Grundlage, um einen Brief an dein zukünftiges Ich zu verfassen. Schreibe auf, welche Hoffnungen und Träume dich leiten, als wärst du die Autorin deines eigenen Lebensromans.

Was hast du bei dieser Begegnung gesehen, gefühlt und mitgenommen? Indem du einen Brief an dein Future Self schreibst, hältst du wertvolle Erkenntnisse fest, die dich auf deinem Weg zu diesem Ich begleiten werden.

Mit dem Verschriftlichen deiner Träume, Wünsche und Ziele gibst du ihnen eine konkrete Form, und deine Absichten senden eine deutliche Botschaft ans Universum und bestimmen deine zukünftigen Handlungen.

Betrachte diesen Brief als eine Art Love Letter und als eine Übung der Selbstreflexion. Du setzt darin Prioritäten und formulierst, was dir im Leben wichtig ist. Wenn du dir dein Future Self vorstellen kannst, werden im Laufe deiner Reise Möglichkeiten in dein Leben Einzug halten, durch die du dein volles Potenzial entfalten wirst.

Warum ich das Training immer wieder jeden Abend mache? Es gibt mir unfassbare Ruhe und gleichermaßen Vorfreude. Denn wann immer ich mich mit meinem Future Self verbinde, weiß ich: Es ist schon alles da, was ich brauche, um dort hinzukommen, wo sie schon ist. Selbst wenn mir das Leben Herausforderungen vor die Füße wirft, und glaub mir, das ist immer wieder der Fall, so ist mein Ziel durch mein Future Self doch fest in mir verankert.

Du hast mehrere Möglichkeiten, einen Brief an dein Future Self zu schreiben. Eine Option ist eine vordatierte E-Mail an dich selbst. Alternativ dazu bieten dir Plattformen wie futureme.org die Möglichkeit, einen Brief an deine Zukunft zu schicken, indem du deine Nachricht und deine E-Mail-Adresse hinterlegst. Oder aber du schreibst dir einen physischen Brief und bewahrst ihn an einem sicheren Ort auf. In diesem Fall trägst du dir eine Erinnerung in den Kalender ein und öffnest den Brief zu einem späteren Zeitpunkt. Besonders schön ist es jedoch, wenn du ihn einer vertrauten Person aus deinem Umfeld übergibst und diese ihn dir am vereinbarten Tag überreicht. Diese Methode kann eine persönliche und emotionale Verbindung zu deinem Future Self schaffen.

Beim Schreiben an dein Future Self gibt es keine Regeln. Lass alles raus – Träume und Hoffnungen und Wünsche. Sei offen, echt, positiv und ermuntere dich selbst. Nachdem du den Brief verfasst hast, lies ihn dir noch einmal durch und fokussiere dich auf die formulierten Absichten. Stell dir vor, wie du deine Ziele erreichst.

Sieh diesen Brief und dein Date mit deinem Future Self als dein goldenes Werkzeug, um mit deinem zukünftigen Selbst zu kommunizieren und auf deinem Weg zu bleiben. Es ist ein Schritt zu einem erfüllten Leben.

DAS IMAGINÄRE GREMIUM

Nun, da du weißt, wohin deine Reise gehen darf, widmen wir uns mit einem kraftvollen Training deinem imaginären Gremium. Ich selbst durfte vor drei Jahren damit Bekanntschaft machen, und seitdem ist mein imaginäres Gremium aus meinem Leben nicht mehr wegzudenken. Was hat es damit auf sich?

Es heißt, dass jeder Mensch die Summe der fünf Menschen ist, die ihn umgeben. Demnach bestehe ich aus der Summe eines Zweijährigen in der Trotzphase, einer Siebenjährigen in der Wackelzahn-Pubertät, eines sportaktiven Mannes, eines blinden und diabeteskranken Hundes (ja, er zählt für mich als Familienmitglied und somit als Mensch, hihi) und einer Postbotin. Ist das wirklich eine so erfolgversprechende Kombination, um ein Online-Business aufzubauen?, magst du dich fragen.

Nun, als angehende CEO deines Unternehmens, ob groß

oder klein, wirst du das ein oder andere Mal vor so großen Herausforderungen stehen, dass sie drohen, dich in die Knie zu zwingen, und das Beste, was du dann tun kannst, ist, um Rat zu fragen. Allerdings ist es dabei entscheidend, wen du um Rat fragst. Mein Gremium besteht inzwischen aus Menschen, die entweder in die gleiche Richtung schauen wie ich oder, noch besser, die den Weg bereits gegangen sind.

Jetzt schau dich mal in deinem Umfeld um: Gibt es Menschen, die dir dabei helfen können, nicht vom Weg abzukommen?

Denn mal unter uns: In meinem Umfeld war ich, ab der Sekunde, in der ich entschied, mein Ding zu machen, ein einsames Einhorn. Statt Unterstützung bekam ich gut gemeinte Ratschläge, die mich viel mehr von meinem Weg abbringen sollten, statt mich zu ermuntern, mutig voranzuschreiten. Ich erinnere mich daran, wie ich einer Bekannten erzählte, ich wolle mit meinem Instagram-Account All-In gehen und mein sechsstelliges Jahresgehalt in den Wind schießen.

Ihre Antwort: «Überleg dir das gut, wir haben Corona noch nicht überstanden, und denk dran, du hast zwei Kinder. Und außerdem hast du deine Mutter gerade erst beerdigt.»

Ja, danke fürs Gespräch, da gehe ich doch gleich viel motivierter an meine Sache heran – NICHT!

Solche Gespräche führte ich noch ein paar Mal mit Freunden und Familie, bis ich eine Podcast-Folge von Mel Robbins hörte, einer Motivations- & Lifecoachin aus den USA, die sinngemäß sagte:

«Schaue dir genau an, wen du um Rat fragst oder wem du von deinen Plänen erzählst. Bittest du einen ängstlichen, sicherheitsbedürftigen Menschen um Rat, wird er dir genau diesen einen Rat geben. Du willst erfolgreich mit deinem Vorhaben werden, dann wende dich an erfolgreiche Menschen!»

Okay, so weit, so gut, dachte ich mir. Ich schaute mich daraufhin in meinem Freundinnen- und Familienkreis um und stellte fest: So gut wie niemand ist selbstständig oder hat auch nur die geringsten Ambitionen, selbstständig zu arbeiten. Erst recht nicht mit einem digitalen Business. In meinem engsten Umfeld wurde ich vielmehr dafür bewundert, einen «so tollen Job» zu haben. Ich sollte mich glücklich schätzen und dankbar dafür sein, dreißig Urlaubstage zu haben. Aber ich wollte etwas anderes. Mehr Freiheit, mehr Sinnhaftigkeit und ja – auch mehr Geld. Und ich wollte es mit etwas verdienen, das einen echten Impact in dieser Welt hatte.

Und so kam es dann, dass die Gespräche merklich weniger wurden. Eine Entscheidung, die ich ganz bewusst traf. Auf Fragen, was ich jetzt machen würde, antwortete ich kurz und knapp und lenkte mit einer Frage das Gespräch zurück zu meinem Gegenüber. Das klappte meistens sehr gut, denn ich stellte fest: Die Leute lieben es, wenn sie von sich selbst erzählen können.

Ich folgte damit dem Rat von Mel Robbins und wählte mit Bedacht, wen ich von meinem Vorhaben unterrichtete und vor wem ich es schützte. Denn genauso fühlte es sich an: Ich musste meinen Traum beschützen und durfte mich nicht von meinem Weg abbringen lassen, nur weil dieser für andere nicht vorstellbar oder erstrebenswert war. Aber natürlich kamen Tage, an denen ich nicht weiterwusste und ich mir selbst keine gute Ratgeberin war. Dann saß ich am Rechner und hatte genau null Komma null Bock darauf, mich an meine Content-Planung für meine Social-Media-Kanäle zu machen, obwohl ich wusste, dass mein Content maßgeblich für meine Sichtbarkeit verantwortlich war. Wenn ich keine Inhalte produzierte, wenn ich keine Stories erstellte oder wenn ich keine Mail verschickte, dann litt mein Vorhaben darunter. Ich brauchte Motivation, die ich aber nicht in mir fand.

An solchen Tagen erinnerte ich mich wieder an Mel Robbins und diesmal an ihre 5-Sekunden-Regel. Diese besagt, dass man innerhalb der ersten fünf Sekunden, in denen man sich etwas vorgenommen hat, dieses Vorhaben auch umsetzen muss, um den inneren Schweinehund zu überwinden. Sprich: Statt ewig drüber nachzudenken, ob ich einen neuen Post erstellen sollte oder nicht, riet Mel Robbins, dass ich meine Aufgabe augenblicklich umsetzte! Ich befolgte ihren Rat und trainierte meine Umsetzungsstärke. Aus diesen Situationen, in denen ich selbst nicht weiterwusste, ergab sich eine kraftvolle Routine: Wann immer ich vor einer Herausforderung stand, bei der ich selbst nicht weiterkam und auch sonst niemand in meinem direkten Umfeld um Rat fragen konnte, suchte ich mir Rat bei jenen, die mir ein Vorbild sein konnten, und das war in meinem Fall eben niemand aus meinem näheren Umfeld, sondern eine Motivations- & Lifecoachin aus den USA.

Erst viel später, als ich das Buch von Napoleon Hill in die Hände bekam, erkannte ich, dass meine intuitive Praxis eine erprobte Methode widerspiegelte – die des imaginären Gremiums. Hill legt in seinem Buch *Think and Grow Rich* von 1937 dar, wie mächtig es sein kann, sich ein solches Gremium aus Menschen zu schaffen, die man bewundert und deren geistige Präsenz uns leiten kann. Wer darf sich in deinem Gremium befinden, fragst du dich vielleicht? Nach Hill spielt es keine Rolle, ob deine Vorbilder noch am Leben sind oder nicht, es geht allein darum, dass du dich in den Werten und Prinzipien deiner auserwählten Gremiums-Mitglieder wiederfindest.

Hill betont, dass du die Zusammenstellung deines Gremiums bewusst treffen solltest, da diese in Zeiten, in denen du Impulse, Hilfe und Inspiration brauchst, schließlich deine

Ratgeberinnen sein sollen. Durch die regelmäßige «Zusammenkunft» mit diesem inneren Gremium können wir, wie Hill es beschreibt, eine Synergie erzeugen, die unsere Fähigkeit, Probleme zu lösen und Ziele zu erreichen, über unsere eigenen Grenzen hinaus erweitert.

Das Konzept des imaginären Gremiums war für mich ein geeignetes Werkzeug, um mich weiterzuentwickeln, und es vermittelte mir ein tiefes Gefühl der Befähigung. Ich verstand, dass die Potenziale und Weisheiten, die ich in anderen sah, auch Teile von mir selbst waren. Und diese inneren Anteile warteten nur darauf, mobilisiert zu werden. Durch meine imaginären Ratgeber griff ich auf jene Potenziale zurück und nutzte sie als Sprungbrett für persönliches Wachstum und Erfolg.

So erwuchs aus der intuitiven Suche nach Fixsternen am Firmament meiner eigenen Unsicherheit eine bewusste Gestaltung meiner geistigen Galaxie, in der jedes Vorbild wie ein strahlender Planet meine Schritte auf dem Weg zu Erkenntnis und Erfüllung erleuchtete. Napoleon Hills Lehre vom imaginären Gremium hat meine Fähigkeit erweitert, mich selbst zu ermutigen und meine Träume zu verwirklichen. Sie wurde zu einem integralen Bestandteil meines Lebens und meiner Entwicklung.

Zuerst habe ich mir ein eigenes, mächtiges imaginäres Gremium geschaffen, habe meine Vorbilder studiert, ihre Bücher gelesen, Videos geschaut, Programme absolviert oder Podcasts gehört. Dieses imaginäre Gremium besteht noch heute, und Mel Robbins hat ihren festen Platz darin. Mit der Zeit habe ich mir ein ganz reales Netzwerk aus Frauen aufgebaut, die bereits erfolgreich sind und in die gleiche Richtung schauen wie ich. Ich habe einen eigenen Club gegründet, den *Female Business Club*, in dem sich Frauen – egal auf welchem Level sie sich mit ihrem Business befinden – untereinander vernetzen und über ihr Business austauschen können. Dieser *Female Business Club* hat bereits Hunderten von Frauen zum Erfolg verholfen, Mastermind-Gruppen und wahre Freundschaften fürs Leben sind hier entstanden.

Halte für dich Folgendes fest: Wenn du immer nur mit dir selbst Gedanken-Pingpong spielst, wirst du auch immer wieder auf die gleichen Ergebnisse und Blockierungen stoßen. Erlaube dir stattdessen, groß zu denken, und fang am besten sofort an, dir ein imaginäres Gremium zusammenzustellen: Wen bewunderst du? Welche Eigenschaften dieser Menschen wünschst du dir persönlich oder beruflich?

Indem du dir ein Gremium aus erfolgreichen und inspirierenden Menschen vorstellst und dir im zweiten Schritt ein reales Gremium suchst, kannst du dein eigenes Denken und deine Wahrnehmung erweitern. Du nimmst neue Perspektiven ein, hörst anregende Geschichten und lernst aus den Erfahrungen anderer. Dein imaginäres Gremium erlaubt dir, dich von deinen negativen Einflüssen zu lösen und dich mit positiven Vorbildern zu verbinden.

Training: Der Weg zu deinem imaginären Gremium

Nimm dir Zeit, darüber nachzudenken, welche Persönlichkeiten, welche Menschen – egal ob lebendig oder nicht – dich besonders inspirieren. Das können berühmte Persönlichkeiten aus dem beruflichen Bereich sein, in den du dich mit deinem Vorhaben begeben möchtest. Schreibe dir sämtliche Namen auf und fange an, ihre Lehren, Aussagen, Erfolge, Wege und Erfahrungen zu studieren. So tauschst du dich mit deinem imaginären Gremium aus.

Je nach Bedarf kannst du mit ihnen einchecken, sei es,

wenn du vor konkreten Herausforderungen stehst oder einen Rat benötigst. Dies kannst du durch eine eigene kleine Meditationsreise realisieren, durch die du dir zehn Minuten der Ruhe und der Besinnung ermöglichst. Meine Methode ist mein persönliches Ratgeber-Journal: Darin notiere ich regelmäßig Fragen und beantworte sie intuitiv mit den Stimmen aus meinem imaginären Gremium. Nimm dir Zeit und tauche ganz bewusst und konzentriert in diesen Austausch ein.

Natürlich kannst du auch gezielt einzelne Mitglieder deines Gremiums befragen, wenn du spezifischen Rat benötigst oder einer bestimmten Herausforderung gegenüberstehst. Wende dich dazu gedanklich an eine deiner Mentorinnen. Sei offen für die Stimmen deines Gremiums und lasse dich von ihnen leiten. Du wirst erstaunt sein, welche Einsichten und Möglichkeiten sich dir eröffnen.

Achte auf deine Gefühle und Gedanken, die du im Austausch empfängst, und nutze sie, um daraus deine eigene Strategie zu entwickeln. Halte deine Gedanken und Emotionen auf Papier fest; du wirst überrascht sein, wie kraftvoll und inspirierend dieses Training sein kann.

Im Alltag kannst du dich auch durch visuelle oder auditive Hilfsmittel an dein Gremium wenden. Erstelle zum Beispiel eine Collage oder Visionstafel mit Bildern, Zitaten, Erfolgen und Learnings der Mitglieder deines Gremiums und platziere sie an einem Ort, an dem du sie regelmäßig betrachten kannst.

Dein imaginäres Gremium ist deine eigene Schöpfung, und die Ratschläge, die du erhältst, sind auch der Spiegel deiner Gedanken und deiner eigenen Weisheit. Nutze dieses Potenzial für dein persönliches Wachstum und als Quelle der Motivation.

Du wirst feststellen, dass du bereits über die notwendigen Ressourcen verfügst und eine bemerkenswerte Transformation erlebst – genieße diese Reise! Dein imaginäres Gremium ist stets an deiner Seite.

Die Anleitung für dein imaginäres Gremium

1. Notiere zehn Menschen, die für dich ein Vorbild sind und bereits großartige Dinge erreicht haben.
2. Überlege, was diese Menschen in ihrem Leben erreicht haben und was du dir für dich selbst wünschst.
3. Studiere, welchen Impact diese Menschen auf das Leben anderer Menschen haben und wie sie auf dich wirken.
4. Erstelle eine Liste der unterschiedlichen Medien, durch die du von diesen Persönlichkeiten inspiriert werden kannst, wie beispielsweise Podcasts, Bücher und soziale Netzwerke.
5. Notiere konkrete Aktionen, die du ausführen kannst, um aus ihrem Wissen und ihrer Klugheit Nutzen zu ziehen, wie das Anhören von Podcast-Episoden, das Lesen von Büchern oder die Teilnahme an Onlinekursen.
6. Reflektiere darüber, wie du einen beständigen Dialog mit deinem imaginären Gremium initiieren kannst, und definiere die Maßnahmen, die du ergreifen möchtest.
7. Gehe deine Liste regelmäßig durch und passe sie bei Bedarf an, um inspirierende neue Mitglieder aufzunehmen oder um aktuelle Mitglieder zu ersetzen.
8. Bleibe offen und aufnahmebereit gegenüber den Lehren und den inspirierenden Momenten, die du durch dein imaginäres Gremium erfahren kannst.
9. Mache dir ihre Lebenserfahrungen und Einsichten zu eigen, um neue Blickwinkel zu entdecken und dich im Streben nach deinen Zielen zu bestärken.
10. Zweifle niemals an deiner eigenen Fähigkeit und erinnere dich stets daran, dass du zu Großem fähig bist.

DAS WAS-WÄRE-WENN-SPIEL

Februar 2021. Ich sitze in der ersten Reihe einer Trauerkapelle, mit meinem zweiten Baby im Bauch, und schaue auf das Grabfoto meiner Mutter. Das Bild zeigt sie in einem Restaurant in London, sie stützt den Kopf auf einer Hand ab, ihre Wangen sind leicht gerötet vom Guinness, und sie hat ein Lächeln im Gesicht.

Ich habe dieses Foto von meiner Mutter gemacht, und es ist eines meiner Lieblingsbilder von ihr. Sie ist sehr plötzlich von uns gegangen und hat eine riesengroße Lücke in unserem Leben hinterlassen. Meine große Schwester sagte zu mir: «Weißt du, Olli, diese Lücke wird sich niemals schließen, aber es wird Licht um sie herumwachsen.»

Damals sehe ich kein Licht, denn mein Baby wird seine Oma niemals umarmen können.

Ich bin im fünften Monat schwanger mit meinem zweiten Kind, habe im Sommer zuvor meinen Instagram-Account eröffnet und bin fleißig dabei, ihn mit hilfreichen Inhalten zu füllen, ohne zu wissen, wie mein Weg nach der Elternzeit aussehen soll.

Meine Schwangerschaft war keineswegs unkompliziert, und die Krebserkrankung meiner Mutter hat mich aus der Bahn geworfen, was zu einem Beschäftigungsverbot führte. 9 Monate lang war mein Kreislauf unten, ich konnte kaum eine Runde um den Block laufen, ohne regelmäßig Pausen einzulegen. Die ersten Monate lag ich gefühlt nur auf dem Sofa, Schwindel, Übelkeit – das volle Programm.

In dieser herausfordernden Zeit war der Austausch mit meiner Community unglaublich wertvoll für mich. Ich machte nicht alles öffentlich, aber im Laufe der Zeit entwickelte sich eine Verbindung zu bestimmten Menschen aus meiner

Community, die weit über das Verhältnis zu Followerinnen hinausging. Diese Beziehungen halfen mir dabei, mich auf etwas anderes als meine Schwangerschaft und gleichzeitige Trauer zu konzentrieren, und gaben meinem Alltag Sinn.

Meine Mutter hat meinen Weg, andere Frauen zu unterstützen und ihre Sichtbarkeit zu fördern, von Anfang an begleitet – sie war mein erster Fan, die erste Person, die sich meine Stories ansah und die mir regelmäßig liebevolle Nachrichten schickte. Wann immer ich meine Story-Insights aufrief und sehen konnte, wer meine Beiträge verfolgte, stand ihr Bild an oberster Stelle. Es machte mich jedes Mal glücklich, sie dort zu sehen.

Wenn ich jetzt in meine Insights schaue, ist ihr Gesicht nicht mehr da, und das zerreißt mir das Herz.

Eines der letzten Gespräche, die meine Mutter und ich geführt haben, handelte von meiner Zukunft und wie es für mich nach der Elternzeit weitergehen würde. Ich weiß nicht, ob sie gespürt hat, dass sie bald gehen würde, aber ihre Worte werde ich nie vergessen. Sie sagte: «Olli, egal ob du in deinen festen Job zurückkehrst oder deinen eigenen Weg gehst: Du bist bisher immer die Treppe hochgefallen.» Und damit hatte sie recht.

Immer wenn ich mir etwas vorgenommen hatte, erreichte ich mein Ziel auch. Egal, ob beruflich oder privat.

Wie wichtig dieser Satz für mich sein würde, ahnte ich damals noch nicht. Auch nicht, als ich zusammen mit meinen vier Geschwistern in der ersten Reihe dieser Kapelle saß.

Im darauffolgenden Jahr sollte ich wieder in meinen 40-Stunden-Job mit Mitarbeiterverantwortung in einem großen Konzern zurückkehren. Verstehe mich nicht falsch, der Job an sich war super. Ich hatte viel Entscheidungsfreiheit, konnte mich kreativ ausleben, und auch das Arbeitsklima war mehr als okay. Warum also alles aufgeben und gegen etwas eintauschen, von dem ich nicht wusste, ob es funktionieren würde?

Und überhaupt: Wer sagte denn, dass ich überhaupt das Zeug dazu hatte, mit meiner Idee Frauen zu zeigen, wie sie profitable Sichtbarkeit aufbauen und ihr eigenes Online-Unternehmen gründen konnten? Wer war ich denn? Doch nur ein kleiner Pups in der Landschaft. Das waren meine Gedanken. Ja, okay, ich konnte auf zehn Jahre Social-Media-Expertise zurückblicken, aber reichte das aus, um mein sicheres Gehalt aufzugeben? Und das mit zwei Kindern? Wo Corona noch nicht überstanden und meine Mutter gerade von uns gegangen war?

Ja, mein Instagram-Account lief gut. Aber das alles fühlte sich eher wie ein entspanntes Hobby an, und ich war überrascht, dass ich in so kurzer Zeit schon so vielen Frauen mit meinen Inhalten helfen konnte. Konnte ich daraus wirklich ein Business machen?

Und da waren sie wieder, meine Selbstsabotage, meine Limitierungen. Diese Seite von mir googelte, wie viele Unternehmen es über die ersten zwei Jahre hinaus schafften – waren es wirklich gerade mal fünf Prozent? Hinzu gesellten sich innere Stimmen wie: «Wer bist du denn, dass ausgerechnet du erfolgreich sein solltest mit deinem Vorhaben? Du bist einfach nicht gut genug, am besten du ersparst dir diese Blamage!»

Puh, mein kleiner, riesengroßer innerer Selbstsaboteur, der mir immer wieder Steine zwischen die Füße warf. Schon seit ich denken kann, habe ich das Gefühl, dass meine Erfolge dem Glück geschuldet sind. Heute weiß ich, dass es sich dabei um mein Impostor-Syndrom handelte. Ich hatte mein Leben lang das Gefühl, dass ich nicht gut genug war. Ganz egal, wie toll meine Ergebnisse und Erfolge waren – egal, wie erfolgreich die Kampagne, die Zahlen und die Ergebnisse – es reichte nie, um in mir das Gefühl von «Bald flieg ich hier doch auf» und «Das war alles Glück» zum Schweigen zu bringen. Damals war der Begriff des Impostor-Syndroms noch so gut wie unbekannt, und heute weiß ich: Das sind die Geschichten, mit denen wir uns selbst sabotieren. Egal ob mit übermäßigem Fleiß (um bloß nicht aufzufliegen) oder mit Lähmung (gar nicht erst zu starten, weil es ja sowieso nichts wird). Das Impostor-Syndrom ist wie eine ständige Zweiflerin im Kopf, die dir einredet, du seist eine Hochstaplerin. Trotz deiner offensichtlichen Talente und Erfolgsmomente kommt es dir so vor, als hättest du all das nicht wirklich verdient. Du denkst vielleicht, du bist nur durch Zufall so weit gekommen, weil du Glück hattest oder weil die Umstände gerade günstig waren, und nicht etwa wegen deiner eigenen Fähigkeiten oder harter Arbeit. Diese innere Stimme nagt an dir und lässt dich befürchten, dass irgendwann jemand daherkommt und dich als Schwindlerin entlarvt. Es ist, als würdest du dich in einem Film mitspielen sehen, ohne wirklich zu glauben, dass du Teil der Besetzung bist.

Kurz gesagt: Das Impostor-Syndrom suggeriert, dass du trotz der Hauptrolle, die du in deinem Leben spielst, nur die Zuschauerin bist, sodass du dazu neigst, auf den verdienten Credit für die Hauptrolle zu verzichten. Erst durch die Arbeit an meiner Entwicklung konnte ich meine verzerrten Gedanken entlarven.

In der damaligen Situation entschied ich, dass ich mich erst einmal nicht entscheiden musste. Mein Kind war noch nicht auf der Welt, und ich würde die Entscheidungen auf mich zukommen lassen. Das Einzige, was ich tat, war, Geld zur Seite zu legen und meinen Account weiter zu bespielen. Meine ständige Begleiterin blieb diese Frage in meinem Kopf: «Soll ich's wirklich machen, oder lass ich's lieber sein?»

So vergingen die Monate bis zur Geburt meines Sohnes im Juli 2021 – ohne nennenswerte Erkenntnisse. Die Trauer über den Verlust meiner Mutter lastete schwer auf mir, und die Geburt meines Sohnes markierte einen kleinen, großen Neuanfang. Die ersten Monate vergingen wie im Schleudergang, und meine Gedanken drehten sich mehr um das Überleben des Kindes und das «Zurückgeworfensein» auf die Biologie: stillen, schlafen, stillen, schlafen, essen und das *on repeat* für drei Monate – bis zu dem Tag im Herbst, an dem mir mein Arbeitgeber eine Mail schickte, in der es um meine anstehende Rückkehr ins Unternehmen ging. Er klärte mich darüber auf, dass meine Stelle anderweitig vergeben worden war. Statt meiner bisherigen Position als Head of Social Media bot er mir eine Stelle als «Expertin für Social Media» an – ohne Entscheidungsgewalt, Mitarbeiterverantwortung und Aufstiegsmöglichkeiten.

Ich weiß noch, wie ich diese Mail las: Ich hatte mein «Boss Baby», so nannte ich mein Baby in den ersten zwölf Monaten, in der Trage und ging wie jeden Tag draußen eine Runde durch den Park. Dabei hörte ich meist einen Business-Podcast oder Programme, bei denen ich neue Sichtbarkeitsstrategien erlernte, die ich im Anschluss mit meiner Community teilte.

Ich wollte gerade eine neue Podcast-Folge einschalten, als ich die Mail bekam. Im Subtext stand: «Ollichen, selbst schuld, wenn du dich für Kinder statt deine Karriere entscheidest.» Autsch, das tat weh.

Ich würde lügen, wenn ich sagte, ich hätte es nicht schon geahnt. Aber es war interessant, denn ich fühlte mich nicht niedergeschlagen. Ganz im Gegenteil. Ich fühlte mich erleichtert. Irgendetwas in mir dankte dem Universum dafür, mir einen Stups gegeben zu haben. Denn wenn ich ehrlich bin: Ich bin ein sehr sicherheitsbedürftiger Mensch, und ein fester Job mit festem Gehalt war für mich ein goldener Käfig, in dem ich gut und gerne auch noch zwanzig Jahre hätte sitzen können. Wäre da nicht diese eine Stimme gewesen, die mich seit dem Sommer 2020 umtrieb: Olli, da wartet mehr auf dich!

Ich erinnere mich, dass ich am selben Abend mit meinem Partner in der Küche saß. Wir hatten die schöne Routine entwickelt, uns am Esstisch zu treffen, nachdem wir die Kinder ins Bett gebracht hatten, und uns über unsere Gedanken auszutauschen. Das Gesprächsthema war die Mail und die damit verbundenen Entscheidungen.

Wieder platzte es aus mir heraus: «Ich habe keine Lust mehr, nicht zu wissen, wohin meine Reise geht! Es macht mich müde und traurig, und es reicht mir!» Daraufhin sagte Sören: «Okay ... Olli, eine Frage: Was ist, wenn du nicht in die Selbstständigkeit gehst? Was wäre so schlimm daran?»

Er hatte ja recht. Ich konnte zurück ins Unternehmen gehen, und ehrlicherweise hätte ich weniger Verantwortung und dafür das gleiche Gehalt bekommen. Freunde in meinem Umfeld streckten mir bei diesen News die Handflächen entgegen und erwarteten ein High Five. Jackpot?

Aber bei dem Gedanken daran verknotete sich mein Magen, und mein ganzer Körper rebellierte – bis auf mein Kopf. Der war auf einmal so klar wie nie zuvor: Ja, was ist denn, wenn ich es nicht tue? Was ist, wenn ich einfach so weitermache wie bisher? Wäre ich todunglücklich? Nicht wirklich. Wäre ich erfüllt? Auf keinen Fall. Mein Leben wäre bestimmt von dem Gefühl völliger Belanglosigkeit und Gleichgültigkeit. Und das war der Augenöffner, der in mir alle Fesseln der Angst, des Zweifels und der Abwägungen sprengte. Auf welche Sicherheit im Außen wollte ich denn warten? Was wäre denn, wenn ich meinen Traum nicht verfolge? Ich würde mit neunzig Jahren auf einer Bank sitzen, mit meinen Geschwistern Tauben mit Brot bewerfen, auf mein Leben zurückblicken und an das denken, was ich fast gegründet hätte, und so viele Sätze würden mit «Hätte ich doch bloß» starten.

Du kennst bestimmt dieses Lied «Reckoning Song» mit der Zeile «One Day, Baby, we'll be old» von Asaf Avidan. Julia Engelmann hatte dazu einen Poetry-Slam-Song gemacht, in dem sie erklärt, wie schnell unsere Zeit auf Erden verfliegt und dass es an uns liegt, diese Zeit mutig zu nutzen. Ich habe den Song noch im Ohr: «... es gibt nichts zu verlieren ...»

Ja, ich bin bisher immer die Treppe nach oben gefallen, aber das war kein Glück. Das war ich, und genauso würde ich auch diese Treppe hochfallen. Der Entschluss war gefasst. Ich würde es tun. Ich erinnere mich noch genau an dieses Gefühl der absoluten Klarheit, Erleichterung, den Mut und gleichzeitig die Angst vor dem Ungewissen. Aber wie heißt es so schön? Mut ist, etwas zu machen, von dem du nicht sicher bist, ob du es kannst. Ich war und bin mutig.

Von dem Moment an, in dem ich nach meinem E-Mail-Amoklauf entschied, für mich loszugehen, bis zu dem Moment, in dem ich meinen Aufhebungsvertrag in der Hand halten sollte, vergingen nur wenige Monate. Monate, in denen ich genug Geld gespart hatte, um im Zweifel sechs Monate ohne Einnahmen während der ersten Gehversuche überbrücken zu können, und meine Vision glasklar formuliert hatte.

Meine Liebe, du liest diese Zeilen und denkst dir vielleicht: Ja, die hat gut reden. Sie hatte ihre Mission ja schon vor Augen. Sie wusste, wohin es mit ihrem Business gehen sollte. Gute Nachrichten: Im nächsten Kapitel widmen wir uns deiner konkreten Mission und deiner Vision. Jener, die gerade jetzt vielleicht noch eine grobe Ahnung ist. Doch bevor wir das tun, nimm dir Zeit und stelle dir die Frage: Was ist, wenn du deinen Weg nicht gehst? Bist du damit okay, wie dein Leben in fünf Jahren aussieht? Wenn ja, leg das Buch weg und mach so weiter wie bisher. Aber ich vermute, dass du dieses Buch nicht ohne Grund in den Händen hältst. Versuche dich also in dieses Szenario einzufühlen. Spürst du Widerstand? Wenn ja: Verankere ihn als Motor, der dir Mut und Zuversicht gibt!

Bevor du weiterblätterst, habe ich eine kleine Hausaufgabe für dich, die dir helfen wird, tiefer in das Was-wäre-wenn-Spiel einzusteigen. Ich nenne es liebevoll «Dein ganz persönliches Und-wenn-nicht?-Kino».

Training: Und wenn nicht?

Nimm dir einen Moment, greif zu einem Stift und einem Blatt Papier und wirklich, gönn dir die Zeit. Du hast sie verdient. Stell dir vor, ich sitze jetzt hier mit dir, lehne mich zurück und lächle dir zu, bereit, dich durch diese spannende Selbstentdeckung zu begleiten.

Starte mit einem tiefen Atemzug und beantworte die Fragen mit der Offenheit eines Kindes und der Weisheit deines Herzens:

1. Dein Jetzt

Beschreibe, was aktuell ansteht. Was ist die große Entscheidung, die dich wach hält?

2. Zwei Wege

Überlege dir die zwei Pfade – den actionreichen und den sicheren. Was erwartet dich auf beiden?

3. Gefühlskarussell

Wie würdest du dich auf einem jeden dieser Pfade fühlen? Welche Emotionen wärmen dir das Herz, und welche lassen dich frösteln?

4. Zeitreise

Beame dich in die Zukunft. Wie sieht dein Leben in fünf Jahren einmal mit und einmal ohne deinen Mut aus?

5. Dein Sicherheitsbedürfnis

Auf welche Sicherheit im Außen wartest du, um loszugehen?

Wenn du diese Reflexion durchlaufen hast, schnapp dir das Gefühl, das am stärksten vibriert, pack es in deine Gedankentasche und trage es mit dir.

Da ist diese prickelnde Energie, die dich leitet, auch wenn du manchmal unsicher bist.

Denk daran, es ist dein Leben, deine Geschichte, und jedes einzelne Kapitel ist es wert, geschrieben zu werden – mit Tinte aus Leidenschaft und Abenteuerlust.

Bevor du also weiterliest, denk an diese magischen drei Worte: Und wenn nicht?

Lass sie dir als allgegenwärtige Erinnerung dienen, dass du jederzeit die Wahl hast, Nichthandeln in Intention umzuwandeln und damit dein eigenes Abenteuer zu gestalten. Gib dir die Erlaubnis, ganz ehrlich zu sein. Wer weiß, was für wundervolle Dinge passieren können, wenn du dem Ruf deines Herzens folgst. Lass das jedoch kein Schlussstrich sein. Sieh es als Einladung, jeden Tag ein bisschen mutiger zu sein und deine eigenen Grenzen zu testen. Und denk immer daran: Auf der anderen Seite des ‹Und wenn nicht?› wartet eine Welt, die nur von dir entdeckt werden will.

DEIN BUSINESS-FUNDAMENT

23. Dezember 2021. Es klingelte an der Tür, draußen rieselte leise der Schnee. Heute war einer jener Tage, an denen ich mein Boss Baby gefühlt ununterbrochen auf dem Arm tragen musste. Es war weinerlich, nähebedürftig und verschnupft.

Ich öffnete die Wohnungstür. Vor mir stand eine junge Frau, die mir einen dicken A4-Umschlag überreichte. Als ich die Unterlagen aus dem Umschlag zog, standen wir zusammen im Flur. Meine damals fünf Jahre alte Tochter kam aus ihrem Zimmer und schmiegte sich an mein Bein, während ich die Unterlagen auf die Kommode legte, um sie durchzusehen. Es war mein Aufhebungsvertrag.

Ich nahm mir Zeit, alles sorgfältig zu lesen, wobei ich ab und zu mein Baby hin und her wiegte. Nach kaum zehn Minuten setzte ich meine Unterschrift unter das Dokument. Die junge Frau hatte geduldig gewartet, und als ich die Tür hinter ihr schloss, überkam mich ein Gefühl des Bedauerns. Kein «Wir» mehr, keine Teamarbeit, kein Teil mehr von etwas Größerem. Ab jetzt hieß es «ich». Ich, mit Baby auf dem Arm, dem unterzeichneten Aufhebungsvertrag in der Hand, meine Tochter eng an mich gedrückt, bereit, die Welt zu erobern.

Es fühlte sich surreal an. Mein Herz schlug schneller, und ein Wirbel aus Emotionen umgab mich. Und da war auch Stolz, weil ich einen mutigen Schritt gewagt hatte, Traurigkeit, weil ich eine bekannte Welt hinter mir ließ, und eine Spur von Angst vor dem, was kommen mochte. Aber über alldem lag eine unerschütterliche Entschlossenheit.

Ich fühlte mich wie eine Kriegerin nach einer Schlacht, erschöpft, aber siegreich. Meine Tochter schaute zu mir hoch, ihre kleinen Augen suchten meine, und ich fragte mich, was sie wohl dachte. Konnte sie die gewichtigen Veränderungen spüren, die sich in unserem Leben anbahnten?

Ich setzte mich auf das Sofa, mein Baby war in meinen Armen eingeschlafen, meine Tochter legte den Kopf in meinen Schoß, und eine tiefe Ruhe umfing uns. Es war das Ende einer Ära und der Beginn einer neuen.

«Merry Fucking Christmas», murmelte ich leise – nicht aus Zynismus, sondern als Hymne an den Mut, den ich aufbringen musste, um diesen Punkt zu erreichen. Mit jeder Flocke, die draußen sanft auf die bereits weiße Schneedecke fiel, fühlte ich, wie die letzten Reste Unsicherheit langsam dahinschwanden.

Ich lächelte, denn trotz der Herausforderungen wusste ich, dass ich bereit war. Bereit, ungeahnte Wege zu gehen, meine Träume zu verfolgen und für meine Kinder ein Beispiel an Entschlossenheit und Mut zu sein. Dies war nicht nur das Ende meines Arbeitsverhältnisses, sondern der Start von etwas Neuem, etwas Eigenem, etwas, das ich liebevoll unser kleines Abenteuer nennen würde.

Ich dachte an all die ungeschriebenen Seiten, die vor uns lagen, und verspürte eine kindliche Vorfreude auf das, was wir füllen würden – mit Geschichten, *lessons learned* und besonderen Siegen.

Mit einem tiefen Atemzug nahm ich diesen entscheidenden Wendepunkt an und umarmte die Verheißung dessen, was kommen würde. *Merry Fucking Christmas indeed* – das Ende und der Anfang. Nur eine Sache war sicher: Wir sind jetzt die Schöpferinnen unserer eigenen Geschichte, und wir werden sie mit Liebe, Hingabe und einer Prise unerschrockenem Geist schreiben.

Der Instagram-Kanal, den ich bislang als Hobby und als

digitales Tagebuch genutzt hatte, flüsterte von seinem ungeahnten Potenzial. Es war an der Zeit, aus diesem Nebenfluss einen mächtigen Strom zu machen, aus einer Sammlung von Posts ein tragfähiges Business zu etablieren.

Es galt, ein Geschäftsmodell zu finden, das nicht nur zu meiner eigenen Stimme passte, sondern Frauen aus dem Herzen sprach. Mein Ziel war klar: aus meinem Wissen ein profitables Unternehmen aufbauen. Es faszinierte mich, Frauen von überall auf der Welt mit meinem Wissen zu einem besseren, selbstbestimmten Leben zu verhelfen.

Auch du kannst dein Wissen mit der Welt teilen, es widerhallen lassen in den Ohren der Neugierigen, die auf anderen Kontinenten mit ihren Bildschirmen kuscheln.

Jetzt mal ehrlich, diese Idee eines Online-Business, die kam nicht von ungefähr. Ich wollte etwas Eigenes, etwas Lebendiges, etwas Lauteres – etwas, wo meine Worte und Gedanken nicht an einer Bürotür verhallten, sondern einen echten Impact hatten.

Und ich wollte Freiheit! Die Freiheit, von überall zu arbeiten – das trieb mich an. Den Laptop aufklappen und loslegen, ob im Pyjama oder mit Sand zwischen den Zehen. Keine stickige Büroluft, keine überfüllten U-Bahnen mehr, sondern die Welt als mein Büro.

Durch meine ersten Gehversuche in Sachen Selbstständigkeit mit meinem Cupcake Café wusste ich, dass das Geschäftsmodell Online-Business ein Vielfaches an Gewinn abwirft. Statt Mitarbeiter, Miete und Versicherungen kostete mich mein Start einen Laptop und eine stabile Internetverbindung. (Seit ich vor Kurzem nach Brandenburg gezogen bin, ist Letzteres tatsächlich gar nicht mehr so selbstverständlich. LOL.)

Ich wollte, dass die Menschen mir nicht nur zuhörten, sondern dass sie genau das bei mir fanden, was sie suchten.

Das war und ist mein Warum: zu wissen, dass ich mit meinem Wissen anderen wirklich weiterhelfen kann. Kurz gesagt: Ich habe mich für das Online-Business entschieden, weil ich spüren wollte, dass ich etwas bewegen kann.

Ich wollte meine Leidenschaft und mein Wissen transformieren in etwas, das wächst und aufblüht, etwas, das nicht bloß meine Rechnungen bezahlt, sondern etwas, das wirklich zählt.

Und jetzt sind wir hier – mitten im Aufbau deines eigenen digitalen Imperiums. Hier bauen wir das Gerüst, an dem du dich hochziehen und deine Träume in die Realität umsetzen wirst. Auf den nächsten Seiten tauchen wir ein in deine Business-Idee, in deine Superkraft und schauen uns an, wen du mit deiner Botschaft erreichen möchtest.

Wir bauen hier kein Kartenhaus, das beim ersten Windstoß zusammenfällt. Wir mauern eine Burg, Stein auf Stein, mit einem Fundament, so fest, dass selbst der größte Sturm ihr nichts anhaben kann. Dein Business, dein Versprechen, deine Vision. Schnall dich an, wir heben jetzt ab in ein Kapitel voller Aha-Momente.

Kuschel dich in deinen Lieblingssessel und schnapp dir deinen Zauberstab – äh, ich meine deinen Kugelschreiber. Lass uns gemeinsam die Basis deines Business schaffen, auf dem alles Weitere gedeihen kann. Denn denk immer dran: Das beste Fundament wird nicht in die Breite, sondern in die Tiefe gebaut.

WER ALLEN HILFT, HILFT NIEMANDEM

Kennst du diesen Spruch: «Gut gemeint ist noch lange nicht gut gemacht»? Oder, wie ich es lieber formuliere: «Wer allen helfen will, hilft am Ende niemandem so richtig.» Klingt im ersten Moment ziemlich hart, ich weiß. Aber lass uns mal darüber nachdenken: Wenn du versuchst, das ganze Universum zu umarmen, wie fest kann diese Umarmung dann sein? Genau davon handelt dieses Kapitel.

Du hast das Wissen und die Erfahrung, eine Expertise, die das Leben anderer Menschen verbessern könnte, doch du fragst dich, wie du dieses Potenzial in klare Worte verpacken kannst? Kein Problem, genau das werden wir angehen. Wir machen es Schritt für Schritt.

Vielleicht ist es bei dir so: Innerlich brodelt es vor lauter Ideen, die du unbedingt teilen willst. Oder vielleicht ist es umgekehrt: Du stehst noch am Anfang und fragst dich, welches Talent oder Vorhaben du nutzen könntest, um dich und dein Online-Business aufzubauen?

Das verstehe ich total. Bevor ich meinen Instagram-Account startete und bevor ich mich entschied, vor allem Frauen – Coachinnen und Trainerinnen – dabei zu unterstützen, sichtbar zu werden und ihre Reichweite sowie ihren Umsatz zu steigern, wuselten unendlich viele Ideen in meinem Kopf herum: Sollte ich kleineren Unternehmen helfen, nach der Coronazeit durch einen erfolgreichen Social-Media-Auftritt wieder zu erstarken? Oder war es klüger, meine Expertise im Bereich Social Media als Agentur anzubieten, also im Prinzip für andere das Posten zu übernehmen und den Content zu erstellen? Und wenn ja: Wer waren ‹die anderen›? All diese Fragen führten dazu, dass ich lange Zeit nicht anfing, irgendetwas zu tun.

Es kam erst Schwung in die Sache, als ich mir über meine Positionierung, über meine Zielgruppe und darüber klar wurde, wie und womit ich wirklich langfristig helfen wollte. Und um dir die endlosen Gedankenspiralen zu ersparen, die ich durchlaufen habe, findest du hier deine Abkürzung.

Kurze Frage vorab: Nehmen wir an, du möchtest Pizza essen gehen. Gehst du da zu dem italienischen Restaurant, wo dir die beste neapolitanische Pizza der Stadt gezaubert wird, oder gehst du zum All-you-can-eat-Büfett und nimmst dir ein Stück von der Pizza-Variation neben dem Thai-Curry-Reis und den Patatas Bravas vom Tisch?

So und genau so verhält es sich auch mit dir und deinem Vorhaben. Bevor wir uns anschauen, wem du helfen willst, ist es wichtig, dass du dir im Klaren darüber bist, wofür du stehst und in welcher Nische du dich positionierst.

Eine Nische ist ein Marktbereich, der sich inhaltlich von anderen abgrenzt. Das ist wie dein Lieblingsplatz im Café um die Ecke, wo nicht jeder rumhängt, sondern nur die Insider, die genau wissen, was gut ist. In der Geschäftswelt ist das ein spezieller Bereich, wo du nicht mit der ganzen Masse konkurrierst, sondern du dich auf ein bestimmtes Publikum oder auf ein besonderes Produkt konzentrierst, für das es eine konkrete Zielgruppe gibt.

Jetzt denkst du vielleicht: Ja, aber ich will doch so vielen Menschen wie möglich helfen, ist es da nicht absolut kontraproduktiv, wenn ich mich von vornherein festlege?

Ich mache es kurz: nein! Eine Nische zu finden und sich in dieser zu positionieren, ist nicht nur clever, sondern essenziell für nachhaltigen Erfolg. Warum? Auf der folgenden Seite findest du vier knackige Gründe dafür.

1. Du stichst aus der Masse heraus

Schau, der Markt ist voll von Wettbewerberinnen – überall ein großes Getümmel. In einer Nische aber kannst du dich mit deinem speziellen Angebot deutlich von den anderen abheben. Du bist nicht nur irgendeine Anbieterin; du bist die Expertin auf deinem Gebiet. Das macht dich unverwechselbar, und deine Kunden werden das sehr zu schätzen wissen.

2. Du minimierst deine Konkurrenz

Wenn du tief in deiner Nische drinsteckst, hast du weniger Konkurrenz, die dir in die Suppe spucken könnten. Du hast ein klar umrissenes Feld, auf dem du dich entfalten kannst, ohne dass dir jemand in die Quere kommt.

3. Du optimierst deine Ressourcen

Mal ehrlich, niemand hat unendlich Zeit oder Geld, um sich auf alles und jeden zu konzentrieren. In einer Nische kannst du deine Ressourcen bündeln und gezielt einsetzen. Deine Marketing-Aktivitäten sind effizienter, weil du genau weißt, wen du ansprechen musst und wie. Du verschwendest keine Energie an diejenigen, die ohnehin nicht bei dir kaufen würden.

4. Du sorgst für Kundenbindung de luxe

In einer Nische baust du tiefe und ehrliche Bindung zu deinen Kunden auf. Die Leute kommen zu dir, weil sie wissen, dass sie genau das bekommen, was sie brauchen. Du sprichst ihre Sprache, verstehst ihre Probleme und kannst den Maßanzug liefern, der sitzt. Und zufriedene Kunden? Die kommen nicht nur wieder, die bringen auch ihre Freundinnen mit.

Eine Nische zu haben, bringt enorme Vorteile mit sich, vor allem erschaffst du damit einen Weg, auf dem du deiner idealen Wunschkundin direkt aus dem Herzen sprichst. Du wirst zu ihrer Gedankenleserin, zu der Frau, der sie vertraut und die sie gerne weiterempfiehlt.

Wenn du mal wieder an der Notwendigkeit einer klaren Positionierung zweifelst, stelle dir diese Frage: Gehst du bei Zahnschmerzen zur Allgemeinmedizinerin oder doch zur Zahnärztin? Die Antwort darauf ist klar.

Deine Nische zu entdecken, ist nicht bloß ein Trend, dieses Vorgehen ist ein echter Vorteil, wenn du es richtig anpackst. Statt also zu versuchen, alles für jede Zielperson zu sein, fokussiere dich auf eine Zielgruppe und einen Bereich, in dem du voll durchblickst. Wozu du sagen kannst: «Da mach ich mein Ding, und darin bin ich richtig gut.» Finde den kleinen Teich, in dem du der große Fisch sein könntest. In dem du dich etablieren kannst, ohne dass du gegen die Riesen im Business antreten musst, die den Markt (oder den Teich) längst beherrschen.

Wir werden noch erkunden, was passiert, wenn du versuchst, ein Chamäleon zu sein, das allen gefallen will. Spoiler: Es klappt nicht. Stattdessen werden wir zusammen, Schritt für Schritt, deine Nische schnitzen. Wir werden herausfinden, wer genau die Menschen sind, die dein Herz zum Singen bringen und denen du bis zum Mond und zurück helfen kannst.

Ich möchte, dass du eine so tiefe Verbindung zu ihnen aufbaust, dass sie, wenn sie von dir sprechen, sagen: «Hey, da ist diese Frau, die mich versteht, die weiß, was ich brauche, und die ihre ganze Magie für mich einsetzt.» Wir vergraben hier das alte «Ich helfe der ganzen Welt»-Denken und pflanzen stattdessen einen Baum, dessen Wurzeln tief in die Erde deiner Traumkunden reichen.

MIT DER IKIGAI-METHODE REIN IN DEINE NISCHE

Du weißt jetzt, wie wichtig eine Nische für dich ist, und um dir dabei die beste Hilfestellung zu geben, möchte ich dir das japanische Konzept Ikigai vorstellen.

Das Wort ist eine Kombination aus «iki» (Leben) und «gai» (Wert, sozusagen der Grund). Zusammen ergibt das so etwas wie «der Grund deines Daseins» oder «das, was deinem Leben Wert verleiht». Die Ikigai-Philosophie hilft dir dabei, ein Ziel für dein Leben zu finden – besonders in Bezug auf die Arbeit.

Stell dir Ikigai als deinen Wegweiser vor, mit dessen Hilfe du deine beruflichen Ziele so ausrichtest, dass sie voll und ganz mit dem übereinstimmen, was dir tiefe Befriedigung gibt. Es geht darum, dass du etwas tust, was sinnhaft und wichtig ist, wofür du eine Leidenschaft hegst und womit du den Menschen einen Dienst erweist. Klingt schon fast wie eine Berufung, oder? Und genau darum geht es auch!

Viele Menschen machen den Fehler, nach dem zu gehen, was ihnen das meiste Geld bringt, ohne darauf zu schauen, worin ihre eigentlichen Stärken liegen. Das kann funktionieren, versteh mich nicht falsch. Doch geben die meisten Menschen ihr Vorhaben dann auch bald auf, weil sie in Momenten der Herausforderung nicht die nötige Leidenschaft aufbringen können, jene Hürden zu meistern.

Und genau dabei hilft dir die Ikigai-Methode: Indem du

das findest, was dein innerer Antrieb ist, wirst du auch jene Momente meistern, die vielleicht weniger glamourös sind, die dir auch etwas abverlangen.

Auch bei mir gibt es Tage, an denen ich müde bin. An denen die Motivation im Keller sitzt und vor und zurück schaukelt. Tage, an denen ich neben meinen Kindern liege und sie über zwei Stunden in den Schlaf begleite, danach wie ein Yeti aus seiner Höhle aus dem Zimmer krieche und mir am liebsten Streichhölzer zwischen die Augen klemmen würde.

In diesen Momenten entscheidet sich: Bist du hier *for the long run*? Bleibst du auch dann dran, wenn der Applaus noch ausbleibt? Oder gibst du bei der ersten Herausforderung auf, weil dein Ziel vielleicht doch nicht mit deiner Berufung im Einklang steht?

Dein Ikigai zu finden, kann eine regelrechte Herausforderung sein, denn es bedeutet, dass du in die Tiefe deiner selbst tauchen und herausfinden musst, was dich wirklich antreibt. Doch wenn du diesen Funken dann gefunden hast, wird selbst nach zwei Stunden Einschlafbegleitung noch ein kleines Feuer in dir glimmen und dich zum Handeln motivieren.

Du empfindest deine Arbeit dann nicht mehr als was Mühsames, sondern als Teil von dessen, wer du bist und was du beitragen möchtest. Das kann megamotivierend sein und dir helfen, auch in schwierigen Zeiten durchzuhalten.

Okay, und wie sieht die Suche nach deiner Berufung jetzt in der Praxis aus?

Auf der folgenden Seite findest du vier Kreise, die sich in der Mitte überschneiden. Diese Überschneidung ist dein Ikigai. Jeder dieser Kreise hat eine andere Bedeutung.

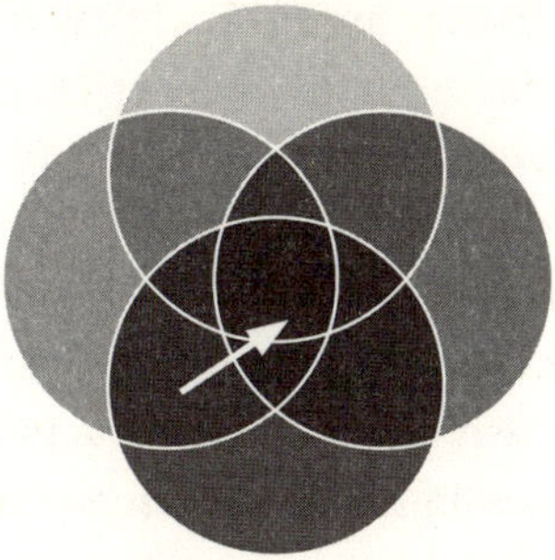

Dein Ikigai

Der erste Kreis umfasst alles, was du liebst – deine Leidenschaften und Interessen. Was ist es, das dich in den Flow bringt? Wobei die Zeit wie im Flug vergeht und du einfach nur happy bist? Ich zum Beispiel liebe es, Frauen auf ihrem Weg zu empowern, sie in ihre volle Kraft zu bringen. Ihnen zu zeigen, welches Potenzial in ihnen steckt und welche Limitierungen sie getrost abwerfen dürfen.

Der zweite Kreis umfasst das, «was du gut kannst» – deine Talente und Fähigkeiten. Identifiziere deine Stärken. Was fällt dir leicht, was machen andere oft nicht so gut wie du? Ich zum Beispiel habe die Fähigkeit, schnell komplexe Zusammenhänge zu erkennen. Mir fällt es sehr leicht zu analysieren, welche Marketing- und Produktstrategien Erfolg versprechend sind und welche nicht.

Der dritte Kreis umfasst alles, wofür du bezahlt werden kannst – also im Endeffekt, was am Markt gefragt ist und womit du deine Miete zahlen kannst. Wirf einen Blick in die Marktwirtschaft. Schau dir an, was aktuell und in Zukunft ein wachsender Markt ist und wo ein schrumpfender Markt entsteht. Mein Markt liegt beispielsweise in der Digitalisierung des Coaching-Marktes. Ich helfe Coachinnen, Trainerinnen oder Menschen, die ihren Service anbieten, ein digitales Unternehmen aufzubauen. Egal, ob sie in Vollzeit arbeiten oder sich eine nebenberufliche Tätigkeit aufbauen wollen.

Der vierte und letzte Kreis umfasst, was die Welt braucht – es ist ein altruistischer Blick auf die Welt. Wie kannst du einen Beitrag leisten, der über dich hinausgeht und einer größeren Sache dient? Die Welt braucht mutige Frauen, die vorangehen und dabei anderen Frauen Mut machen, es ihnen gleichzutun. Bei mir ist es der Wunsch, Frauen zu stärken, für sich selbst einzustehen und ihre starke Stimme zu nutzen. Denn jede Frau hat ihre starke Stimme. Ich ermutige sie, diese Stimme auch einzusetzen.

Wo sich diese Kreise überschneiden, da liegt dein Ikigai – das ist der Ort oder die Tätigkeit, die dir Zufriedenheit verschafft und bei der du jeden Morgen mit dem Gedanken aufwachst: «Yes, das ist mein Ding!» Wenn es um dein Business geht – insbesondere um die Positionierung –, kann Ikigai dir eine Richtung vorgeben. Statt verschiedene Waren aus einem überfüllten Bauchladen anzubieten, konzentrierst du dich auf das, was du gerne machst, was du rockst, womit du wirklich Geld verdienst und du einen Unterschied machen kannst.

Diese Methode hilft dir dabei, dich klar zu positionieren und aus der Masse herauszustechen, weil du genau weißt, wofür du stehst und wohin du willst. Das Beste daran? Wenn du nach deinem Ikigai lebst und arbeitest, dann ziehst du automatisch die richtigen Menschen und Projekte an – die, die genau das schätzen und brauchen, was nur du auf diese spezielle Art und Weise anbieten kannst. Klingt nach einem ziemlich guten Deal, oder?

Egal, ob du bereits dein Business hast oder ganz am Anfang stehst: Nimm dir die Zeit und checke für dich in die Erschließung deines Ikigais ein. Betrachte es als deinen Nordstern, dein Warum und deinen Anker für dein Business, das auf alle deine Lebensbereiche ausstrahlt. Du baust dir ein Standbein auf, das sich zu hundert Prozent nach dir anfühlen soll und dich auch dann motiviert, dich an den Schreibtisch zu setzen, wenn die jubelnde Menge dich noch nicht gefunden hat.

Kleiner Spoiler: Deine ersten Gehversuche solltest du bewusst gehen und dir darüber klar sein, dass dieser Weg aus vielen kleinen Schritten besteht. Vielleicht wird der Erfolg erst beim hundertsten Schritt sicht- oder hörbar. Achte darauf, dass dein Ikigai stark genug ist, damit du diese ersten Schritte kraftvoll und fokussiert gehen kannst.

Training: Deine Berufung

Legen wir los mit deinem ganz persönlichen Ikigai-Worksheet. Schnapp dir ein Blatt Papier und zeichne vier große, sich überschneidende Kreise. Nimm die Grafik oben als Vorlage und zeichne die Kreise so, dass in der Mitte ein gemeinsamer Schnittpunkt entsteht.

Wichtig: Lass deine Gedanken fließen. Wäge nicht lange ab, sondern schreibe alles runter, was dir durch den Kopf geht. Gewinne erst mal einen Überblick über deine Fähigkeiten und Wünsche.

Kreis Nummer eins: Was ich liebe

Hier trägst du alles ein, was du von Herzen liebst – deine Hobbys, deine Träume, die Dinge, mit denen Stunden wie Sekunden verfliegen und in denen du richtig aufgehst.

Inspirierende Fragen an dich selbst:

- Bei welchen Aktivitäten verliere ich völlig das Zeitgefühl?
- Was sind die Themen, über die ich stundenlang reden kann, ohne dass es langweilig wird?
- Was hat mich als Kind fasziniert und fasziniert mich heute noch?
- Über welches Thema könnte ich einen Blog schreiben oder einen Podcast aufnehmen, ohne dass mir die Ideen ausgehen?

Kreis Nummer zwei: Was ich kann

Hier geht es um deine Skills und Talente. Denk an die Dinge, die dir leicht von der Hand gehen und bei denen andere dich fragen: «Wie machst du das bloß?»

Inspirierende Fragen an dich selbst:

- Welche Aufgaben meistere ich im Beruf mit links?
- Zu welchen Themen fragen mich andere um Rat?
- Welche meiner Talente machen mich einzigartig?
- Auf welchen Gebieten hätte ich Lust, meine Expertise weiter zu vertiefen?

Kreis Nummer drei: Wofür man mich bezahlt

Hier folgt der pragmatische Part. Überlege, womit du dein Geld verdienst oder verdienen könntest, was am Markt gefragt ist und einen finanziellen Gegenwert hat.

Inspirierende Fragen an dich selbst:

- Wofür haben mich Kunden oder Arbeitgeberinnen in der Vergangenheit bezahlt?
- Welche meiner Fähigkeiten wären am Markt besonders wertvoll?

- Gibt es Trendthemen oder Nachfrage in Nischen, die ich bedienen könnte?

Kreis Nummer vier: Was die Welt braucht

In diesen Kreis trägst du ein, wie du einen positiven Impact hast. Welche Probleme gibt es, die du lösen könntest? Wie kannst du deine Umwelt verbessern?

Inspirierende Fragen an dich selbst:

- Welche großen Herausforderungen sehe ich um mich herum?
- Wo sehe ich Bedürfnisse oder eine Notwendigkeit, die ich adressieren könnte?
- Welche Beiträge könnten sowohl für mich als auch für die Gesellschaft erfüllend sein?

Die Mitte: Mein Ikigai

An dem Punkt, wo sich die Antworten der vier Kreise überschneiden, da ist dein Sweet Spot – dein Ikigai. Schreibe hier deine Erkenntnisse auf; das kann eine Kombination aus mehreren Punkten sein oder eine große, übergreifende Mission.

Denke daran, beim Ausfüllen ehrlich zu dir selbst zu sein und wirklich das aufzuschreiben, was dir persönlich entspricht – nicht das, was du denkst, das andere hören wollen. Mach dir keine Sorgen, wenn du nicht sofort alle Antworten parat hast; manchmal braucht es Zeit und Reflexion, um dein Ikigai zu entdecken. Und hab keine Scheu, mit deinen Gedanken und Ideen herumzuspielen – es ist ein Prozess, keine einmalige Angelegenheit.

Lass uns diesen Prozess als deine persönliche Entdeckungsreise sehen – nimm dir die Freiheit, offen und kreativ zu sein. Dein Ikigai kann dir eine Richtung weisen, aber es ist völlig okay, wenn es sich mit der Zeit verändert. Das Leben ist schließlich auch keine starre Sache, sondern ist immer im Fluss, genau wie wir.

Es gibt hier keine richtigen oder falschen Antworten, es gibt nur deinen Weg, der dir entsprechen darf. In dem Moment, in dem du alle deine Gedanken schwarz auf weiß vor dir liegen hast, wird sich dein persönlicher Pfad auftun.

Mache dich immer wieder bewusst frei von angepassten Verhaltensmustern und höre in dich hinein. Und wenn Petra von nebenan deinen Wunsch, ein digitales Breathwork Retreat zu eröffnen, nicht nachvollziehen kann, hast du dein imaginäres Gremium und dein Ikigai, an denen du dich ausrichten kannst.

Nicht selten werden wir in unserem sozialen Umfeld mit Zweifeln konfrontiert. Skeptische Blicke sollten dich jedoch niemals davon abhalten, deinen eigenen Weg zu gehen. Denn letztendlich sind es dein Leben, deine Vision und deine Leidenschaft, die zählen. Glaube an dich und an das, was in dir steckt. Dein Ikigai ist der persönliche Kompass, der dir die Richtung weist, die du mit deinem Herzen erkennst, auch wenn sie für andere vielleicht verborgen bleibt.

Vielleicht möchtest du nicht einfach ein Online-Breathwork-Retreat eröffnen, sondern einen Rückzugsort erschaffen, der Menschen dazu inspiriert, zu sich selbst zu finden und spirituelles Wachstum zu erleben – von zu Hause aus.

Stelle dir vor, wie du dein Retreat gestaltest: mit viel Liebe zum Detail, in einer Atmosphäre, die Harmonie und Heilung fördert. Du setzt Lehrpläne auf, die nicht nur Breathwork-Praxis, sondern auch Achtsamkeitsmeditation, Ernährungsworkshops und Gemeinschaftsbildung umfassen. Kurzum, du kreierst eine Oase der Ruhe, die ihresgleichen sucht.

Dazu gehört Mut, und dieser Mut wächst mit jedem Schritt, den du gehst. Dein imaginäres Gremium – jene Stimmen innerhalb und außerhalb, die dich unterstützen und daran glauben, dass deine Idee lebensfähig und lebensverändernd ist – wird dir Kraft geben. Halte an deinem Ikigai fest, auch wenn der Weg steinig sein mag. Denn am Ende des Tages sind es die Herausforderungen, die uns wachsen lassen und unsere Träume so wertvoll machen.

LAUFE IN DEN SCHUHEN DEINER WUNSCHKUNDIN

Ungelogen: Jeden Tag, wenn ich meine DMs auf Instagram öffne, lachen mich Nachrichten von Jens, Boris oder Sven an, die alle eins gemeinsam haben: Sie haben keine Ahnung von ihrer Zielgruppe. Diese sehr ambitionierten jungen Männer schicken mir dann Sprachnachrichten, in denen sie mir erklären, wie hinreißend ich bin und dass sie mir zeigen können, wie ich über Social Media Kundinnen gewinnen könnte. Ich denke mir wirklich jedes Mal: Junge, hast du dich eigentlich mal kurz mit mir, meiner Person und meinem Account beschäftigt? Merkst du eigentlich, dass deine Strategie, mich als deine Kundin zu gewinnen, genauso effektiv ist, wie Hackbraten in einem veganen Restaurant anzubieten?

Du hast mithilfe des vorherigen Kapitels verstanden, dass du dich mit deinem Business bewusst und sehr genau im Markt positionieren solltest. Denn durch diese Positionierung ziehst du Menschen an, die zu hundert Prozent zu dir und deinem Business passen. Ich habe dir verraten, dass dein Ikigai ziemlich wichtig ist, oder? Aber jetzt sage ich dir etwas, das im ersten Moment total kontrovers klingen mag: Bei deinem Business geht es nicht primär um dich. Es geht um sie – deine Wunschkundin.

Stell dir vor, du bist Fitnesstrainerin für Mütter, die keine Sekunde im Alltag durchatmen können. Deine Mission? Workouts kreieren, die einfühlsam, aber effektiv sind und über die du stundenlang quatschen könntest. Dein Ikigai? Mamas helfen, sich in ihrem Körper wieder wohlzufühlen.

Aber jetzt der Twist: Es dreht sich nicht um dein Sixpack oder deinen strammen Bizeps. Auch wenn das Teil deiner Außenwirkung ist. Es geht um die Frau, die vor dir steht, die kaum Zeit für sich selbst hat, seit sie Mama ist. Sie hat vielleicht schon jedes «Zumba für Busy Moms» hinter sich, aber nichts hat gezündet, weil es einfach zu weit weg von ihrem echten, chaotischen Leben war.

Und hier kommst du ins Spiel. Du bietest IHR eine echte Stütze. Du zeigst IHR, wie sie mit einem 10-Minuten-Workout während der Mittagsschlafzeit des Kindes echte Ergebnisse erzielen kann. Du bist nicht nur ihre Trainerin; du bist ihre Coachin, ihre Verbündete. Du schenkst ihr einen Weg zurück zu sich selbst – nach einer langen Reise, auf der sie ihre körperlichen und auch emotionalen Bedürfnisse nicht nur hintangestellt hat, sondern komplett von der Liste gestrichen hat.

In deinem Business geht es also nicht um *deine* Sixpack-Träume, sondern wie du dein Angebot so gestaltest, dass es genau in *ihren* Alltag passt. Wie maßgeschneiderte Leggings – perfekt für sie, ihre Bedürfnisse und ihren mütterlichen Wahnsinn.

Genau darum geht's: Du tust, was du liebst, aber der wahre Zauber? Der passiert, wenn sie, die Mutter, die jeden Tag jongliert, sich in deiner Welt einen Fortschritt erkämpft. Weil du verstanden hast, dass dein Business mehr als nur eine Trainingsstunde ist. Es ist die Handreichung für jemanden, der sie braucht. Dein Business ist der Wegweiser, die ausgestreckte Hand – für sie.

Es geht für dich also darum, die Bedürfnisse, Wünsche und Herausforderungen deiner Wunschkundin zu erkennen, sie zu benennen und Angebote zu erschaffen, die zu hundert Prozent darauf einzahlen – nicht um Erfolg für dich, sondern echten Erfolg für diejenigen, für die du das Ganze aufbaust.

Und ich bestehe darauf: Es geht immer nur um diese eine einzige Person. Nicht um die Schnittmenge von hundert Menschen, sondern diese eine einzige Person.

Stell dir vor, du wirfst einen Stein in den See, und genau dort, wo dein Stein landet, ist diese eine Person, auf die du alles zuschneidest. Dieser Stein wird Wellen schlagen und die 80 Prozent erreichen, die sich mit deiner einen Wunschkundin identifizieren und sich von dir und deinem Angebot angesprochen fühlen.

Diese Strategie ist wie ein Präzisionsschlag mitten ins Herz deiner Zielgruppe. Indem du dich auf eine einzige Person fokussierst, mit klaren und spezifischen Problemen, die du lösen kannst, sorgst du dafür, dass dein Angebot resoniert. Es klingt paradox, aber es ist diese Exklusivität, die Inklusivität erzeugt. Das tiefe Verständnis, das du für eine Person aufbringst, wird zum Mantra deines Geschäfts und trifft dadurch unweigerlich eine Masse, die spürt, dass du keine breit gefächerten Netzwerke spinnst, sondern ehrliche, zielführende Wege baust.

Merke dir: Das Geschäft, das du aufbaust, ist mehr als ein Portfolio von Produkten oder Dienstleistungen. Es ist eine Antwort, ein Versprechen, eine Lösung für ein reales Problem – für das reale Leben eines Menschen. Wenn du das schaffst, wirst du zum einen Umsätze generieren; und du wirst zum anderen Loyalität erzeugen und eine Gemeinschaft von Menschen um dich sammeln, die verstanden haben, dass du genau das lieferst, was sie brauchen – weil du es tatsächlich tust.

Wir sprechen von der Wichtigkeit, sich auf die eine Person zu fokussieren, der du mit deinem Tun wirklich helfen kannst. Verliebe dich also in deine Kundinnen, nicht in dein Produkt oder deine Dienstleistung.

Du willst aber lieber den ganzen See direkt ansprechen? Dann glaube mir, vielleicht wirst du im ersten Schritt mehr Kunden erreichen, aber der Aufwand wird so groß sein, dass es schier unmöglich ist, sie alle zufriedenzustellen. Warum? Weil jede Zielgruppe ihre eigenen Bedürfnisse, Herausforderungen und Voraussetzungen mitbringt, die du mit einem Angebot allein nicht abdecken kannst. Wenn du versuchst, alles für alle zu sein, unterschreibst du den Freifahrtschein in dein eigenes Burn-out. Ein Angebot, das so breit gefächert ist, dass alle zufrieden sind, verliert schnell an Fokus und Qualität. Kundinnen spüren, wenn ihnen keine maßgeschneiderten Lösungen geboten werden, und sie werden ihre Antwort woanders suchen.

Stelle dir zum Beispiel eine Trainerin vor, die Programme sowohl für Ironman-Teilnehmerinnen als auch für Personen anbietet, die gerade mit dem Joggen anfangen. Es ist offensichtlich, dass diese beiden Gruppen unterschiedliche Trainingsbedürfnisse haben. Indem die Trainerin versucht, beide gleichzeitig zu befriedigen, kann es passieren, dass keines ihrer Angebote so passend ist, dass es überzeugt.

Stattdessen wäre es klüger, wenn sie eine Nische wählen würde, um diese zu meistern und qualitativ zu überzeugen, sodass du nicht nur einmalig Kunden gewinnst, sondern eine treue Kundschaft aufbaust, die immer wieder auf dich zurückkommt. Dabei bedeutet eine Nischenfokussierung nicht, dass du keine Variationen deines Angebots bieten kannst. Du kannst zum Beispiel unterschiedliche Pakete anbieten, die alle dasselbe grundsätzliche Bedürfnis adressieren, aber unterschiedliche Intensitätsstufen beinhalten oder auch zusätzliche Features. Hauptsache, der Kern deines Angebots spricht deine definierte Wunschkundin an – zufriedene Kunden und dein eigenes Wohlgefühl werden die Folge sein.

Wenn du dich auf diese eine Person konzentrierst, wirst du die Tiefe und Expertise erlangen, die nötig ist, um sie auch wirklich zufriedenzustellen. Das wird sich herumsprechen, und ehe du dich's versiehst, hast du eine florierende Gemeinschaft um dich geschart, die genau weiß, was sie von dir erwarten kann – und die darauf vertraut, dass du lieferst.

Es ist wichtig zu verstehen, ja – du musst für das, was du erschaffst, brennen und einen hohen Qualitätsanspruch an das stellen, was du anbietest. Aber begreife: Die Menschen, denen du dienst, stehen im Zentrum deines Unternehmensmosaiks!

Bedenke: Märkte und Vorlieben sind im Wandel. Technologische Entwicklungen und Konkurrenz zwingen dich zu Veränderungen und Weiterentwicklungen. Du wirst mit der Zeit dein Marketing, deine Produkte und Dienstleistungen immer wieder anpassen müssen. Wenn du dich jedoch in deine Kundschaft verliebst und diese Liebe aufrechterhältst, wirst du langfristig Erfolg haben. Wenn es zu deinem Anliegen wird, für Menschen zu sorgen wie niemand sonst auf diesem Planeten, verschaffst du dir die besten Chancen. Das Vertrauen, die Treue und die Beziehungen, die du durch diese Liebe aufbaust, werden dir helfen, jede Krise zu meistern.

Wie findest du also dein perfektes Match? Diese eine Person, für die du eine Angebotspalette, Markenbotschaften,

Instagram Stories, Landingpages und Erfahrungen erschaffst, von der sie geträumt hat? Sich mal richtig in die Köpfe der Zielgruppe hineindenken – das ist es, was dein Business durchstarten lassen kann.

Wenn ich mit meinen Kundinnen über diese eine Wunschkundin spreche, höre ich oft diesen Klassiker: «Ich hab schon eine ziemlich gute Ahnung davon, wer meine Kunden sind.» Aber ich sag's dir, auch wenn du denkst, du hast den Durchblick, meist fehlt es an einem tiefen Verständnis – auch für die feinen Nuancen, die deine Wunschkundin ausmachen.

Also, worum geht's hier? Klarheit darüber zu gewinnen, wer diese Idealkundin eigentlich ist. Wir müssen rauskriegen, welche Ziele sie hat, mit welchen Problemen sie kämpft, welche Befürchtungen ihr im Nacken sitzen und in welcher Sprache sie über all das redet.

Wenn du das alles auf dem Schirm hast, kannst du deine Botschaft perfekt auf sie zuschneiden – du erfährst, wie du dich verkaufst, wie du dein Angebot rüberbringst und wie du auf Instagram oder sonst wo mit ihr kommunizierst.

Wenn du all das weißt, kannst du Content schaffen, der deine Wunschkundin so richtig abholt. Im Klartext: Dieses Training bringt dich deinen Verkäufen und dem Skalieren deines Business in dieser schnelllebigen Welt ein ganzes Stück näher. Danach sollte sich alles, was du von dir gibst – jede Aktion, jedes Wort –, an dieser Erkenntnis orientieren: Es dreht sich alles um sie, nicht um dich.

Und wo beginnen wir? Falls du bei null startest, lass uns mit einer kleinen Kopfkino-Session anfangen. Schließ die Augen und male dir deine ideale Kundin aus: diejenige, mit der es einfach rundläuft und der du wirklich helfen willst. Diejenige, die quasi nur drauf wartet, deine Stimme zu hören: Wer ist die Person? Wie tritt sie auf, was sagt sie?

Oft ist das jemand, der dir selbst ähnlich ist. Dein Business hast du aus Begeisterung ins Leben gerufen, weil du jemanden da draußen kennst, der mit einem bestimmten Problem zu kämpfen hat. Das ist der Schlüssel zum Verständnis. Hast du selbst mal vor diesem Problem gestanden? Wie hast du dich damals gefühlt? Willst du deine Wunschkundin verstehen, musst du sie beobachten und sie regelrecht studieren. Und wo geht das heutzutage besser als in den sozialen Netzwerken? Nein, du musst nicht bereits eine eigene Community aufgebaut haben. Das haben andere schon übernommen – auf Facebook, Instagram, YouTube, TikTok, LinkedIn usw.

Mache dir eine Liste mit Vorbildern aus deiner Nische, die bereits da stehen, wo du hinmöchtest. Ich spreche hier von Vorbildern und nicht von der Konkurrenz. Warum? Hier ein Gedankenansatz: Wenn du diese Menschen als Vorbilder siehst, dann erkennst du die Chancen zum Lernen und Wachsen. Diese Menschen oder Marken haben bereits erreicht, was du anstrebst – sie haben den Code geknackt und den Erfolg in der Hand. Sie als Vorbilder zu betrachten, eröffnet eine Welt, in der du nicht gegen sie, sondern neben ihnen auf deinem Weg voranschreitest.

Wichtig: Sich nach Vorbildern auszurichten, bedeutet nicht, Handlungen blind zu kopieren. Lass dich inspirieren und finde heraus, welcher Kern ihrer Methoden auch auf deinen Weg anwendbar ist. Der Vorteil dieser Vorgehensweise ist, dass du die Prinzipien ihres Erfolgs erkennst und verstehst. Du kannst ihr Geschäftsmodell, ihre Marketingstrategien und ihren Umgang mit Kunden analysieren und für dich nutzbar machen. So gewinnst du wertvolle Einblicke und meidest gleichzeitig einige Stolpersteine. Denn die Fehler der anderen können dir als Warnzeichen dienen. Ähnlich wie von deinem imaginären Gremium kannst du viel von deinen Vorbildern lernen.

Das Studium ihrer Community verschafft dir einen zusätzlichen Vorteil. Du hast Zugang zu Menschen, die deine potenzielle Zielgruppe sind. Diese Menschen geben dir einen Einblick in ihre Wünsche, Herausforderungen und Präferenzen. Es ist, als würdest du an einem Fokusgruppengespräch teilnehmen, ohne jemals einen Fragebogen erstellt zu haben. Durch genaues Hinschauen und indem du diesen Menschen zuhörst, lernst du, in welchen Bereichen sie noch Bedarf haben, welche Probleme noch gelöst werden wollen und welches Verlangen noch nicht gestillt ist.

Indem du deine Mitbewerberinnen als Vorbilder statt als Konkurrenz siehst, erkennst du, dass du es schaffen und den Berg bewältigen kannst. Ihre Pfade zu studieren und ihre Gemeinschaften zu verstehen, ist eine solide Grundlage, auf der du dein einzigartiges Angebot errichten kannst. So schaffst du es, maßgeschneiderte Lösungen zu entwickeln, die authentisch sind und deine Wunschkundin in den Mittelpunkt stellen. Auf diese Weise zu lernen, führt zu einem tiefen, empathischen Verständnis für die, denen du dienen möchtest. Du wirst für deine Zielgruppe zum *perfect match*.

Training: Studiere deine Vorbilder und finde deine Wunschkundin

Lege eine Liste mit fünf bis zehn Vorbildern aus deiner Nische an! Ja, du hast richtig gelesen, ich möchte, dass du weißt, wer momentan den Markt in deiner Nische dominiert, denn: Von diesen Menschen kannst du sehr viel lernen, vorausgesetzt, du tauschst deine Ich-vergleiche-mich-Brille mit deiner strategischen CEO-Brille:

- Was kannst du aus den Kommentaren, den Diskussionen und aus Umfrageergebnissen zu bestimmten Themen über deine Wunschkundin ableiten?
- Erkennst du wiederkehrende Fragen, Glaubenssätze, Muster, die du in die Beschreibung deiner Wunschkundin einfügen kannst?

Notiere alle Erkenntnisse. Du wirst sie später noch brauchen. Sowohl für dein Branding, deinen Content, deine Produkte und für deine Kundinnenansprache.

Das Eintauchen in die Kommentarspalten deiner Nischen-Vorbilder auf Social Media kann dir wertvolle Einblicke in die Welt deiner potenziellen Kunden bieten. Hier äußern sich Menschen offen über ihre Probleme, Wünsche und Anforderungen.

Stell dir vor, du bist auf einer Forschungsmission: Studiere die Kommentare genau und versuche, wiederkehrende Themen und Anliegen zu identifizieren. Welche Herausforderungen heben die Menschen immer wieder hervor? Welche Bedürfnisse sind offenbar besonders dringlich? Achte dabei auch auf die Sprache: Begriffe und Phrasen, die immer wieder verwendet werden, geben dir Aufschluss darüber, welche Schlüsselkonzepte in der Kommunikation mit deiner Zielgruppe wirksam sein könnten. Diese häufig verwendeten Wörter und Wendungen sind Signale dafür, was deine Zielgruppe wirklich bewegt. Sie sind eine Art verbaler Fingerabdruck, der dir zeigt, wie du deine Angebote und Botschaften formulieren solltest, um eine Resonanz zu erzielen. Indem du auf diese Sprache eingehst und sie in dein Marketing integrierst, kannst du die Aufmerksamkeit deiner Zielgruppe auf natürliche Weise gewinnen.

Durch diese methodische Analyse des Kundenfeedbacks

entwickelst du nicht nur ein besseres Marktverständnis, sondern auch eine stärkere Verbindung zu denen, die du erreichen möchtest. Mit einem Marketingansatz, der auf Empathie und authentische Problemlösung setzt, positionierst du dich als eine Unternehmerin, die mehr als nur Produkte verkauft – du bietest Lösungen, die das Leben deiner Kunden verbessern.

Hast du sie dann im Visier, studiere, welche Fragen sie stellen, und verinnerliche die Art und Weise, wie sie ihre Ziele, Probleme und Ängste kommunizieren. Keine Sorge, das ist reine Fleißarbeit. Welche Worte nutzen sie? Schreibe dir das alles auf, das ist dein Marketing-Gold!

Beim sorgfältigen Durchforsten der Kommentare auf Social-Media-Plattformen hast du bereits eine Schatzkiste an Informationen geöffnet, die dir unverzichtbare Einblicke in das alltägliche Leben und die innere Welt deiner Zielgruppe eröffnet hat. Dieser Prozess des aktiven Zuhörens ist der erste Schritt, um dich in die Lage deiner Kundinnen hineinzuversetzen. Du beginnst, ihre Reise emotional nachzuvollziehen.

Genau hier setzt die ZPAW-Formel an. Mit ihrer Hilfe nimmst du all deine Beobachtungen und Eindrücke und verwandelst sie in einen handfesten, strukturierten Plan. Du entwickelst eine tiefgreifende Empathie für deine Kundinnen und stellst sicher, dass du nicht länger im Dunkeln tappst, wenn es darum geht, zu definieren, wen du eigentlich ansprichst. Es ist an der Zeit, den Grundstein für deine Produkte, Verkaufsstrategien und die Kommunikation deiner Inhalte zu legen. Die ZPAW-Formel ist dein Werkzeug, um all das zu erreichen.

Training: Die ZPAW-Formel

Z wie Ziele

Konzentriere dich darauf, mehr über die tief verwurzelten Ziele und Bedürfnisse herauszufinden, die deine Kundin vielleicht noch mit niemandem geteilt hat. Was sind ihre verborgenen Träume? Was möchte sie im tiefsten Inneren erreichen? Verstehe und definiere den Kern ihrer Sehnsüchte.

Beispiel: Die Fitnesstrainerin geht für ihre Recherche die Kommentare auf Social-Media-Kanälen durch, die in ihrer Nische erfolgreich sind. Eine junge Mutter wünscht sich, in ihre Lieblingsjeans von vor der Schwangerschaft zu passen. Dahinter steckt vielleicht der Wunsch, ihre Fitness zurückzugewinnen und sich in ihrem Körper wohlzufühlen, nachdem sie ihr Kind zur Welt gebracht hat. Ihr innigster Wunsch ist es vielleicht aber auch, genug Energie zu haben, um mit ihrem Kind spielen zu können.

P wie Probleme

Nimm dir Zeit, um alle Probleme und Herausforderungen, die dir während deiner Recherche begegnet sind, zu bündeln. Diese sollten im direkten Zusammenhang mit deiner Nische stehen. Was sind die Sorgen deiner Wunschkundin? Erstelle eine Zusammenfassung, die so konkret wie möglich ist.

Beispiel: Die Recherche der Fitnesstrainerin könnte aufdecken, dass Mütter Schwierigkeiten haben, Zeit für Fitness zu finden. Sie kämpfen mit dem Schlafmangel, der Unvorhersehbarkeit des Tagesablaufs und vielleicht auch mit der gefürchteten «Mommy Guilt», dem schlechten Gewissen, wenn man sich Zeit für sich nimmt. Diese Probleme sind real und verhindern, dass Mütter regelmäßig trainieren können (oder überhaupt irgendetwas nur für sich selbst tun können).

A wie Ängste

Gehe noch einen Schritt weiter und identifiziere die Ängste und Glaubenssätze, die deiner Kundin Kopfzerbrechen bereiten, besonders wenn sie daran denkt, die ihr bekannten Probleme anzugehen. Welche inneren Hürden halten sie zurück? Diese emotionalen Blockaden zu verstehen, ist essenziell, um empathische Lösungen anzubieten.

Beispiel: Bei der Analyse von Kommentaren könnte die Fitnesstrainerin entdecken, dass die Angst vorm Versagen bei Müttern sehr stark ausgeprägt ist. Mütter könnten besorgt sein, ihre Fitnessziele nicht zu erreichen oder den Anforderungen eines Fitnessprogramms nicht gerecht zu werden. Daneben könnte die Sorge bestehen, Jugendlichkeit und Attraktivität durch die körperlichen Veränderungen einer Schwangerschaft und Geburt verloren zu haben. Diese Ängste, gepaart mit Glaubenssätzen wie «Ich habe eh keine Zeit» oder «Ich sollte immer für mein Kind da sein», könnten sie davon abhalten, aktiv nach Lösungen zu suchen.

W wie Worte

Achte auf die Sprache, die deine Kundin regelmäßig verwendet. Diesen Worten begegnest du in deinen Recherchen immer wieder, und sie sind ein Schlüssel zu ihrer Welt. Indem du diese Wörter in deine Kommunikation integrierst, stellst du eine stärkere Verbindung her und signalisierst, dass du wirklich an ihrer Seite bist.

Beispiel: Beim Lesen der Kommentare fällt der Fitnesstrainerin auf, dass bestimmte Worte und Phrasen immer wieder erwähnt werden. Beispielsweise könnten die Phrasen «einfach in den Alltag integrierbar», «schnelle Workouts», «Effizienz» oder «Zeit für mich» häufig vorkommen. Diese Worte zeigen, was Müttern wichtig ist und wie sie über Fitness nachdenken und gerne darüber sprechen.

Wenn die Fitnesstrainerin dieses Wissen in ihre Verkaufsstrategie, ihre Produktgestaltung und ihre Content-Kommunikation einfließen lässt, spricht sie ihre Kundinnen auf einer sehr persönlichen Ebene an. Ihr Marketing könnte Fitnessprogramme hervorheben, die kurz, intensiv und zu Hause durchführbar sind. Sie könnte über die Wichtigkeit von «Me-Time» sprechen und betonen, dass Selbstfürsorge ein Mittel sein kann, um als Elternteil präsent zu sein.

Durch die vorgestellte Herangehensweise formst du nicht nur deine Marketingstrategie und deine Angebote, sondern deine Kundin fühlt sich auch verstanden, gesehen und aufgehoben, was für eine dauerhafte und vertrauensvolle Beziehung unerlässlich ist. Statt Produkten oder Dienstleistungen bietest du echte Lösungen für echte Menschen an.

Mit der ZPAW-Formel kommst du deiner Wunschkundin sehr nahe. Auf ihren Bedürfnissen beruht deine Marke. Diese Formel hilft dir, authentisch auf die Lebensrealität deiner Wunschkundin einzugehen und Lösungen anzubieten, die wirkliche Veränderung ermöglichen. Ich möchte, dass du dich in dieses Training noch tiefer reinkniest. Deshalb schauen wir uns die Herausforderungen, Bedürfnisse, Wünsche, Ziele und Ängste deiner Wunschkundin im nächsten Schritt einmal in alltäglichen Szenarien an, die sie direkt aus ihrem Leben kennt.

Dieser Punkt ist entscheidend. Die ureigene Situation deiner Wunschkundin, ihre Realität – dort musst du sie abholen. Sie soll wissen, dass du wirklich begreifst, wo sie steht, was sie braucht und dass du ihre Sprache sprichst. Ein Gefühl von «Die kennt mich ja gar nicht» kommt so gar nicht erst auf. Stattdessen wird sich deine Wunschkundin sofort gesehen fühlen: «Die spricht ja über mein Leben!»

Gehen wir diese Visualisierungsmethode einmal beispielhaft anhand des Buches durch, das du gerade in den Händen hältst. Ich könnte mir vorstellen, dass du es gekauft hast, weil du mit dem Business, das du gerade aufziehst, nach finanzieller Freiheit strebst. Das ist eines deiner Ziele. Aber bleiben wir nicht an der Oberfläche, sondern zeichnen wir ein echtes, schillerndes Bild von deinen Zielen. Das könnte dann so aussehen:

> *Ich möchte jeden Morgen voller Energie und Vorfreude aufwachen, weil ich mich auf die Arbeit an meinem Business freue. Nachdem ich die Kinder zur Kita gebracht habe, kann ich es kaum erwarten, an den Schreibtisch zu sausen und den Computer hochzufahren. Entspannt und gut gelaunt gehe ich meinen gefüllten Coaching-Kalender durch. Ich nehme einen Schluck von meinem Hafercappuccino und stelle fest, dass in diesem Moment PayPal-Zahlungen eintrudeln, passives Einkommen, das ich durch den Verkauf von Onlineprodukten erzielt habe.*

Verstehst du, was ich meine? In diesen konkreten und in allen Facetten schillernden Bildern zum Wunschalltag deiner Kundin steckt die Kraft der emotionalen Ansprache. Wenn du dir die Ziele, Wünsche, Ängste und Hoffnungen deiner Kundin in einer derart konkreten Situation vorstellst, kannst du dich viel besser in sie hineinversetzen und deine Angebote ideal an ihre Lebenssituation anpassen. Ich gehe noch weiter: Wenn du diese Vision in deiner Kommunikation nutzt, sprichst du die Kundin auf einer emotionalen Ebene direkt an und triffst sie ins Herz.

Warum ist das wichtig? Emotionen sind die Brücke zwischen Traum und Realität, zwischen Wunsch und Wirklichkeit. Unsere emotionale Reaktion ist oft der Funke, der nötig ist, um uns ins Handeln zu bringen. Emotionen können ein starkes Verlangen auslösen, die entworfene Situation selbst zu erleben, was die Motivation, etwas zu kaufen oder zu buchen, erhöht.

Emotionen sind die stillen Treiber hinter vielen unserer Entscheidungen. Sie sind eng mit unseren Erfahrungen und Erwartungen verknüpft. Wenn ein Produkt es schafft, positive Emotionen auszulösen, werden wir dies nicht nur als angenehm empfinden, sondern es auch mit hoher Wahrscheinlichkeit anderen empfehlen.

Und das ist es, was viele als «magnetisches» Marketing bezeichnen: Indem du die tiefsten Wünsche und Herausforderungen deiner Wunschkundin auf emotionale Weise betrachtest und adressierst, wirst du zur Gedankenleserin und ziehst automatisch jene Menschen an, die perfekt zu dir passen – du wirst zum idealen Match deiner Wunschkundin. Durch diese Präzision im Marketing schaffst du es, dass dein Angebot resoniert. Deine Kundin spürt, dass du es ganz konkret für sie aus dem Ärmel gezaubert hast. So wird dein Business zum Leuchtturm für diejenigen, die genau das suchen, was nur du ihnen bieten kannst.

Und der größte Vorteil dabei? Ganz nebenbei grenzt du dich von jenen ab, die sich in diesem Bild nicht wiederfinden und demnach auch nicht zu deiner Zielgruppe gehören. So kannst du dich voll und ganz auf die Kundinnen konzentrieren, die deine Arbeit wertschätzen und die bereit sind, deinen Weg mitzugehen. Es ist diese Spezialisierung, die ein nachhaltiges und resonantes Marketing und Unternehmen ausmacht.

Training: In den Schuhen deiner Wunschkundin

Deine Wunschkundin

- Stelle dir deine Wunschkundin vor. Notiere Alter, Beruf, Interessen, Herausforderungen und Wünsche in Stichpunkten.
- Überlege dir, wie dein Angebot das Leben deiner Wunschkundin verbessern könnte. Schreibe mindestens drei konkrete Vorteile auf und entwirf drei Szenarien, wie dieses verbesserte Leben aussehen könnte.
- Erinnere dich an das Ziel, das dich motiviert hat, dein Business zu starten. Halte dieses in einem Satz fest.

Marktforschung & Kommunikation

- Notiere dir fünf bis zehn Nischen-Vorbilder, die deinen Marktbereich momentan dominieren. Nimm den Marktplatz in den Blick, auf dem du aktiv werden möchtest. Möchtest du beispielsweise in Deutschland ein Unternehmen gründen, dann ist es ratsam, gezielt den deutschsprachigen Raum zu analysieren. Erkunde, wer in diesem Marktsegment die Führung übernommen hat.
- Erforsche in den Kommentaren, Umfragen usw. das Verhalten, die gängigsten Reaktionen, Fragen deiner potenziellen Kundschaft.
- Beobachte die Aktivitäten in themenrelevanten Facebook-Gruppen für eine Woche und notiere häufige Themen und Anliegen.

ZPAW-Formel

- Notiere dir jeweils zehn Herausforderungen, Ziele, Wünsche und Ängste deiner Wunschkundin in Bezug auf deine Nische. Halte hierfür jeweils die relevanten und häufig genutzten Worte deiner Wunschkundin fest.
- Vergiss nicht, alle Erkenntnisse und Daten, die du in den letzten Trainings gesammelt hast, in einem Dokument zusammenzufassen. Nutze hierfür ein Blatt Papier oder ein Word-Dokument mit der Überschrift «Wunschkundin». Dies wird dir helfen, deine Marketing- und Vertriebsstrategie sowie die Inhalte auf deinen sozialen Netzwerken immer wieder präzise auf deine Zielgruppe abzustimmen.

DEIN BUSINESS-VERSPRECHEN

Nach der Bestimmung deiner Nische und der Verbindung mit deiner Wunschkundin steht eine entscheidende Frage im Raum – die Frage nach deinem Business-Versprechen. Dieses Versprechen bildet das Herzstück deiner Unternehmung. Es zeigt dir in allen Belangen eine klare Richtung auf und ist zugleich der unerschütterliche Kern deiner Kommunikation.

Stell dir vor, du bist auf einer Geburtstagsfeier und plauderst mit einer Freundin. Ein Bekannter gesellt sich dazu und fragt dich im Laufe des Gesprächs nach deinem Beruf. Anstatt nach Worten zu suchen, lieferst du ihm selbstbewusst und präzise dein Business-Versprechen – jenen Satz, der für alles steht, was du tust, entwickelst und teilst. Es ist ein Satz, der dir Klarheit und Selbstvertrauen gibt und der in jeder Unterhaltung leuchtet.

Das Business-Versprechen, das schlagende Herz eines Unternehmens, ist weit mehr als ein Werbeslogan; es ist die Quintessenz deiner Business-Identität und ein Bekenntnis des Wertes, den du deinen Kunden lieferst.

Dein Business-Versprechen zeichnet ein prägnantes Bild deiner Mission. Es ist dein einzigartiger Fingerabdruck. Durch dieses ureigene Versprechen stichst du aus der Masse hervor und wirst als unverwechselbares Original erkannt.

Dein Business-Versprechen ist nicht nur eine schnöde Strategie; es hat auch eine tiefere, emotionale Dimension. Es ist die unsichtbare Schnur, die dein unternehmerisches Herz mit den Herzen deiner Kunden verbindet. Bei der Kommunikation – sei es nach innen oder nach außen – ist es der rote Faden, der sich durch jede deiner Botschaften zieht, der für Konsistenz sorgt und deine Marke unverwechselbar macht.

Reden wir mal Klartext: Wir leben in einer Welt, in der wir täglich mit Informationen, Produkten und Kaufaufforderungen überschüttet werden. Es ist eine Zeit, in der die Auswahlmöglichkeiten grenzenlos erscheinen und jeder Tag eine Flut neuer Produkte und Services mit sich bringt. Mittendrin stehst du mit deinem Vorhaben und der Herausforderung, deine Stimme klar und überzeugend erklingen zu lassen – an diesem Punkt setzt die Idee des Business-Versprechens an. Sie ist die natürliche Weiterentwicklung der klassischen *Unique Selling Proposition* (kurz USP), erweitert diese und gibt tiefere Einblicke in den Herzschlag deines Unternehmens. Dein Business-Versprechen beinhaltet nicht nur, was du zu bieten hast, sondern auch, warum du deinen Weg gehst und welchen Mehrwert du für deine Kundinnen schaffst.

Das Business-Versprechen ist die DNA einer Marke, die eingebettet ist in jeder Botschaft und Handlung. Es ist eine Einladung in die Welt deines Unternehmens, das angefüllt ist mit Qualitätsversprechen, Kundenservice und der Verpflichtung, nach ethischen Grundsätzen zu handeln.

Das Business-Versprechen greift eine Idee auf, die Werbepionier Rosser Reeves einst vorlegte: Werbebotschaften sollten ein klares, unwiderstehliches Versprechen in sich tragen. Nur ist dieses Versprechen heute viel dynamischer und vielschichtiger. Es ist die Geschichte, mit der Marken ihre Authentizität und Persönlichkeit vermitteln, Vertrauen aufbauen und mit ihren Kunden in emotionale Resonanz gehen. In unserer vernetzten Welt ist das Business-Versprechen Gold wert. Wenn du es einmal aufgestellt hast, wird es zu deiner ganz persönlichen Visitenkarte.

«Wie finde ich mein Business-Versprechen?», fragst du dich jetzt bestimmt.

Du möchtest etwas präsentieren, das authentisch ist und die Essenz deines Unternehmens einfängt – egal ob du es nebenberuflich oder hauptberuflich führst.

Ich habe sehr gute News für dich: Du stehst bereits auf einem recht soliden Fundament. Denn alle Erkenntnisse, die du zu diesem Punkt gesammelt hast, sind die Bausteine, aus denen sich dein Business-Versprechen zusammensetzt. Alles, was du brauchst, um es zum Leben zu erwecken, ist die richtige Struktur. Und für die gibt es eine Formel, mit deren Hilfe du die Bausteine deines Business zu einem stimmigen und einprägsamen Versprechen verbindest. Jetzt ist es an der Zeit, dein einzigartiges Business-Versprechen zu formulieren:

Training: Die Zauberformel für dein Business-Versprechen

> Ich helfe [Zielgruppe] dabei [Ziel/Wunsch], indem [Lösung], sodass [Ziel].

Damit du dir besser vorstellen kannst, wie du diese Zauberformel anwenden kannst und welche Wirkung sie hat, habe ich zwei anschauliche Beispiele für dich zusammengestellt.

Beispiel 1: Meine digitale Unternehmensberatung
«Ich helfe Frauen, Solopreneurinnen und angehenden Unternehmerinnen aus dem Online-Business/Selbstständigkeitssektor dabei, sich mit ihrem Wissen und ihrer Dienstleistung ein digitales Geschäft aufzubauen, indem ich maßgeschneiderte Beratung und strategische, digitale Ressourcen anbiete, sodass sie finanziell, zeitlich und örtlich unabhängig leben und mit ihrer Arbeit einen echten Unterschied in der Welt machen können.»

Beispiel 2: Das Fitness-Unternehmen für Mütter
«Ich helfe Müttern [Zielgruppe] dabei, Zeit für sich selbst zu finden und ihren Körper nach der Geburt zu stärken [Ziel], indem ich maßgeschneiderte Fitness- und Wellnessprogramme anbiete [Lösung], was für sie zu mehr Energie, einem gesteigerten Wohlbefinden und einer tieferen Verbindung zu ihrer inneren Stärke führt [Ziel].»

Jetzt, da du gesehen hast, wie du dir dein Business-Versprechen zusammenstellen kannst, bist du dran. Bedenke aber: Diese beliebte Formel ist kein starres Korsett, sondern ein

Startpunkt auf dem Weg zu deinem Business-Versprechen. Lass deiner Kreativität freien Lauf und justiere dein Versprechen, bis du fühlst, dass du deinen Weg gefunden hast.

Schritt 1

Setze dich in Ruhe hin, nimm dir einen Block und einen Stift und beginne, die einzelnen Komponenten dieser Formulierung für dein Versprechen auszuarbeiten.

Spiele mit den Worten, bis du das Gefühl hast, dass dein Versprechen deine Vision und Mission einfängt und in einer Sprache formuliert ist, die deiner Zielgruppe aus dem Herzen spricht.

Dein Business-Versprechen ist das Banner, unter dem du deinen Markt erobern wirst.

Schritt 2

Prüfe dein formuliertes Versprechen: Ist es konkret, klar und überzeugend? Teile es mit Freundinnen, Familie oder Business Buddies und beobachte ihre Reaktionen. Die Rückmeldungen helfen dir, die Botschaft zu schärfen und sicherzustellen, dass sie verständlich und wirkungsvoll ist. Du kannst auch dein imaginäres Gremium zurate ziehen. Was würde es dazu sagen? Hol dir die nötige Inspiration und die Hilfe, die du brauchst.

Schritt 3

Veröffentliche dein Versprechen. Das Business-Versprechen sollte auf allen deinen Kommunikationskanälen sichtbar sein: von deiner Webseite bis zu deinen Social-Media-Kanälen. Reflektiere regelmäßig: Steht dein Handeln im Einklang mit deinem Business-Versprechen?

Mit diesen Schritten hältst du eine klare Anleitung in der Hand, um ein kraftvolles Business-Versprechen zu gestalten, das den Kern deiner Vision widerspiegelt. Für dich und deine Business-Entscheidungen ist es ein Wegweiser. Deiner Zielgruppe zeigt dein Versprechen die herausragenden Gründe auf, warum sie mit dir und niemand anderem arbeiten sollte.

Nun, hier schließt sich der Kreis. Du hast wirklich ganze Arbeit geleistet und eine robuste Grundlage für dein digitales Geschäftsvorhaben gelegt. Du hast nicht nur den Wunsch, einen bleibenden Eindruck in der Welt zu hinterlassen, sondern auch ein tiefes Verständnis dafür entwickelt, was dich jeden Morgen begeistert aufstehen lässt – dein persönliches Ikigai ist für dich zur treibenden Kraft geworden.

Die genaue Vorstellung von deiner Wunschkundin hilft dir, so zielgenau wie eine Profisportlerin zu kommunizieren und die Menschen anzuziehen, mit denen du wirklich zusammenarbeiten möchtest. Dein Verständnis dafür, wer deine Kunden sind und was sie wirklich brauchen, hat sich geschärft, und du weißt, wie du ihnen das bieten kannst, was ihr Herz begehrt.

Das Sahnehäubchen? Dein Business-Versprechen! Du hast es geschafft, es zu entdecken und schriftlich festzuhalten – und zwar so klar und kraftvoll, dass es dir leuchtend vor Augen steht.

Jetzt, da du dieses Kapitel gelesen und die Trainings absolviert hast, hast du weit mehr erreicht, als ein paar Seiten mit deinen Ideen zu füllen. Du hast ins Zentrum deiner geschäftlichen Existenz geblickt und das herausgearbeitet, was deine Marke wirklich ausmacht.

Jetzt bist du bestens gerüstet, um mit deinem digitalen Business voll durchzustarten, getragen von dem unbändigen Glauben an dein Versprechen und der Gewissheit, dass es dieses Fundament ist, das dich zum Erfolg führen wird.

DEIN PERSONAL BRANDING

Stell dir vor, du bist auf einem gigantischen Online-Marktplatz, wo Millionen von Menschen ihre Stimmen erheben, alle gleichzeitig, alle laut. Das ist die digitale Welt von heute – voller Krach, Endlosschleifen von Content, Angeboten, blinkenden Anzeigen und unzähligen tanzenden Menschen in Reels ... Und mitten in diesem Trubel fragst du dich: Wie zur Hölle soll ich denn da noch auffallen? Wie schwer es sein kann, seine eigene Stimme zu finden und ihr treu zu bleiben, habe ich am eigenen Leib erfahren.

Es ist Juni 2022, und ich habe erste Schritte mit meinem digitalen Unternehmen unternommen. Seit Februar 2022 bin ich offiziell Online-Unternehmerin und verkaufe mein Wissen über Sichtbarkeitsaufbau hauptsächlich über Instagram. Ich habe meinen Kurs für Sichtbarkeit auf Instagram inzwischen zweimal verkauft, dabei sechsstellige Umsätze erzielt, und meine Community wächst und gedeiht. So weit, so gut, könnte man meinen.

Für Ende August habe ich ein Fotoshooting gebucht, um endlich meine ersten offiziellen Bilder für mein Personal Branding zu machen, die meiner Marke noch mehr Stärke verleihen sollen als die Smartphone-Bilder, die ich bisher – mehr schlecht als recht – im Kinderzimmer meiner Tochter vor ihrer rosafarbenen Wand gemacht hatte. Jetzt will ich es endlich etwas professioneller angehen.

Um mich auf das Shooting vorzubereiten, wollte ich damals ein Moodboard erstellen und machte das, was ich schon tat, als ich meine Zielgruppe recherchiert hatte: Ich analysierte den bestehenden Markt. Anstatt bei mir, im Inneren, anzusetzen, wie ich es dir gleich zeigen werde, und meine eigene Personal Brand zu entdecken, startete ich im Außen. Anstatt mich der Sache strategisch zu nähern, machte ich einen enormen Fehler: Ich verlor mich in Accounts, in Bildsprachen, in Stimmen, die nicht die meinen waren.

Vier Wochen lang versuchte ich, mich auf das Shooting vorzubereiten, eine passende Bildsprache und Outfits zu finden, aber je mehr ich mich bei anderen umsah, desto weiter entfernte ich mich von mir selbst. Dabei merkte ich nicht einmal, dass sich mein Auftreten auch in meinen Stories veränderte, dass ich Worte benutzte, die ich vorher nie verwendet hatte, und sich mein eigener Stil auf meinem Moodboard gar nicht mehr wiederfand. Stattdessen sah ich dort irgendwelche flatternden Kleider auf irgendwelchen Reisfeldern auf Bali.

Was mich wieder auf meinen Weg zurückbrachte? Ein Magen-Darm-Virus, der mich passenderweise parallel zu einem Rohrbruch in der Küche lahmlegte und auf den gleich noch Corona für die gesamte Familie folgte. «Vierzehn Tage Social Media OHNE mich» stand auf dem Plan – und diese Auszeit hatte ich bitter nötig.

Die Phase Mitte 2022, in der ich mich komplett verlor, hatte mich wortwörtlich krank gemacht. Doch so herausfordernd diese Phase auch war, sie bot mir die Chance zur Reflexion und Besinnung. Es war eine unfreiwillige Pause, die mir jedoch wichtige Einsichten bescherte: Ich erkannte, dass echtes Personal Branding nur von innen nach außen entsteht. Es ist wie bei einem Baum: Das Äußere mag beeindrucken, aber ohne ein stabiles Inneres und tief reichende Wurzeln kann er nicht bestehen. Ich musste zurück zu meinen Wurzeln, zurück zu dem, was mich einzigartig machte. Die unerwartete Auszeit zwang mich, zu meinem wahren Ich zurückzufinden und zu verstehen, dass nur ein authentisches Branding, das meine Persönlichkeit widerspiegelte und mit meinen Werten in Einklang stand, die Art von Verbindung herstellen konnte, die ich mir wünschte. Und die eben deshalb auch langfristig Bestand hätte. Wer hat schon Lust, auf Dauer eine inszenierte Version seiner selbst zu sein, hinter der man eigentlich nicht voll und ganz stehen kann?

Falls du dich jetzt fragst, wie mein Shooting ausging: Ich entschied damals, das Shooting wahrzunehmen, aber ich sah es als einen Schritt hin zu meinem Personal Branding und fokussierte mich auf meine innere Stimme und auf die Gefühle, die ich bei meiner Wunschkundin mit den Bildern hinterlassen wollte: positiv, motivierend und authentisch.

Mit neuer Klarheit formulierte ich meine persönliche Herangehensweise: Beginnend bei den Grundlagen – meinen Werten, Stärken und Leidenschaften – wollte ich eine Marke aufbauen, die mir ganz entsprach.

So konnte ich eine unwiderstehliche Personal Brand kreieren, die meine Idealkunden anspricht, authentisch und integer ist. Denn das ist der Kern von Personal Branding: Deine Personenmarke – das ist dein Megafon, das Spotlight für dich und dein Unternehmen, das ist, was die Blicke auf dich zieht und das Geschwafel um dich herum verstummen lässt. In einer Welt, die vor lauter Stimmen nur so brummt, ist Authentizität der Schlüssel.

Warum Authentizität so wichtig ist? Weil wir zu viel haben. Zu viele Optionen, zu viele Anzeigen, zu viel von allem. Aber wir – du und ich und alle anderen –, wir sehnen uns nach Verbindungen, nach Stories, nach dem Echten und Wahren. Wir wollen uns verstanden und gesehen fühlen. Und genau das kannst du mit deinem Personal Branding erreichen.

Deine Marke, das bist du in HD – High Definition! Und in einem Meer von Unschärfe bist du der Fels in der Brandung.

Du gibst den Menschen etwas, woran sie sich festhalten können, etwas, das bleibt. Du bist die Erinnerung, die hängen bleibt, wenn der Bildschirm längst dunkel ist. Du bist nicht irgendein Gesicht in der Masse, sondern die Stimme, die deine Kunden aus der Masse herausführt. Denn deine Persönlichkeit, deine Werte, deine einmalige Geschichte werden zu einem Leuchtfeuer in der Nacht des digitalen Lärms. Wenn du diese Aspekte klar herausstellst, erreichst du deine Wunschkundin.

Mach aus dir nicht irgendeine Marke, sondern die Marke schlechthin. Die, die man nicht mehr vergisst, die, bei der man immer wieder den ‹Kaufen›-Knopf drücken will, einfach weil sie echt ist, weil sie knallt, weil sie zu hundert Prozent du ist.

ERSCHAFFE DEINE PERSONAL BRAND

Personal Branding ist weit mehr als bloß ein Marketing-Schlagwort. Es ist die Kunst, sich selbst als Marke zu etablieren und zu präsentieren. Du bist deine Marke und repräsentierst sie mit all deinen Werten, deiner einzigartigen Persönlichkeit und dem Ruf, den du dir erarbeitest. Diesen Vorteil nutzt du gezielt beim Aufbau deiner Personenmarke. Insbesondere als Coachin, Trainerin oder Expertin ist das ungemein wertvoll. Du hebst dich durch dieses Vorgehen von anderen ab – durch deine besondere Art, deine Energie. Menschen kaufen von Menschen. Wir sind Wesen, die von Gefühlen und Emotionen geleitet werden, und genau das spielt dir in die Hände. Deine emotionale Intelligenz, deine Fähigkeit, Gefühle zu vermitteln und zu transportieren, das ist deine Zauberkraft. Es sind diese menschlichen Aspekte, die dein Business beflügeln und andere Menschen animieren, begeistert mit dir zusammenzuarbeiten. Personal-Brand-Archetypen sind charakteristische Modelle oder Persönlichkeitsprofile, die unterschiedliche universelle Themen, Eigenschaften und Verhaltensweisen repräsentieren. Diese Archetypen wurden durch den Schweizer Psychiater Carl Jung bekannt, der sie als die urtümlichen Charaktere des menschlichen Kollektivbewusstseins beschrieb. Im Branding werden diese Archetypen genutzt, um Marken eine stärkere Persönlichkeit zu verleihen, sodass das Unternehmen mit den Kunden auf einer tieferen, emotionalen Ebene resoniert.

Richtig genutzt sind die Archetypen wie charaktervolle Rollen – mit deren Hilfe du die Teile von dir betonst, die du mit anderen teilen möchtest. Sie helfen dir dabei, deine Geschichte zu strukturieren, geben deiner Marke Substanz und erleichtern es dir und deinen Kundinnen, eine tiefe Verbindung zueinander herzustellen.

Indem du den Archetyp wählst, der am besten zu deiner Persönlichkeit und deinen Geschäftszielen passt, machst du den ersten Schritt, um das Vorbild zu werden, das du vielleicht selbst gerne gehabt hättest. Du positionierst dich in der Onlinewelt als eine authentische, greifbare und inspirierende Persönlichkeit, die das lebt, was sie lehrt.

Ich stelle dir jetzt die zwölf Personal-Brand-Archetypen vor. Um das Ganze für dich konkreter (und unterhaltsamer) zu machen, werde ich jedem Archetyp einen bekannten Namen aus Hollywood zuordnen. So erlangst du nicht nur ein theoretisches Verständnis, sondern die verschiedenen Archetypen stehen dir auch bildlich vor Augen.

Der Unschuldige

Immer positiv, ein Hauch von Nostalgie und einfach herzerwärmend. Wenn man an Tom Hanks denkt, hat man den netten Kerl von nebenan vor Augen, jemanden, der in seine Rollen eine Naivität und Bescheidenheit einbringt, die so selten wie kostbar ist.

Die Weise

Bedacht und reflektiert, jemand, der echte Lebensweisheiten vermittelt. An wen denkst du dabei? Ich denke an Meryl Streep. Sie hat diese Intelligenz und Klasse, die dich dazu bringt, an ihren Lippen zu hängen, weil sie einfach weiß, was Sache ist.

Die Entdeckerin

Abenteuerlustig, rastlos, immer auf der Suche? Angelina Jolie! Die Schauspielerin, die allein schon mit ihrer Rolle als Lara Croft das ultimative Entdecker-Image verkörpert und auch im echten Leben nie stillzustehen scheint.

Die Herrscherin

In Führung, entscheidungsfreudig, eine echte Autorität: Oprah Winfrey. Diese Frau ist pure Inspiration. Sie zeigt, wie Macht, gepaart mit Weisheit und Menschlichkeit, aussehen kann.

Der Schöpfer

Kreative Köpfe, die uns staunen lassen. **James Cameron** zum Beispiel, der Typ, der uns mit «Titanic» die Tränen in die Augen trieb und uns danach mit «Avatar» auf einen fremden Planeten entführte.

Die Heldin

Stark, mutig, ein echtes Vorbild. **Charlize Theron** ist die personifizierte Heldin – unerschrocken und mit einem Herz aus Gold. Sie zeigt der Welt, wie man mit Mut und Eleganz jede Hürde meistert, ein echtes Role-Model-Gefühl.

Die Rebellin

Rebellisch, unabhängig, sie ist es, die die Regeln bricht. **Jennifer Lawrence** lässt sich in Rollen wie in «Die Tribute von Panem» nicht die Butter vom Brot nehmen. Sie steht auf und kämpft – gegen jedes System!

Der Magier

Der Verwandlungskünstler, immer für eine Überraschung gut. Denkt ihr so wie ich sofort an **Benedict Cumberbatch**? Der Schauspieler verwandelt sich von Sherlock Holmes in Doctor Strange. Durch ihn glauben wir weiter an das Fantastische und Wunderbare.

Der Liebhaber

Charmant, emotional, mit einem Hauch Erotik. Das ist doch **Brad Pitt**, der Charmeur, dessen Lächeln allein genügt, um Herzen höherschlagen zu lassen.

Der Narr

Der humorvolle, der das Leben nicht allzu ernst nimmt. Der Schauspieler **Jim Carrey** zeigt uns, dass man auch in schweren Zeiten immer einen Grund zum Lachen finden kann.

Die Fürsorgliche

Empathisch, liebevoll, immer da, um anderen zu helfen. **Reese Witherspoon** ist für mich so eine Frau. Sie strahlt diese Süßigkeit und Wärme aus und setzt sich zugleich mit aller Kraft für wichtige Dinge ein.

Die Jägerin

Ehrgeizig, leistungsorientiert und unermüdlich. **Uma Thurman** verkörpert die Entschlossenheit einer Löwin, die genau weiß, was sie will. Hier trifft messerscharfe Intuition auf eine Prise Killerinstinkt.

Jede der Persönlichkeiten, die ich dir vorgestellt habe, formt direkt oder indirekt die Wahrnehmung, die wir von ihr haben. Mit jedem Auftritt und jeder Rolle malen diese Menschen das Bild ihrer Marke weiter in schillernden Farben aus und laden uns ein, dem Verlauf ihrer Geschichte zu folgen. Jetzt bist du dran: Wer willst du mit deinem Unternehmen sein?

Training: So findest du deinen Personal-Brand-Archetyp

Bevor du dich dem Studium der zwölf Brand-Archetypen widmest, ist es wichtig, zu erforschen, wer du im Wesentlichen bist. Darum nimm dir die Zeit und beantworte zuerst die folgenden Fragen:

1. Selbstreflexion

Schau nach innen: Welche Werte sind dir in deinem Leben und in deinem Business wichtig? Wie möchtest du wahrgenommen werden?

2. Definiere deine Vision

Wo siehst du dich und dein Business heute, wo in 15 Jahren?

3. Erkenne deine Stärken

Was sind deine Talente, deine «Superkräfte»?

4. Analysiere deine Lieblingsgeschichten

Welche Geschichten, Serien oder Filme berühren dich am meisten? Häufig fühlen wir uns zu Erzählungen mit Charakteren hingezogen, mit denen wir uns identifizieren können und die unserem Persönlichkeitstypen entsprechen.

5. Muster erkennen

Wirf einen Blick auf deine Karriereentscheidungen, Projekte und alles, was du bisher in deinem Leben erschaffen hast. Erkennst du ein wiederkehrendes Thema, das auf einen bestimmten Archetyp hinweist?

Viele Fachleute raten dazu, online einfach irgendeinen Test zu machen, um den eigenen Archetyp zu definieren. Auch ich bin so gestartet und erhielt immer wieder das Ergebnis, ich sei die Magierin. Das fühlte sich für mich zuerst auch zutreffend an, denn die Magierin will die Menschen verzaubern, und genau das wollte ich doch, dachte ich zumindest. Beim Stöbern durch die vielfältigen Aspekte der Personal-Brand-Archetypen stieß ich dann aber vermehrt auf eine goldene Regel, die oft unterschätzt wird: Die Empfehlung war simpel, aber wirkungsvoll: Lies dir alle Archetypen durch und entscheide dich bewusst für einen Archetyp, der am meisten mit dir resoniert, anstatt dich blindlings auf das Ergebnis eines Tests zu verlassen.

Warum? Wir geben in Selbsttests oft nicht die Wahrheit an, weil wir uns besser darstellen wollen, als wir es tatsächlich sind, und weil wir uns nach unseren Wunschvorstellungen richten. Die Erklärung dafür liegt in psychologischen Phänomenen wie dem Bestätigungsfehler (Confirmation Bias), der uns tendenziell dazu bringt, Informationen zu bevorzugen, die unser Selbstbild stärken. Hinzu kommt die Selbstdarstellungstheorie, die besagt, dass wir uns oft in einem besseren Licht präsentieren wollen. Diese Tendenzen können dazu führen, dass wir in Selbsttests Antworten geben, die mehr unseren Idealvorstellungen entsprechen als unserer wahren Persönlichkeit. Und genau deshalb ist es so wichtig, vor dem Studium der Personal-Brand-Archetypen die Fragen zu beantworten, die ich dir im Training an die Hand gegeben habe.

Als ich mich auf die Reise zu meinem wahren Selbst begeben habe, wurde mir klar, dass ich nicht nur Menschen verzaubern wollte, ich wollte einen echten Impact auf die Welt haben und anderen Frauen mutig vorausgehen. Ich wollte ihnen den Weg ebnen und ihnen helfen, es mir gleichzutun, und sie ermächtigen. Als ich all das für mich definiert hatte, fiel es mir wie Schuppen von den Augen: Ich hatte mich die ganze Zeit kleingehalten, versucht, allen zu gefallen, anstatt die zu sein, die wirklich in mir steckte: eine mutige und mitreißende Frau. Ich war nicht die Magierin, weit gefehlt, mein Personal-Brand-Archetyp entsprach zu hundert Prozent dem der Heldin. Denn diese zeichnet sich durch Mut, Entschlossenheit und die Kraft aus, mit der sie Herausforderungen überwindet und ihre Ziele erreicht. Eine Heldin ist ein Vorbild, bestimmt und zielstrebig. Sie stellt sich jeder Schwierigkeit mit einem starken Glauben an das Gute und Gerechte.

Du siehst: Statt dich auf einen der zahlreichen Personal-Brand-Tests zu verlassen, empfiehlt es sich vielmehr, einen «Tauchgang» in dein Selbst zu unternehmen. Also noch mal: Nimm dir zuerst ausreichend Zeit für das erste Training und werde dir deiner selbst bewusst und schau dann in der Liste nach, welcher der zwölf Typen wirklich zu dir, deinem Wesen, deinen Werten passt. Es kann sein, dass es sich anfangs so anfühlt, als würden mehrere Archetypen zu dir passen, weil viele unserer Charakteraspekte mit verschiedenen Archetypen korrelieren können. So kann zum Beispiel ein Magier genauso mutig wie eine Heldin sein.

Für welchen Typ du dich zuletzt auch entscheidest, eines solltest du wissen: Deine Wahl ist nicht in Stein gemeißelt und darf sich ebenso wie dein Business weiterentwickeln. Du triffst nur eine erste bewusste Wahl, um aus deiner Idee eine Marke zu machen, die sich deutlich von der Masse abhebt und ganz und gar dir entspricht.

Wenn du dich danach fragst, wie und wo du deinen Brand-Archetyp einbringen kannst, dann erfährst du im Folgenden, wie du deine authentischen Brand Stories erzählst und wie du gezielt die Wahrnehmung deiner Marke in sozialen

Netzwerken, in deinem Podcast oder in Videos beeinflussen kannst. Behalte dabei stets im Kopf: Du bist die Kapitänin deines Schiffes, und die Art, wie du als Personal Brand wahrgenommen wirst, ist kein Zufall, sondern Resultat deiner Entscheidungen.

WOFÜR MÖCHTEST DU BEKANNT SEIN?

Nachdem du nun deinen Personal-Brand-Archetyp identifiziert hast, ist es an der Zeit, diesem Charakter Leben einzuhauchen. Du wirst lernen, wie du die Wahrnehmung deiner Marke steuern kannst. Oft beobachte ich, dass Menschen, die sich als Marke positionieren möchten, folgenden Fehler begehen: Sie denken, dass es genügt, einfach sie selbst zu sein, und dass die richtigen Kundinnen sie schon finden werden. Leider ist das ein Trugschluss. Wenn du nicht klar definierst, wie du wahrgenommen werden möchtest, dann werden andere diese Lücke einnehmen und über dich bestimmen – und das ist eine Situation, die du vermeiden möchtest.

Deine Personal Brand ist wie eine Leinwand, auf der du das Bild von dir selbst malst, das für die Welt sichtbar sein soll. Um sicherzustellen, dass es ein Meisterwerk wird, musst du die Konturen klar zeichnen und die Farben mit Bedacht wählen. Das bedeutet auch, dass du dich nicht auf Zufälle verlässt, sondern eine klare Strategie entwickelst, mit deren Hilfe du festlegst, welche deiner Attribute du in den Vordergrund stellen möchtest. Authentizität ist das Ergebnis bewusster Entscheidungen und gezielter Kommunikation. Du musst deine Werte, Prinzipien und Visionen klar kommunizieren, um eine Brücke zu denen zu schlagen, die deine Dienstleistungen oder

Produkte suchen und die eine tiefere Verbindung zu deiner Marke herstellen möchten.

Daher ist es essenziell, dass du nicht nur weißt, wofür du stehst, sondern auch, wie du diese Inhalte kommunizierst. Deine Botschaft, deine Sichtweise und die Art, wie du deine Zielgruppe ansprichst, sollten deine Persönlichkeit widerspiegeln. Du solltest in dieser Botschaft ebenso auf die Bedürfnisse und Wünsche deines Publikums eingehen.

Stell dir vor, du bist auf einer Konferenz. Du bist dort alleine, und du stellst dich zu einer Gruppe von Menschen, die sich gerade über ein bestimmtes Thema aus deiner Nische unterhalten. Du stellst fest, dass sich die Unterhaltung um eine typische Frage dreht, die du schon hundertmal gehört und auch beantwortet hast. Du teilst deine Ansichten mit diesem Kreis an Menschen und trittst mit deiner Expertise in Erscheinung. Kurz danach verlässt du den Raum. Was meinst du? Wie würden dich die Menschen aus diesem Kreis beschreiben, wenn sie nach dir gefragt würden? Würden sie sagen, du bist offen, kommunikativ und mitreißend? Oder doch eher ruhig, einfühlsam und empathisch? Du allein hast die Power, darüber zu entscheiden, wie du von deiner potenziellen Kundschaft – sei es in den sozialen Netzwerken, über deinen Podcast, deine E-Mails oder wie im Beispiel bei Offline-Events – wahrgenommen wirst. Deine Personal Brand klar zu definieren, wird dir maßgeblich dabei helfen.

Deshalb wirst du im Folgenden prägnante Schlagworte auswählen, die dich als Personal Brand beschreiben und repräsentieren. Diese Worte bündeln deine Expertise, deine Stärken und deine einzigartige Positionierung.

Natürlich lassen sich deine Persönlichkeit und deine Marke nicht auf bloße Worte reduzieren. Aber diese Worte dienen dir als Ausgangspunkt. Sie weisen dir den Weg hin zu einer umfassenden «On Brand»-Kommunikationsstrategie. Um diese Strategie aufzustellen, wirst du eine Liste mit mindestens zehn Schlüsselbegriffen, Werten oder Adjektiven erstellen, die das repräsentieren, wofür du mit deiner Personal Brand stehen und bekannt sein möchtest.

Ich zeige dir anhand von einem der Brand-Archetypen, dem Helden, worum es in diesem Training geht: Der Held zeichnet sich durch seine zielgerichtete, motivierende und inspirierende Natur aus. Er ist bestrebt, Herausforderungen zu meistern und positive Veränderungen herbeizuführen. Mit seiner Stärke und Zuversicht regt er Menschen dazu an, nach Höherem zu streben, über eigene Grenzen hinauszuwachsen und wichtige Probleme anzugehen. Der Held wird oft mit Werten wie Mut, Entschlossenheit und Leistungsstärke in Verbindung gebracht und spornt seine Gefolgschaft dazu an, Hindernisse zu überwinden und Ziele zu verfolgen. Meine Liste der «On Brand»-Kommunikation wäre deshalb reich an Adjektiven wie: mutig, entschlossen, zielstrebig, umsetzungsstark, inspirierend, motivierend.

Wenn du auf meine Webseite gehst, in meine Stories springst oder dir meinen Podcast anhörst, dann wird dir auffallen, dass ich diese Worte häufig in meine Geschichten einfließen lasse. Ich nutze sie, um mich selbst zu labeln. Das tue ich mal ganz direkt, indem ich sage: «Ich liebe es, euch zu motivieren», oder auch indirekt, indem ich Situationen schildere, in denen ich meine Kundinnen in die Umsetzung gebracht habe und sie dank meiner Hilfe Ergebnisse erzielt haben.

Diese Liste ist für deine Kommunikationsstrategie entscheidend, denn sie hilft dir dabei, im eigenen Auftreten konsequent zu bleiben und deine Marke zu stärken. Jedes Mal, wenn du kommunizierst, ob in Schrift, Bild oder direkter Rede, bieten dir diese Worte Orientierung, damit deine Botschaft klar und deine Markenidentität kohärent bleibt. Diese Worte sind deine Leitsterne.

Warum ich dich bitte, diesen Schritt nicht zu überspringen? Wenn du dir keine Gedanken darüber machst, welchen Eindruck du als Marke – nicht als Person – hinterlassen möchtest, dann übernimmt das die Masse für dich, dann labeln dich andere, und glaube mir, das möchtest du nicht. Du bist CEO *in the Making*, und du hast die Kontrolle darüber, wie über dich gesprochen wird, wenn du nicht im Raum bist.

Training: In vier Schritten zu deiner «On Brand»-Kommunikation

Mithilfe dieser Anleitung erstellst du eine Liste von zehn Wörtern, die die Essenz deiner Personal Brand ausdrückt und dir als Leitfaden für deine Kommunikationsmaßnahmen dient.

Schritt 1: Selbstreflexion

Nimm dir Zeit und führe eine tiefe Selbstreflexion durch. Du hast bereits die wichtigste Vorarbeit geleistet, um dir über dein Wesen und die Kernattribute deiner Persönlichkeit im Klaren zu sein. Welche Werte liegen dir am Herzen? Denke darüber nach, was andere Menschen fühlen und sehen sollen, wenn sie mit deiner Personenmarke in Berührung kommen oder an sie denken.

Schritt 2: Brainstorming

Beginne dann mit dem Brainstorming und schreibe alle Worte auf, die dir in den Sinn kommen, wenn du an deine Marke denkst – ja, alle! Suche auch nach Synonymen und nuancierten Ausdrücken, die zum Facettenreichtum deiner Marke beitragen. Halte nichts zurück.

Schritt 3: Auswählen
Schau dir jetzt deine Liste an und wähle die zehn Worte aus, die am besten zu deinem Markencharakter und zu deinem Personal-Brand-Archetyp passen. Achte darauf, dass sie dir und der Art und Weise, wie du wahrgenommen werden möchtest, gerecht werden.

Schritt 4: Praxis
Jetzt ist es an der Zeit, die von dir ausgewählten Begriffe auch zu nutzen. Integriere sie in deine Webseite, in dein Marketingmaterial, in Social-Media-Posts und in deine persönliche Kommunikation. Sie sind die Basis für alles, was du im Rahmen deiner Marke entwickelst, und dafür, wie du kommunizierst.

Durch dieses Training hast du nicht nur Klarheit über die Identität deiner Marke erhalten, sondern auch ein solides Fundament für deine «On Brand»-Kommunikation geschaffen. Jetzt kannst du deine Botschaften gezielt und wirkungsvoll platzieren.

DEINE SIGNATURE BRAND STORIES

Es war der 20. April 2021. Meine Mutter war im Februar verstorben, und es war das erste Mal, dass wir ihren Geburtstag ohne sie feierten. Mein Geburtstag folgt nur drei Tage auf ihren, und normalerweise feierten wir unsere Geburtstage immer mit der Familie am darauffolgenden Sonntag zusammen.

Aber dieses Mal war es anders. Ich war im siebten Monat schwanger, und ich erinnere mich, wie schwer es mir fiel, an diesem Morgen die Augen zu öffnen. Ich wusste schon vorher:

Dieser Tag wird so anders sein, er wird schwer. Als ich mich schließlich dazu durchringen konnte, die Augen zu öffnen, nahm ich mein Handy und schaltete den Flugmodus aus, den ich nachts immer aktiviere.

Es erschienen WhatsApp-Nachrichten meiner Geschwister, die ihre Gedanken zu Mamas Geburtstag teilten. Mein Herz war an diesem Morgen so schwer. Ich hörte, dass meine Tochter im Wohnzimmer schon mit ihren Pferden spielte, und ich wollte mich kurz sammeln, bevor ich zu ihr ging.

Da poppten auch die E-Mail-Benachrichtigungen auf. Es waren Anmeldebestätigungen für meinen Newsletter, für den man sich auf meiner Webseite eintragen konnte. Zu jenem Zeitpunkt befand ich mich noch im Beschäftigungsverbot. Ich hatte zwar eine Webseite und war auf meinem Instagram-Account aktiv, aber ich verkaufte weder digitale Produkte noch Coachings. Neugierig schaute ich nach, wer sich für meinen Newsletter angemeldet hatte, denn so etwas hatte ich zuvor noch nie erlebt. Es war aufregend zu sehen, dass sich Menschen für meine Expertise interessierten.

Aber was ich sah, raubte mir den Atem: In den E-Mail-Adressen verbargen sich geheime, feindliche Botschaften voller Drohungen und Hass, und die E-Mail-Adressen schienen alle vom Server meines Arbeitgebers zu stammen. Ich war kurz davor, mich zu übergeben:

WehateYouSomuch@unternehmensname.com
Dontcomeback@unternehmensname.com
Yousuck@unternehmensname.com
Hatersarewatchingyou@unternehmensname.com
StopsmilingBitch@unternehmensname.com

Ich erinnere mich noch genau daran, wie mir kurz schwarz vor Augen wurde und mein ganzer Körper zitterte. Um meine Tochter im Nebenraum nicht zu beunruhigen, rief ich meinen Mann per Handy an und bat ihn, ins Schlafzimmer zu kommen. Tränen rannen mir über das Gesicht, mir war heiß und kalt zugleich, und ich konnte mich zwei Stunden lang nicht beruhigen.

Mein Mann rief meine Schwester an, die ihr Bestes tat, um mir zu helfen, aber ich war wie in Trance. Plötzlich überkam mich eine allumfassende Angst – Angst um mein Baby, um meine Tochter ...

Warum tut jemand so etwas?, fragte ich mich immer wieder. Und das ausgerechnet am ersten Geburtstag meiner Mutter nach ihrem Tod. Hass war mir bis zu diesem Tag absolut fremd, und das Einzige, was ich dachte, war: Ich lasse alles stehen und liegen, ich höre auf. Das ist es nicht wert. Aber dann ... Ich höre noch heute diese andere Stimme in meinem Kopf, die wie mit einem Schwert meine vorigen Gedanken durchtrennte und mir sagte: Olli, wenn du jetzt aufgibst, haben sie gewonnen.

Ich brauchte zwei Tage, um mich von diesen Nachrichten zu erholen. Ich weinte viel. Die Trauer darüber, nicht mit meiner Mutter über die Geschehnisse sprechen zu können und ihren Rat einzuholen, kam erschwerend dazu. Doch trotz aller Angst und Traurigkeit habe ich mir gesagt: Das lasse ich nicht mit mir machen! Mit Tränen in den Augen und zittrigen Händen machte ich Screenshots von den Botschaften und Adressen und kontaktierte meine Vorgesetzten und die Personalabteilung und ließ sie wissen: Das geht zu weit, und das sollen sie auch in den Abteilungen kommunizieren. Ich kontaktierte einen Anwalt und erstattete Anzeige bei der Polizei. Dann schaltete ich mein Handy an und nahm eine

Story auf, in der ich mich an meine Hater richtete. Ich setzte mich aufrecht hin und sagte folgende Worte in die Kamera: *Haters! Watch me win!*

Auch wenn die Chancen gleich null waren, die Verantwortlichen ausfindig zu machen, so habe ich heute noch meine Vermutungen und frage mich: Welche Abgründe können Menschen dazu bewegen, einer schwangeren Frau, die um ihre Mutter trauert, so etwas anzutun?

Wer die Nachrichten geschickt hatte, wurde niemals ermittelt. Aber viel wichtiger: Ich bin noch hier. Ich habe nicht aufgegeben, ich habe mich gewehrt und nicht unterkriegen lassen. Ich erzähle diese Geschichte, weil ich weiß, welche Ängste viele Frauen davor haben, mit ihrem Business sichtbar zu werden. Sie fürchten sich davor, sich zu zeigen, weil sie wissen, dass andere Menschen über sie reden oder sie ausgrenzen könnten. Und mit dieser Geschichte möchte ich ihnen, möchte ich dir, Mut machen: Es kann und wahrscheinlich wird es passieren, dass andere sich gegen dich stellen, aber du kannst dich wehren und für dich und dein Business aufstehen.

Meine Liebe, diese Story ist nicht nur wegen der Botschaft wichtig für dich. Sie zeigt auch, welche Kraft Markengeschichten (Brand Stories) haben können. Diese Geschichte gehört zu den Erzählungen, die ich teile, wenn ich gefragt werde, ob ich nie Angst davor hatte, sichtbar zu werden. Oder wie ich den Prozess gemeistert habe, mich sichtbar zu machen, während ich noch in einem Angestelltenverhältnis war. Oder wenn ich gefragt werde, ob ich keine Bedenken hinsichtlich möglicher Rückschläge hatte.

Markengeschichten sind Magie – die Geschichten, die deiner Wunschkundin im Gedächtnis bleiben und ihr das Gefühl geben: Wow, ich kenne diese Person!

Im Laufe der Zeit habe ich mir ein kleines Repertoire von zehn bis fünfzehn Markengeschichten (Brand Stories) aufgebaut, durch die ich bei meinen Kundinnen in Erinnerung bleiben möchte. Wenn du mir auf Instagram folgst, weißt du beispielsweise, dass ich als jüngstes von fünf Kindern mein Weihnachtsgeld für einen Staubsauger hergab.

Diese Geschichten bewirken, dass Emotionen, Nähe und echte Verbindungen entstehen, die über das Angebot von Coaching-Methoden, das Teilen von Fachwissen und Tipps hinausgehen. Du kennst vielleicht den Spruch *«Fact tells, story sells»*. Und ja, genau solche Markengeschichten sorgen dafür, dass Menschen sich mit dir und deiner Marke verbinden und zu deinen Kundinnen werden. Diese Geschichten verankern deine Marke im emotionalen Universum deiner Zielgruppe. Durch deine einzigartigen Erlebnisse hebst du dich von allen anderen ab. In einer Welt, in der fast alle schon alles gesehen haben, sind sie es, die deine Marke unverwechselbar machen. Brand Stories sind Brücken des Vertrauens, die du zu deinen Kundinnen schlägst. Sie tragen zu deiner Authentizität bei und vermitteln deine Werte – und genau das schätzt deine Community. Wenn ich von mir erzähle, fühlt es sich nicht nach Selbstbeweihräucherung an, sondern ich bin in diesen Momenten wie ein offenes Buch und gewähre Einblicke in meine persönliche Reise. Diese Transparenz fördert das Vertrauen und etabliert eine klare Vorstellung davon, wer ich bin und wofür ich stehe.

Und dann gibt es da noch die Erinnerungen – diese kleinen Anekdoten, die länger im Kopf bleiben als jedes Werbeplakat. Durch Geschichten werden Informationen so verpackt, dass sie im Gedächtnis bleiben, oft weit über den Moment des ersten Hörens hinaus. Indem ich meine Brand Stories teile, sorge ich dafür, dass du und andere mich und meine Marke so schnell nicht vergessen. Sie sind mehr als nur Erzählungen; sie bringen meine Marke zum Leuchten, machen sie lebendig und nahbar.

Darum lade ich dich ein, dir zu überlegen, was deine Signature Brand Stories sein könnten. Überlege, welche Schlüsselmomente, Herausforderungen oder auch Anekdoten du in der Vergangenheit erlebt hast, die dich zu der Person gemacht haben, die du heute bist.

Sei dabei nicht zu streng mit dir; es müssen nicht immer die dramatischsten Geschichten sein wie meine E-Mail-Geschichte – die wünsche ich ehrlich gesagt niemandem. Aber überlege, was nur du mir erzählen kannst, etwas, das mir das Gefühl gibt: Ich kenne dich jetzt schon ein bisschen besser. Stelle dir dabei stets die Frage: Unterstützt diese Geschichte meinen Personal-Brand-Archetyp und meine «On Brand»-Kommunikation? In meinem Fall trägt meine E-Mail-Geschichte definitiv zur Verstärkung meines Personal-Brand-Archetyps, der Heldin, bei.

Training: Deine Signature Brand Stories entdecken

Nimm dir Zeit und beantworte die folgenden Fragen. Lass deinen Gedanken freien Lauf und sei nicht zu hart zu dir selbst. Es geht vor allem um Ehrlichkeit und darum, besondere Momente aus deinem Leben zu finden, die dich und deine Marke prägen.

Reflexion der Vergangenheit

- Welches Ereignis hast du als Wendepunkt in deinem beruflichen oder persönlichen Leben erlebt?
- Beschreibe eine Herausforderung, die du überwunden hast. Was hast du daraus gelernt?

- Erzähle von einem Fehlschlag und wie du damit umgegangen bist. Was hat sich für dich verändert?

Anekdoten und Erlebnisse

- Welche kleinen, aber bedeutsamen Geschichten fallen dir ein, wenn du an deine berufliche Laufbahn denkst?
- Gibt es lustige oder überraschende Momente, die dich oder deine Arbeitsweise charakterisieren?
- Welche Personen haben dich stark beeinflusst, und wie haben sie zur Formung deiner Marke beigetragen?

Deine Story-Struktur

- Die Ausgangssituation: Wo warst du, was war die Lage?
- Herausforderung oder Ereignis: Was ist passiert?
- Aktion und Entwicklung: Wie hast du reagiert, was hast du getan?
- Ergebnis und Erkenntnis: Was war das Resultat, was hast du gelernt?

Wiederhole diesen Prozess für jede deiner Geschichten, bis du fünf bis zehn starke Brand Stories formuliert hast, die du mit anderen teilen kannst. Diese Stories dienen ebenfalls als Grundlage für die Kommunikation deiner Marke, sei es auf deiner Webseite, in sozialen Medien, in persönlichen Gesprächen oder auf Bühnen.

Mein Tipp: Manchmal schießen mir scheinbar aus dem Nichts Erinnerungen durch den Kopf, bei denen ich mir denke: «Das könnte eine gute Brand Story sein.» Um diese Geistesblitze festzuhalten, habe ich auf meinem Handy eine Liste mit dem Titel «Story Bank» eingerichtet, in der ich potenzielle Signature Brand Stories sammle. Wenn der richtige Zeitpunkt gekommen ist, hole ich sie hervor – sei es bei Netzwerkveranstaltungen oder in meinen Beiträgen, Podcasts oder in meinen Stories auf Instagram. Es ist praktisch, diese Anekdoten griffbereit zu haben, denn sie beleben die Kommunikation und verleihen meiner Marke eine persönliche Note, egal in welchem Kontext ich sie teile.

ENTFACHE DEIN DIGITALES CHARISMA

Kennst du das: Früher in der Schule oder in der Uni gab es Lehrerinnen und Profs, wenn die vorne an der Tafel etwas erklärten, hat dein Hirn sofort ausgeschaltet? In der elften Klasse hatte ich einen Mathematiklehrer, durch den jede Mathematikstunde für mich zu einer Herausforderung wurde. Ich war nie der große «Schlaubi Schlumpf» in Mathe gewesen; das Fach war für mich eine echte Tortur. Besonders dann, wenn ein Lehrer vor der Klasse stand, der genauso spannend war wie eine Dose Kichererbsen.

Ich mühte mich redlich, doch unweigerlich wanderte mein Blick nach spätestens zehn Minuten aus dem Fenster, und ich stellte mir vor, was ich wohl in der Pause am Schulkiosk essen würde.

Es überraschte mich daher kaum, dass ich das Schuljahr in Mathematik mit einer Fünf abschloss. Ich war überzeugt, dass ich das Problem war: einfach zu dumm für dieses Fach. Eine Überzeugung, die mein Lehrer, wenig taktvoll, eines Tages vor meiner ganzen Klasse bestätigte, was für mich in einen emotionalen Zusammenbruch führte. An dieser Stelle ein herzlicher Dank an Grzegorz, den einzigen Mitschüler, der den Mut aufbrachte, dem Lehrer zu widersprechen und mit mir den Klassenraum zu verlassen.

Ein Jahr später bekam ich einen neuen Mathelehrer, der genau wie der Lehrer davor im mittleren Alter war. Die Tatsache, dass sein Unterrichtsstil anders war, hatte also nichts mit jugendlichem Übermut zu tun. Er wirkte ein wenig schusselig, der Inhalt war der gleiche, aber seine Art, mit uns zu kommunizieren, war so klar, so simpel und so verständlich. Während ich in den Jahren zuvor jede Matheprüfung mit einer Fünf abgeschlossen hatte, endete meine schulische Laufbahn mit einer Drei auf dem Zeugnis. Dank ihm!

Worauf beruhte dieser positive Wandel? Schließlich wird Mathematik ja nicht gerade mit jedem Jahr einfacher. Der neue Lehrer vermittelte die Inhalte auf eine andere Weise. Er war außerdem zugänglich, hatte eine warmherzige Ausstrahlung, und es machte mir Freude, ihm zuzuhören. Wie mitreißend er über Mathematik sprach, motivierte mich, und vor allem: Er nahm uns ernst. Er bevorzugte niemand, sondern behandelte uns alle gleich. Er gestand seine eigenen Schwächen ein und hatte immer ein offenes Ohr für uns. Er trat stets unauffällig ein, doch sobald die Stunde begann, wurde es still im Raum, und alle hörten gespannt zu. Wie dieser Lehrer sein Wissen und sich selbst präsentierte, mit echtem Engagement und menschlicher Wärme, machte den Unterschied.

Und das ist es, was Charisma bewirken kann. Er hatte die Kraft seiner Außenwirkung verstanden. Charisma ist die Superkraft, die einige Menschen entwickelt haben. Das, warum sich eine Schar an Menschen nicht von ihren Lippen losreißen kann, während andere, die genau das Gleiche sagen, in der Masse unbemerkt bleiben.

Was wäre, wenn ich dir sage, dass es einen Weg gibt, dein eigenes Charisma auch in der digitalen Welt leuchten zu lassen? Stell dir vor, ich hätte eine Formel entwickelt, die es dir ermöglicht, auf einem digitalen Marktplatz voller lautstarker

Konkurrenz und blinkender Werbeanzeigen herauszuragen, deine Wettbewerberinnen im Handumdrehen auszustechen, deine Traumkundschaft anzuziehen und sie dazu zu bringen, an deinen Lippen zu hängen.

Dann habe ich fantastische Neuigkeiten für dich: Lass mich dir mein Konzept des digitalen Charismas vorstellen. Sobald du diese Superkraft beherrschst, wirst du deine Marktposition dominieren. Dein digitales Charisma ist heute wichtiger denn je und entscheidet darüber, ob Menschen zu deinen Followern werden, ob aus diesen Fans und dann zahlende Kundschaft werden.

Anders als im Offline-Leben ist es bei deinem digitalen Unternehmen umso wichtiger, dir bewusst zu sein, wie du von der Person, die das Smartphone in der Hand hält, wahrgenommen wirst. Heutzutage entscheiden Menschen innerhalb von nur 1,7 Sekunden, ob sie deinen Beitrag ansehen, mit dir interagieren oder dir folgen möchten. Du hast einen 16:9-Bildschirm zur Verfügung und möchtest, dass dieser mit Inhalten gefüllt wird, die Beachtung finden? Ich erkläre dir, wie das funktioniert.

Der größte Fehler, den viele bei der digitalen Präsentation ihrer selbst und ihres Unternehmens machen – sei es auf Social Media oder in Podcasts: Sie verstecken sich und ihre Persönlichkeit hinter ihrem Fachwissen. Sie treten als Fachleute auf, überhäufen ihre Followerschaft mit Tipps und Fachtermini und wundern sich, warum so wenige Menschen ihre Dienste in Anspruch nehmen.

Lass uns diesen Zyklus durchbrechen und stattdessen ein digitales Charisma aufbauen, das authentisch, ansprechend und unvergesslich ist.

Dich lediglich über dein Unternehmen, deine Methoden oder Angebote zu äußern, ist so mitreißend wie der Matheunterricht bei meinem Lehrer in der elften Klasse – nämlich überhaupt nicht. Trockene Informationen bleiben nicht im Gedächtnis haften.

Menschen fühlen sich zu dir hingezogen und werden dann zu Kundinnen, wenn du es schaffst, Emotionen in ihnen zu wecken. Nur wenn du in der Lage bist, eine Beziehung aufzubauen, die über dein Fachwissen hinausreicht, wirst du eine langfristige Kundinnenbindung erreichen. Indem du erste Brand Stories gesammelt hast, ist bereits ein erster Schritt in diese Richtung getan. Jetzt gilt es, diese so zu erzählen, dass die User an deinen Lippen hängen. Das Geheimnis digitalen Charismas liegt in der perfekten Ausgewogenheit von Stärke und Wärme. Deine Stärke ist das Fachwissen, das du mitbringst, deine Arbeitsmethoden, deine Angebote, deine Autorität auf deinem Gebiet.

Deine Wärme wiederum steht für alles, was dich menschlich und greifbar macht. Welche Herausforderungen hast du gemeistert? Bei welchen Projekten hast du Zweifel gehabt, und wie bist du darüber hinweggekommen? Diese persönlichen Einblicke und Erlebnisse sind es, die Kunden anziehen.

Dein Charisma erwächst aus einer Balance aus Kompetenz und Persönlichkeit, und diese Balance ist essenziell, um in der digitalen Welt aufzufallen und im Gedächtnis zu bleiben. Lass deine Wunschkundin sehen, was du tust, und fühlen, wer du bist. Dein digitales Charisma wird dadurch zu einer unwiderstehlichen Kraft, die Aufmerksamkeit erregt, loyale Kunden anzieht und langfristige Beziehungen schafft. Hier ist sie also, meine geheime Formel, die du individuell anpassen kannst, um Menschen für dich und dein Unternehmen zu gewinnen:

70 Prozent Autorität + 30 Prozent persönliche Nähe

Diese Prozentzahlen sind natürlich nicht in Stein gemeißelt und können je nach Art deiner Nische und Zielgruppe variieren. Aber sei dir einer Sache bewusst: Setzt du ausschließlich auf Autorität, so wird es dir sehr schwerfallen, ein vertrauensvolles Verhältnis zu deinen Kundinnen aufzubauen. Setzt du hingegen ausschließlich auf persönliche Nähe, wirst du wiederum nicht als Expertin oder Autorität in deinem Bereich wahrgenommen.

Was bedeutet das konkret? Das Zusammenspiel deiner Präsenz, deines Brandings, der Einsatz deiner Stimme und deiner Worte – all das sind Instrumente, die, wenn sie geschickt eingesetzt werden, deinem digitalen Charisma Kraft verleihen und dich unwiderstehlich machen.

Autorität zeigt sich in deinem Fachwissen, deiner Fähigkeit, komplexe Sachverhalte verständlich zu erläutern, und in deiner Kompetenz, Probleme für deine Kunden zu lösen. Sie wird repräsentiert durch die 70 Prozent deiner Onlinepräsenz, die aufzeigen, dass du weißt, wovon du sprichst.

Mit den übrigen 30 Prozent solltest du in Form von Geschichten, Empathie und Transparenz Einblicke in deine Persönlichkeit gewähren. Erzähle davon, warum du tust, was du tust, was dich motiviert, und teile gelegentlich auch persönliche Anekdoten, die zeigen, wie du wirklich bist. Hierfür eignen sich insbesondere auch deine Signature Brand Stories.

Mithilfe deiner persönlichen Formel wird dein Auftritt im digitalen Raum authentisch. Du bist mehr als nur eine weitere Stimme im Markt; du bist jemand, mit dem man sich verbindet, dem man vertraut und den man respektiert. Und wenn du es richtig machst, wirst du mit deinem digitalen Charisma genau die Menschen anziehen, die zu dir und deinem Unternehmen passen.

Training: Deine Formel für digitales Charisma

Digitales Charisma entfaltet sich in der Onlinewelt, wo immer Menschen digital miteinander interagieren. Es umfasst den Aufbau einer Onlinepräsenz auf sozialen Netzwerken wie Instagram, Twitter, Facebook und LinkedIn, wo authentische Beiträge und Storytelling die Möglichkeit bieten, direkte Verbindungen mit dem Publikum herzustellen und Persönlichkeit zu zeigen. Das digitale Charisma spiegelt sich auch auf persönlichen Blogs oder dem Blog deines Unternehmens wider, die durch regelmäßiges Teilen von Gedanken und Fachwissen loyale Leserinnen anziehen und gleichzeitig einen Teil der eigenen Persönlichkeit offenbaren.

In der Welt der Podcasts kannst du dein Charisma durch eine angenehme, überzeugende Stimme zeigen, durch die du deine Zuhörer mit relevanten und leidenschaftlich präsentierten Inhalten an dich bindest. Das Gleiche gilt für Videoplattformen wie YouTube, Instagram oder TikTok, auf denen das Auftreten vor der Kamera, die Körpersprache und die Fähigkeit, Inhalte auf ansprechende Weise zu präsentieren, entscheidend sind, um digitales Charisma zu entfalten und die Zuschauerinnen zu fesseln.

Auch im Online-Lehrumfeld, ob bei Onlineseminaren oder Onlinekursen, ist charismatisches Auftreten gefragt. Eine Trainerin, die es versteht, die Teilnehmerinteraktion aufrechtzuerhalten und zu begeistern, hinterlässt einen nachhaltigen Eindruck und fördert engagiertes Lernen. Selbst in der E-Mail-Kommunikation, die wir oft als sachlich und formell ansehen, kann digitales Charisma durch eine persönliche, ansprechende und individuelle Ansprache zutage treten, die den Leser einbezieht und zum Handeln motiviert.

Digitales Charisma ist somit die Kunst, durch verschiedene digitale Kanäle eine starke persönliche Präsenz aufzubauen, die Menschen inspiriert und zum Handeln anregt. Es ist die Fähigkeit, authentisch zu bleiben, Vertrauen zu schaffen und eine emotionale Verbindung zum Publikum aufzubauen, die über den bloßen Austausch von Informationen hinausgeht und das Publikum sowohl unterhält, informiert als auch bindet.

Um dein digitales Charisma zu entfachen und eine unwiderstehliche Onlinepräsenz aufzubauen, beginne mit einer sorgfältigen Selbstanalyse deiner Stärken, deines Fachwissens sowie der persönlichen Aspekte, die dich einzigartig machen. Dein Ziel sollte es sein, zu einem Synonym für Exzellenz in deinem Fachgebiet zu werden und dich zugleich authentisch und nahbar zu zeigen.

Schritt 1: Entdecke deine Autorität

Erstelle eine Liste mit zehn Dingen, die dich als Autorität in deinem Marktsegment definieren. Diese könnten besondere Erfolge, spezifisches Fachwissen oder bestimmte Fähigkeiten sein, für die du anerkannt und geschätzt werden willst.

Schritt 2: Definiere deinen Nähegrad

Denke nun über zehn persönliche Geschichten oder Eigenschaften nach, die dich menschlich und nahbar machen. Diese sollten emotionale Tiefe besitzen und es deinem Publikum erleichtern, eine persönliche Verbindung zu dir herzustellen.

Schritt 3: Kreiere deine Inhalte nach deiner ganz persönlichen Formel

Kombiniere deine Autorität mit deinen persönlichen Geschichten und entwickle ein kohärentes Gesamtbild. Dies wird deine Basis für Inhalte, die nicht nur hilfreich, sondern auch mit deiner einzigartigen Geschichte verwoben sind. Deine Art, dich auszudrücken, deine Ausstrahlung und dein Auftreten sind auf diese Weise authentisch und werden dein Publikum fesseln.

Schritt 4: Übe dich im Auftreten

Für ein starkes digitales Charisma kombiniere eine ausdrucksstarke Stimme mit einer klaren Sprache und selbstbewusster Haltung. Experimentiere mit Tonfall und Gestik und finde heraus, wie du authentisch und überzeugend wirkst. So schaffst du es, online Glaubwürdigkeit und Nähe zu erzeugen und dein Publikum zu begeistern.

Schritt 5: Baue Vertrauen auf

Vertrauen ist im digitalen Raum *die* Währung, und um diese zu mehren, solltest du deine Brand Stories geschickt einsetzen. Erzähle Geschichten, die deine Werte und Erlebnisse widerspiegeln und so eine echte Verbindung zum Publikum aufbauen.

Schritt 6: Praktische Umsetzung

Fertige eine Tabelle oder Liste mit zwei Spalten an. In der ersten Spalte listest du die zehn Punkte auf, die deine Autorität ausmachen, und in der zweiten Spalte die persönlichen Aspekte, die deine menschliche Seite widerspiegeln. Immer wenn du auf einer Bühne stehst – ob Story, Podcast oder in deinen Reels –, nutzt du diese Worte, um dich selbst zu labeln.

Möchtest du als kompetent wahrgenommen werden? Dann erzähle eine Geschichte, durch die man dich so wahrnimmt. Vielleicht hast du ein herausforderndes Problem gelöst. In deiner Liste hast du unter «Autorität» das Wort «kompetent» vermerkt. Auf deiner Bühne könntest du es so nutzen: «Ich habe das Problem xy kompetent gelöst.» Und so machst du es mit allen Worten, die du auf deiner Liste notiert hast.

DEIN BUSINESSMODELL

Im Februar 2020, an einem frostigen Montagmorgen, draußen waren es –1 Grad, weigerte sich meine Tochter hartnäckig, eine Strumpfhose unter ihren Leggings anzuziehen. Ich warf einen Blick auf die Uhr: 7:25 Uhr. In gerade mal einer Stunde sollte ich am anderen Ende der Stadt sein, um eine wichtige Präsentation zu halten. Meine Tochter war seit der Trennung meines Ex-Mannes und mir immer donnerstags bis samstags bei ihrem Vater, den Rest der Woche war ich Teilzeit-Alleinerziehende. Trotz eisernen Planens und frühen Aufstehens war ich an diesem Tag wieder einmal zu spät dran. Erst nach zähen zwanzig Minuten und unter lautstarkem Protest und Geschrei meiner dreijährigen Tochter schaffte ich es schließlich, ihr die verhasste Strumpfhose anzuziehen. Wir stapften durch den Schnee zur Kita, wo sie sich mit Tränen in den Augen von mir verabschiedete. Ihre letzten Worte lauteten: «Nicht spät kommen.» Als die Tür der Kita hinter ihr zufiel, liefen auch mir die Tränen die Wangen hinunter. «Was für ein Mist», dachte ich. «Da kriegt man Kinder, nur um sie dann von anderen aufziehen zu lassen, während man arbeitet, um für die Miete und die Kinderbetreuung zu zahlen.»

Zehn Minuten später drängte ich mich in eine überfüllte Bahn. Es war furchtbar stickig, und eine Mischung aufdringlicher Gerüche kroch mir in die Nase. Um 8:40 Uhr erreichte ich mein Büro, warf meine Tasche in die Ecke, startete meinen Laptop und eilte zum Konferenzraum, aus dem schon elf Augenpaare durch die Glasscheibe nach mir Ausschau hielten, weil ich – mal wieder – zu spät kam. Als ich den Raum betrat, war mir schrecklich heiß, und ich schwitzte.

Die Präsentation der bevorstehenden Social-Media-Marketingkampagnen verlief gut; die Ergebnisse der bisherigen Kampagnen hatten die Erwartungen übertroffen, und nach dem Meeting kehrten alle zufrieden zu ihrer Arbeit zurück.

Ich gönnte mir schnell einen Kaffee – Zeit für Plaudereien hatte ich nicht, denn ich wollte pünktlich sein, um meine Tochter abzuholen. Das Mittagessen stopfte ich dementsprechend vor dem Rechner in mich hinein: einen welken Salat, den ich vorsorglich am Tag zuvor bei Edeka gekauft hatte.

Um 16:00 Uhr brach ich trotz Vollzeit auf, um meine Tochter pünktlich von der Kita abzuholen. Die noch unerledigte Arbeit nahm ich mit nach Hause. Ich hatte ein schlechtes Gewissen, weil ich das Büro so früh verließ, aber ich saß sowieso meistens bis Mitternacht an irgendwelchen Präsentationen. Was für einen Unterschied machte es da?

Die Bahn war wieder proppenvoll. Jemand zischte ein Feierabendbier, und ein Straßenzeitungsverkäufer bot mir recht aufdringlich seine Ware an.

Ich fand meine Tochter schließlich fertig angezogen zusammen mit der Erzieherin vor dem verschlossenen Tor der Kita. Zwar versuchte ich, es gelassen zu nehmen, aber mein Versagen war offensichtlich: die enttäuschten Blicke meiner Tochter und die stummen Vorwürfe der Erzieherin konnte ich nicht einfach weglächeln. Niedergeschlagen trotteten wir nach Hause, sowohl meine Tochter als auch ich waren traurig, aber keine von uns verlor ein Wort darüber.

Kaum zu Hause angekommen, schaltete ich meiner Tochter ein Hörspiel an und zog mich ins Badezimmer zurück, wo ich in Tränen ausbrach. Mein verweintes Gesicht im Spiegel sah ich in den letzten Monaten immer häufiger. Egal, wie sehr ich mich bemühte, es schien, als könnte ich es nie jemandem recht machen. Ich fühlte mich zerrissen.

«Warum arbeitest du nicht einfach nur 25 Stunden die Woche?», schlugen mir Freunde vor, als ich ihnen von meiner Situation berichtete. Doch finanziell war das nicht tragbar. «Könntest du nicht jemanden bezahlen, der auf die Kinder aufpasst?», fragten sie dann. Doch auch das konnte ich mir nicht leisten. Und plötzlich, nur zehn Tage später, befand sich die Welt im Lockdown. Ich ahnte damals nicht, dass die Pandemie in meinem Leben der entscheidende Wendepunkt sein würde.

Heute beginne ich meinen Tag, indem ich in aller Ruhe das Frühstück für die Kinder vorbereite, mir genüsslich einen Kaffee genehmige. Mal bringt mein Partner, mal bringe ich die Kleinen zur Schule und in die Kita. Mein *Outfit of the Day* ist – je nachdem, ob ich Calls habe – entweder Jogginghose und Hoodie oder Hemd und Jogginghose.

Nach dem Kita- und Schul-*drop off* drehe ich meistens eine Runde durch den Wald oder um den See herum. Letztes Jahr haben wir den städtischen Trubel gegen das ländliche Leben eingetauscht, und ich genieße jede einzelne Minute, die ich draußen in der Natur verbringen kann. Ebenso schätze ich es, in nur 45 Minuten wieder im Herzen Berlins zu sein, um mich mit Freundinnen zu treffen.

Auf meinen morgendlichen Spaziergängen höre ich manchmal Podcasts oder Musik, aber in letzter Zeit lasse ich mich auch gern von der Stille und den Geräuschen des Waldes und der Tiere um mich herum einhüllen. In solchen Momenten frage ich mich, ob ich wohl alt werde. Früher konnte es mir nie laut genug sein, immer war ich mittendrin statt nur dabei. Mit fast vierzig ziehe ich den aufregenden Partys oder den Menschenmengen auf Konzerten gemütliche Abende zu Hause vor dem Kamin mit einem guten Buch vor.

Nach meinem kleinen Morgenspaziergang setze ich mich

entspannt und vor allem voller Vorfreude an die anstehenden Aufgaben. Ich liebe es, in meinen kreativen Modus einzutauchen, um an Programmen, Social-Media-Aktivitäten oder Podcast-Skripten zu arbeiten. Statt für andere darf ich das jetzt für mich und mein eigenes Unternehmen tun. Meine Arbeitszeit verfliegt nur so, und ich gehe völlig auf in meinem Tun. Entweder ich bereite eine Launch-Phase für digitale Produkte vor, wie etwa für einen Onlinekurs, oder aber ich begleite meine Kundinnen in Calls durch ihre Unternehmensfragen, und wir entwickeln gemeinsam auf sie und ihr Unternehmen abgestimmte Strategien.

Um 13:00 Uhr mache ich mir etwas zu essen und hole meist kurz darauf die Kinder ab. Danach ist mein Arbeitstag beendet, und ich widme mich ganz meiner Familie. Während ich meinen Kindern einen Apfel aufschneide, ertönt mein PayPal mit dem bekannten Ping: Wieder hat sich eine Granate von Frau für eines meiner digitalen Produkte entschieden. Und einfach so trudeln mehr und mehr Verkäufe ein, OHNE dass ich dafür auch nur meine Jogginghose wechseln müsste.

Während ich das hier schreibe, werden mir zwei Dinge klar, erstens: Ich lebe das Leben, das sich mein früheres Ich vorgestellt hat, als es sein Future Self getroffen hat: erfolgreich, zeitlich und finanziell unabhängig und mit einem Haus in der Natur. Zweitens: Die Zukunft ist unmissverständlich digital – eine Realität, die sich schon jetzt in unserem Alltag, unserer Arbeitsweise und in den pulsierenden Adern des globalen Marktes widerspiegelt. Diesen digitalen Wandel als eine Chance zu betrachten, ist strategisch klug und zukunftsgerichtet. Vor uns Online-Unternehmerinnen liegt eine goldene Ära: ein Zeitalter, in dem der Zugang zu Informationen, zu Zielmärkten und zu innovativen Geschäftsmodellen noch nie so unkompliziert und so umfassend war.

Die Digitalisierung hat die Konventionen von Zeit und Raum neu definiert. Die Welt ist zu einem globalen Dorf zusammengeschrumpft, in dem Geschäfte zu jeder Zeit und an jedem Ort der Welt getätigt werden können. Um diesen Wandel und seine unermesslichen Möglichkeiten voll zu nutzen, müssen Online-Unternehmerinnen agil bleiben, sich ständig weiterbilden und die sich wandelnden digitalen Landschaften erkunden.

Die Bewegung in Richtung einer Online-Ökonomie bedeutet, dass es einen stetig wachsenden Bedarf an digitalen Produkten, Dienstleistungen und Innovationslösungen gibt. Die Nachfrage nach Onlinebildung, digitalem Marketing, E-Commerce und sozialen Plattformen steigt explosionsartig an, und mit ihr ergibt sich auch deine Gelegenheit, eine eigene Nische zu finden und zu dominieren.

In diesem heraufziehenden Digitalzeitalter sind die Wachstumsmöglichkeiten nahezu unbegrenzt. Online-Unternehmerinnen finden sich in der perfekten Position, um innovative Ideen zu verwirklichen, einen weltweiten Kundenstamm aufzubauen und soziale Netzwerke für die rasante Verbreitung ihrer Marke und ihrer Botschaft zu nutzen.

Technologischer Fortschritt wie künstliche Intelligenz, Big Data und das Internet der Dinge bietet eine Plattform für noch nie da gewesene Geschäftsmodelle und -strategien.

Zudem fördert das neue Online-Ökosystem eine schnelle und effiziente Skalierung von Geschäften bei zugleich reduzierten Vorlaufkosten im Vergleich zu traditionellen Unternehmen. Die Schwelle zum Markteintritt ist gesunken, und es ist ein Umfeld entstanden, das Innovation und Unternehmertum begünstigt.

Diese digitale Zukunft verspricht mehr Flexibilität und eine bessere Work-Life-Balance. Sie eröffnet uns die Möglichkeit, schnell auf Veränderungen im Konsumentenverhalten zu reagieren, und als angehende Online-Unternehmerin besteht deine Aufgabe darin, diesen Wandel zu deinem Vorteil zu nutzen, indem du den digitalen Raum eroberst, deine Internetpräsenz stabilisierst und für dein Unternehmen ein Fundament legst, das auf den Prinzipien der Agilität, der Innovation und der nachhaltigen Entwicklung basiert.

Diese digitale Zukunft wird jetzt gestaltet. Das betrachtet eine weise Online-Unternehmerin als Gelegenheit und als Einladung zur Gestaltung eines prosperierenden, widerstandsfähigen Geschäfts, das dem Test der Zeit standhalten kann.

Die Vorteile eines eigenen Online-Business sind vielfältig. Wir haben verstanden, dass die Arbeitswelt, so wie wir sie kannten, umwälzenden Veränderungen unterworfen ist – und gerade für uns Frauen bedeutet das neue Gestaltungsfreiheit: Wir können die Flexibilität, die der digitale Wandel mit sich bringt, mit der Flexibilität eines Online-Business koppeln. Du kannst deine eigene Chefin sein, arbeitest an deinen Wunschzeiten und -orten und bleibst dabei für deine Familie präsent. Du führst Macht und Nähe zusammen, indem du eine starke Onlinemarkenpräsenz authentisch mit deiner Persönlichkeit verbindest. Die Kosteneffizienz? Ein Traum! Du sparst nicht nur Geld für Anfahrtswege und teure Büroräume, sondern investierst in dein digitales Imperium, das du von überall auf der Welt aus führen kannst.

Deine Zielgruppe wächst über den rein lokalen Markt hinaus, und du verbindest dich mit Kundinnen weltweit. Wenn sich Märkte ändern oder neue Trends aufkommen, ist dein Online-Business reaktionsfähig und schnell angepasst – so bleibst du immer am Puls der Zeit.

Der digitale Wandel und die neuen Chancen für ein Online-Business ergeben sich in Abhängigkeit voneinander. Sie ergänzen sich und kreieren ein Ökosystem für Erfolg und Selbstverwirklichung, gerade für Frauen, die mehr wollen: mehr Flexibilität, Unabhängigkeit und die Freiheit, ihr Leben nach den eigenen Vorstellungen zu gestalten. Wenn du an jenem Wendepunkt angelangt bist und dein Online-Business starten möchtest, eröffnen sich dir spannende Fragen: Wie willst du dein Geschäft formen? Möchtest du eine 1:1-Betreuung anbieten oder eher Kurse und Programme für Gruppen? Denkst du sogar an eine Kombination aus beidem? Möchtest du deine Angebote zu günstigen Preisen für eine breite Kundschaft anbieten oder dich eher im hochpreisigen Segment ansiedeln? Um dir bei diesen Entscheidungen Klarheit zu verschaffen und um dir aufzuzeigen, was ein profitables und umsatzstarkes Geschäftsmodell ausmacht, werden wir uns im nächsten Abschnitt intensiv mit deiner Produktpalette, deinem Angebot und deiner Preisstrategie auseinandersetzen.

DER BEGINN EINER REISE

Anfang 2022, als ich meine ersten zaghaften Schritte im Online-Business unternahm, begann ich mit persönlichen 1:1-Coachings zum Thema Instagram und Sichtbarkeit. In vier Treffen leitete ich meine Kundinnen an, wie sie in nur einem Monat ihren eigenen, perfekt auf ihre Bedürfnisse zugeschnittenen Content-Plan kreieren konnten. Ich bot diesen individuellen Service damals für 999 Euro an.

Heute, mit viel mehr Erfahrung und Know-how, nehme ich nur noch ausgewählte Langzeit-Beratungen an. Dabei tauche ich tiefer in die Arbeit mit meinen Kundinnen ein, und wir kreieren zusammen maßgeschneiderte Lösungen und Strategien für ihren Erfolg im Netz. Anders als früher setze ich weniger auf Coaching als auf Beratung und Mentoring.

Warum ich das betone? Coaching, Mentoring und Beratung sind Begriffe, die oft synonym verwendet werden. Dabei beschreiben sie ganz unterschiedliche Ansätze und Methoden in der Zusammenarbeit mit Kundinnen.

Coaching

Beim klassischen Coaching-Begriff handelt es sich um einen prozessorientierten Begleitungsansatz. Dabei wird eine Person, der sogenannte Coachee, in der persönlichen und beruflichen Entwicklung gefördert. In der Regel regt die Coachin den Coachee an, anhand von offenen Fragen über bestimmte Themen nachzudenken und selbst Perspektiven zu seinen Lösungen und möglichen Handlungsschritten zu finden. Die Coachin ist in ihrer Rolle neutral und agiert als eine Sparringspartnerin, die dem Coachee dabei hilft, limitierende Glaubenssätze aufzudecken und sein gesamtes Potenzial zu entfalten.

Mentoring

Beim Mentoring gibt eine erfahrene Person, die Mentorin, ihr Wissen, ihre Erfahrungen und Learnings an den Mentee weiter.

Mentoring gestaltet sich als eine persönliche Entwicklungsbeziehung, bei der eine erfahrene Person ihr Wissen an eine weniger erfahrene Person weitergibt. Anders als beim Coaching äußert die Mentorin vermehrt klare Handlungsempfehlungen, die auf den eigenen beruflichen Erfahrungen und Wegen beruhen.

Beratung (Consulting)

Bei Beratungen teilt die Beraterin ihr Expertenwissen in einem bestimmten Fachgebiet. Diese Beratungen zielen darauf ab, konkrete Lösungen für spezifische Probleme zu finden oder eine spezielle Expertinnenmeinung zu erhalten. Consultants analysieren die vorhandenen Probleme, entwickeln Lösungskonzepte und können auch bei deren Implementierung unterstützen. Im Gegensatz zu Coaching und Mentoring, bei denen der Prozess eher auf die Entwicklung der Fähigkeiten von Klienten ausgerichtet ist, geht es bei der Beratung mehr um die Erbringung eines fachlichen Dienstes oder einer Lösung.

In einem Coaching konzentrieren wir uns also auf die Entwicklung von Personen, in einem Mentoring auf den Transfer von Wissen und Erfahrungen und bei der Beratung auf die Lösung konkreter fachbezogener Fragen. Diese Unterscheidung bei der Gründung deines Online-Business präsent zu haben, wird dir dabei helfen, dein Angebot trennscharf zu entwickeln.

Statt wie 2022 für meine Leistung ein Honorar von 999 Euro aufzurufen, hat sich übrigens auch mein Honorar mit der Zeit gewandelt. Wie der Wert eines guten Weines mit den Jahren steigt, so hat auch die fortwährende Anreicherung meiner Erfahrung zu einer Neubewertung meines Honorars geführt.

Welche Faktoren spielten dabei eine Rolle? Nun, mit jeder neuen Herausforderung, mit jedem Erfolg, der meinen Kundinnen zum Ziel verhalf, wuchsen meine Fähigkeiten. Ich wurde schneller, und meine Arbeitsergebnisse wurden zunehmend effektiver. Nicht zu vergessen die Weiterbildungen, die ich besuchte, und das Netzwerk, das ich aufbaute. Diese Verfeinerung und Verbesserung meiner Dienste rechtfertigte nach einiger Zeit eine Anpassung des Preises. Sie bildet den gestiegenen Wert meiner Leistung adäquat ab.

Triff eine solche Entscheidung also nie willkürlich, sondern passe deine Preisstrategie nur dann an, wenn sich der Wert deines Angebots auch wirklich verändert hat.

Hier noch einmal die Gründe, warum mein Angebot im Wert gestiegen ist: Durch meine Weiterbildungen hat mein Angebot an Komplexität gewonnen. Ich habe eine vertiefte Expertise anzubieten, die ich effektiver vermitteln kann, was für meine Kundinnen wiederum Zeitersparnis bedeutet. Mein Wissen ist außerdem besser auf die Bedürfnisse einer ganz bestimmten Zielgruppe zugeschnitten, sodass ich diese Bedürfnisse besser bedienen kann.

Eine Generalistin zu sein ist charmant, aber Spezialwissen macht im Wettbewerb mit anderen auch monetär einen Unterschied. Bei der konkreten Preisgestaltung für deine Angebote spielen also dein Thema, deine Zielgruppe und deine Expertise eine entscheidende Rolle.

Wenn es um ein Online-Business geht, gibt es übrigens klare Unterscheidungsmerkmale zwischen Dienstleistungen und Produkten, die sich an Einzelpersonen (B2C – Business-to-Consumer) oder an andere Unternehmen (B2B – Business-to-Business) richten. Schauen wir uns das im Bereich von Coaching und Wissensvermittlung genauer an, begegnen wir dabei unterschiedlichen Herangehensweisen und Preisstrukturen.

Das B2C-Modell

Stell dir einen Personal Trainer vor, der über seine Onlineplattform Fitnessprogramme anbietet. Er hat es mit einer Vielzahl von Individuen zu tun, die ihre persönlichen Fähigkeiten erweitern wollen. Der Personal Trainer bietet seiner Kundschaft verschiedene Modelle an: Sie kann bei ihm einzelne Kurse buchen oder sich für eine monatliche Mitgliedschaft entscheiden, je nachdem, welche der Optionen für sie den besten Zugang zu schweißtreibendem Training und zu den gewünschten Fitnesszielen bietet – ein klassisches Beispiel für das B2C-Modell.

Schauen wir uns dieses Modell noch etwas genauer anhand von einem weiteren Beispiel an:

Ein Lifecoach motiviert und inspiriert seine Kundschaft mithilfe von digitalen Kursen oder Onlineseminaren zur persönlichen Entwicklung. Er bietet zu diesem Zweck Paketlösungen und Abonnements an. Da sich die Angebote im B2C-Bereich tendenziell an einzelne Individuen richten, wird der Lifecoach diese so entwickeln, dass sie für Einzelpersonen finanziell tragbar und ansprechend sind. Mit standardisierten Angeboten wird er den recht breit aufgestellten Bedürfnissen seiner Kundschaft gerecht, und die Kaufentscheidung erfolgt verhältnismäßig schnell und unkompliziert – ein weiteres Beispiel für ein klassisches B2C-Modell.

B2C-Angebote zielen eher auf die persönliche Entwicklung von Individualkunden ab. Hierzu zählen beispielsweise Online-Fitnessprogramme oder Kurse zur Persönlichkeitsentwicklung. Die Steigerung der Lebensqualität oder das Erlernen neuer Fähigkeiten stehen im Fokus des Angebots – Werte, die sich nicht unmittelbar in einer Bilanz niederschlagen, aber für das Individuum von großem persönlichem Nutzen sein können.

Anders ist das im B2B-Bereich. Hier haben wir es meist mit ausgereiften Entscheidungsprozessen und längerfristigen Partnerschaften zu tun.

Das B2B-Modell

Ein Businesscoach bietet maßgeschneiderte Strategien zur Leistungssteigerung für Unternehmen an. Der verhältnismäßig hohe Preis für diese Angebote ergibt sich aus dem erheblichen Mehrwert für das Unternehmen. Beispielsweise hilft eine E-Mail-Marketing-Expertin Unternehmen dabei, eine E-Mail-Liste aufzubauen und durch das Einrichten von Funnels und automatisierten E-Mail-Sequenzen, Umsatz zu generieren.

Ein weiteres Beispiel: Spezialistinnen für Marketing- und Vertriebscoaching schnüren individuelle Pakete, deren Preise sich nach der Größe des Unternehmens und der erwarteten Wertschöpfung richten.

Kurz, im B2B-Kontext liegt der Fokus darauf, der Kundschaft ein *Return on Investment* (ROI) zu bieten. Jede investierte Einheit – sei es Zeit, Geld oder Ressourcen – soll ein verbessertes Geschäftsergebnis liefern. B2B-Dienstleistungen sind also darauf ausgelegt, konkrete messbare Vorteile für Unternehmen zu erbringen, wie etwa eine Umsatzsteigerung, eine Kostensenkung oder eine effizientere Betriebsführung. Ein Unternehmen, das ein B2B-Angebot in Anspruch nimmt, versteht die anfallenden Kosten als Investition, die sich in der Bilanz des Unternehmens positiv niederschlagen soll.

Während die Angebote im B2C-Bereich auf persönliche Entwicklung oder auf persönliches Vergnügen abzielen, sind B2B-Services darauf ausgerichtet, unternehmerischen Mehrwert zu schaffen, der sich in realen Zahlen ausdrücken lässt und zum wirtschaftlichen Erfolg eines Unternehmens beiträgt. Wirf also einen genauen Blick auf dein spezielles Nischenthema: Positionierst du dich im B2C- oder B2B-Segment?

Customer Journey & *Lifetime Value*

Als Coachin, als Trainerin, Expertin oder Beraterin beginnst du deine Reise entweder im persönlichen (B2C) oder im geschäftlichen Bereich (B2B). Erst wenn du ein klares Bild von deinen Wunschkunden hast, kannst du die *Customer Journey*, also die Reise deiner Kunden perfekt gestalten. Das Konzept der *Customer Journey* beschreibt, wie Interessierte auf dich aufmerksam werden, dann häufiger mit deiner Marke interagieren und schließlich zu wiederkehrender Kundschaft werden. Stelle dir die *Customer Journey* als einen Pfad vor, in dessen Verlauf sich der Wert deiner Angebote steigert.

Dieser Pfad beginnt bei leicht zugänglichen Angeboten, die neugierig machen, und führt die Kunden bis hin zu umfangreichen und exklusiven Dienstleistungen. So gestaltest du eine Angebotsstruktur, mit der du Kundinnen an die Hand nimmst und sie schrittweise tiefer in deine Expertise hineinführst.

Bei der Gestaltung dieser Reise ist der *Customer Lifetime Value* (CLV) für dich ein zentraler Orientierungspunkt. Dieser Wert gibt Aufschluss darüber, welchen Gesamtertrag du von einer Kundin erwarten kannst, und zwar über den gesamten Zeitraum der Kundinnenreise hinweg. Das Wissen um den *Customer Lifetime Value* ist für dich als aufstrebende Online-Unternehmerin von unschätzbarem Wert. Diese Größe hilft dir einzuschätzen, wie viel du in die Gewinnung und das Halten von Kundinnen investieren solltest. Ein hoher *Customer Lifetime Value* signalisiert, dass sich Bemühungen in einem bestimmten Bereich wirklich lohnen, da die Kundinnenbindung über einen langen Zeitraum beträchtliche Erträge verspricht.

Um dir das Konzept der *Customer Journey* und des *Customer Lifetime Value* näherzubringen, greife ich noch einmal auf das

Beispiel der Fitnesstrainerin für Mütter zurück, das du schon aus Teil zwei dieses Buches kennst.

Die Fitnesstrainerin postet seit einiger Zeit inspirierenden Content. Eines Tages stößt Marie, 36, Mutter einer zweijährigen Tochter, auf einen Blog- oder Social-Media-Post der Trainerin. Dieser Erstkontakt markiert den Startpunkt einer *Customer Journey*: der gemeinsamen Reise von Marie und der Fitnesstrainerin.

Marie gefällt der Content der Fitnesstrainerin. Sie folgt ihr, um die unentgeltlichen Angebote weiter zu beziehen, und abonniert den Newsletter, um auf dem Laufenden zu bleiben.

Mit der Zeit gewinnt Marie den Eindruck, dass die unentgeltlichen Angebote der Fitnesstrainerin einen positiven Einfluss auf ihr Leben haben. Deshalb entscheidet sie sich für eines der Einstiegsprodukte der Fitnesstrainerin: ein zweiter Schritt auf dem gemeinsamen Pfad. Die Bindung zwischen Marie und der Fitnesstrainerin intensiviert sich durch das Einstiegsprodukt, und in der Folge investiert Marie in ein umfangreicheres Coaching-Angebot – noch ein Schritt auf dem gemeinsamen Pfad.

Ihre Begeisterung für die Kurse der Fitnesstrainerin macht Marie zur Fürsprecherin ihrer Marke, was wiederum ihren *Customer Lifetime Value* (CLV) erhöht: Ihre Empfehlungen rufen neue Kundinnen auf den Plan – ein fortlaufender Zyklus, der Maries Wert als Kundin und den Wert der Marke der Fitnesstrainerin steigert. Diese Eskalation der Werte – angefangen bei einem unentgeltlichen Blogbeitrag bis hin zu einem bezahlten, intensiven Programm – veranschaulicht auch das Konzept der Produktpyramide: Du startest auf der untersten Stufe mit unentgeltlichen Angeboten, mit denen du die Aufmerksamkeit der Kundinnen bindest. Ein paar Stufen weiter erhöhen deine Einstiegsangebote die Bindung deiner Kundschaft und führen im Anschluss zum Kauf von teureren, umfassenden Angeboten. Jede einzelne Kundin, die diese Treppe emporsteigt, erhöht ihren CLV und schafft damit einen langfristig stabileren Geschäftserfolg für dich.

Im nächsten Schritt werden wir die Produktpyramide genauer betrachten. Du wirst erkennen, wie du Schritt für Schritt eine treue Kundschaft entwickeln kannst, welche die Wertigkeit deines Angebots honoriert und dein Unternehmen nach vorne bringt.

DEINE SMARTE PRODUKTPYRAMIDE

Du träumst davon, auf positive Weise Einfluss auf die Leben anderer Menschen zu nehmen? Heute bedarf es dafür keiner großen Bühne mehr. Es war noch nie so einfach, insbesondere für uns Frauen, sich zu vernetzen, Menschen zu erreichen und aus einer zündenden Idee ein florierendes Online-Business zu erschaffen.

Was es dazu braucht, sind Mut, Klarheit und die Bereitschaft, selbst dann aktiv zu werden, wenn die Begeisterung und die Antriebskraft vorübergehend nachlassen sollten.

Ich erinnere mich noch lebhaft an die Zeit zurück, als ich mein Cupcake Café führte, und wie sehr mich der Berg monatlicher Verpflichtungen belastete: Löhne für die Mitarbeiter auszahlen, die Warenkosten im Blick behalten, dann die Miete, die Versicherungen, die Stromrechnungen und vieles mehr. Wenn es gut lief, blieben mir am Ende des Monats 3000 Euro vor Steuern, und das für eine Arbeitswoche von hundert Stunden.

Heute generiere ich diese Summe oft in wenigen Augenblicken mit einem digitalen Produkt, während ich in Jogginghose zusammen mit meinen Kindern die Titelmusik von *Paw Patrol* schmettere – das Ergebnis strategischer und fokussierter Vorarbeit. Ich habe mir eine Reichweite aufgebaut, an meinem Personal Branding gefeilt und eine Produktstrategie entworfen, die monatlich wiederkehrende Umsätze generiert – sogar in Zeiten, in denen ich nicht aktiv verkaufe. So kann ich im Sommer vier Wochen Urlaub machen, OHNE an meinem Unternehmen zu arbeiten.

Damit auch du ein solches Business aufbauen kannst, entwickeln wir nun gemeinsam ein Angebotsspektrum, das deiner Wunschkundin eine umfassende, in sich geschlossene Reise durch dein Business bietet – eine Reise, bei der sie sich nicht nur als Kundin wahrnimmt, sondern auch als wertgeschätzter Teil deiner Community. Das Konzept der Produktpyramide ist dabei ein guter Ansatz, um dein Geschäftsmodell zu strukturieren. Es vermittelt dir einen klaren Überblick über die verschiedenen Ebenen deines Angebots.

Stufe –1: Awareness

Beginnen bei der Stufe –1 (minus 1). Diese umfasst alle Inhalte und Kontaktpunkte, die Interessierte mit dir und deiner Marke unverbindlich erleben können. Dazu zählen beispielsweise deine Social-Media-Auftritte, dein Podcast oder deine YouTube-Videos, in denen du dich mit deiner Expertise zeigst. Unentgeltlich und komplett unverbindlich. Diese Stufe ist die breiteste deiner Pyramide, sie ist zugleich das Tor zu deiner Welt, wo Menschen dich kennenlernen dürfen. Auf dieser Stufe können alle einen Blick auf dich und dein Angebot werfen und entscheiden, ob du als Expertin zu ihnen passt. Im besten Fall gewinnst du diese Personen als Follower, treue Leserinnen oder treue Zuhörer.

Ich teile mein Wissen beispielsweise auf verschiedenen sozialen Netzwerken, primär Instagram unter dem Namen @oliviagrimaud. Dazu biete ich einen erfolgreichen Podcast mit dem Namen «Weil sie kann» an, in dem ich regelmäßig mein Wissen über Business, Sichtbarkeit und Empowerment teile.

Stufe 0: Erstkontakt

Die nächste Stufe umfasst alle Erstkontakte mit deinem digitalen Angebot, für die dein Publikum keine monetäre Zahlung leistet, wohl aber eine andere «Währung» einsetzt – E-Mail-Adressen. Diese Erstkontakte kommen durch sogenannte Lead-Magnete zustande. Durch sie sammelst du die Kontaktdaten von potenzieller Kundschaft. Im Wesentlichen sind das Angebote, die du unentgeltlich zur Verfügung stellst, in der Hoffnung, dass interessierte Personen im Austausch ihre E-Mail-Adresse oder andere Kontaktinformationen hinterlassen.

Wichtig: Seit 2022 wird der Wert einer E-Mail-Adresse zunehmend anerkannt, was bedeutet, dass das Eintragen in einen Newsletter nicht mehr ausschließlich mit Begriffen wie «kostenlos» oder «gratis» beworben werden darf. Darum nutze ich in diesem Buch den Begriff «0 €-Produkt».

Mit einem Lead-Magneten schaffst du einen Anreiz, der Webseite-Besucher oder Social-Media-Nutzerinnen dazu bewegt, ihre Kontaktdaten preiszugeben. Auf diese Weise baust du dir eine Liste von Personen auf, die Interesse an deinen Produkten oder Dienstleistungen zeigen und für weitere Marketingaktivitäten von deiner Seite offen sind. Damit du dir mehr darunter vorstellen kannst, habe ich dir eine Liste mit lange bewährten Lead-Magneten zusammengestellt:

E-Books oder Whitepaper
Umfassende Leitfäden oder Berichte zu einem bestimmten Thema, die einen Mehrwert bieten.

Checklisten oder Vorlagen
Werkzeuge, die spezifische Aufgaben vereinfachen oder deiner potenziellen Kundschaft helfen, Prozesse zu organisieren.

Onlineseminare oder Kurse
Bildungsangebote, in denen Wissen oder spezifische Fähigkeiten vermittelt werden.

Newsletter-Abonnements
Regelmäßig verschickte Informationen und Updates, die für deine Zielgruppe relevant sind.

Rabatte und Sonderangebote
Gutscheine oder Angebote, die einen Kaufanreiz schaffen.

Ein wirksamer Lead-Magnet löst ein konkretes Problem für die Zielgruppe, bedient eine starke Nachfrage, ist leicht zu benutzen und verspricht sofortigen Zugang. Durch den Einsatz von Lead-Magneten kannst du nicht nur deine E-Mail-Listen erweitern, sondern auch das Engagement und Vertrauen der Zielgruppe stärken und damit Verkäufe erzielen und die *Conversion Rate* erhöhen.

Das Sammeln von E-Mail-Adressen ist strategisch klug, weil du auf diese Weise sicherstellen kannst, dass du deine potenzielle Kundschaft mit Angeboten und Neuigkeiten erreichst, auch unabhängig von deiner Sichtbarkeit auf Social Media. Nehmen wir beispielsweise an, du willst einen Workshop bewerben und erstellst dafür einen Beitrag in sozialen Netzwerken. Du kannst nie ganz sicher sein, ob deine Wunschkundin diese Nachricht wirklich sieht. Du weißt nie, ob der Algorithmus gerade wieder mal schlechte Laune hat und deine Inhalte deinen Followern nicht ausgespielt werden. Mit einer E-Mail-Liste hast du hingegen die Kontrolle – du weißt, dass deine Nachricht im Postfach landet, und du kannst prüfen, ob sie geöffnet wurde.

Mit dieser Art von Angebot stellst du nicht nur niederschwellig einen ersten Kontakt her, sondern du schaffst durch sie auch einen Pool an interessierten Personen, die du gezielt mit weiteren Angeboten aus deiner Produktpyramide ansprechen kannst.

Deine Lead-Magneten sollten übrigens immer mit Blick auf dein nächstes Produkt gestaltet sein. Lass mich dir das anhand von einem Beispiel aus meinem Produktangebot näher erläutern: Ich biete eine Membership an, den *Female Business Club*. In diesem Club sind bereits Hunderte von Frauen vernetzt, haben Zugang zu einer Datenbank mit ausgezeichneten Workshops und Masterclasses. Das Besondere? Die Frauen können jeden Monat feste Gruppentermine wahrnehmen, bei denen sie live von mir gecoacht werden. Diesen Ort nenne ich liebevoll *Mini-Mastermind*. Und er ist deshalb so besonders, weil sich die Frauen in diesen Zirkeln ehrlich austauschen, gemeinsam an ihrem Traum arbeiten und einen Ort haben, an dem sich Gleichgesinnte für einen ähnlichen Weg committen. Hier treffen erfahrene Unternehmerinnen, die sechsstellige Monatsumsätze machen, auf Frauen, die noch ganz am Anfang stehen.

Die Investition für die monatliche Mitgliedschaft beträgt für die Teilnehmerinnen 49 Euro bis 99 Euro und richtet sich nach der Mindestlaufzeit der Mitgliedschaft.

Sobald ich plane, den *Female Business Club* anzubieten, beginne ich, mit einem unentgeltlichen Lead-Magneten potenzielle Kundinnen für dieses Thema zu sensibilisieren und zu begeistern.

Zu diesem Zweck habe ich einen Workshop namens *Big Plan* entwickelt, in dem ich zeige, wie ich meine digitalen Produkte vorbereite und verkaufe, indem ich strategische Verkaufspläne nutze. Dieser Workshop wird als Aufzeichnung zum Download zur Verfügung gestellt und hat eine Länge von zwei Stunden. Dazu verschenke ich ein Workbook und ein Umsatz- und Planungstool.

Der Workshop ist die perfekte Überleitung zum *Female Business Club*, in dem die teilnehmenden Frauen das gesamte Jahr an ihrem Plan arbeiten, sich upleveln und motivieren – mit mir an ihrer Seite.

Interessierte Frauen können sich im 0 €-Workshop *Big Plan* einen ersten Eindruck von meiner Art zu lehren verschaffen und die Qualität meiner Inhalte beurteilen. Somit dient der Lead-Magnet *Big Plan* als eine Art Schaufenster, durch das potenzielle Kundinnen meine Arbeitsweise betrachten können. Der Workshop vermittelt außerdem wertvolle Einsichten in das Thema Produkt-Launches. Die Frauen erhalten konkrete Tipps und Tricks, die sie direkt anwenden können, damit ihr eigenes Onlineprodukt oder ihr Service erfolgreich an den Start geht. Sie erlernen die Kunst einer effektiven Verkaufsstrategie und wie sie ihre Angebote ansprechend präsentieren können.

Der unentgeltliche Workshop vorab ist also nicht nur eine konkrete Hilfestellung, die interessierte Frauen sofort implementieren können, sondern auch ein strategisch platzierter Lead-Magnet für das Hauptangebot: den *Female Business Club*.

Interessentinnen können so unverbindlich testen, ob meine Angebote und mein Ansatz ihnen einen Mehrwert bieten und ob sie bereit sind, den nächsten Schritt mit mir zu gehen.

Durch solche Lead-Magneten baue ich eine Beziehung zu meiner Zielgruppe auf, noch bevor sie sich finanziell verpflichtet. Das schafft Vertrauen und trägt zu meiner Glaubwürdigkeit bei. Der Workshop bietet mir außerdem die Gelegenheit, meine Expertise unter Beweis zu stellen, und sammle wertvolle Kontaktdaten von Menschen, die wirklich an meinen Themen interessiert sind. Diese Daten könnte ich dann zum Beispiel für zukünftige Marketingkampagnen und Angebote nutzen.

Sobald die Teilnehmerinnen des Workshops ihre E-Mail-Adresse hinterlassen haben, beginnt ein wohldurchdachter E-Mail-Nurturing-Prozess. Mit regelmäßigen und wertvollen Inhalten in Form von E-Mails halte ich das Interesse aufrecht und bereite durch meine Leads sanft auf den *Female Business Club* vor.

Am Ende des Tages ist es eine Win-win-Situation: Die Teilnehmerinnen bekommen für 0 € Zugang zu hochwertigem Content, der ihnen sofort einen Nutzen bringt, und ich baue mir eine engagierte Community auf, die mit meiner Arbeitsweise und meinen Werten vertraut ist und diese auch zu schätzen weiß. Wenn dann der Zeitpunkt für die Eröffnung der Einschreibungen zum *Female Business Club* kommt, stehen die Chancen gut, dass viele der Workshop-Teilnehmerinnen zu begeisterten Kundinnen werden.

Übrigens zeichnet sich in den letzten Jahren ein klarer Trend ab: Lead-Magneten in Form reiner PDF-Dateien stoßen nicht mehr auf die gleiche Resonanz wie noch 2020. In den vergangenen Jahren wurden Interessenten mit unentgeltlichen PDFs, Checklisten und Ähnlichem regelrecht überhäuft. Auch deshalb ist «*Think outside the box*» bei der Erstellung von Lead-Magneten und auch allgemein bei deinen Produkten besonders wichtig, um aus der Masse hervorzustechen.

Ich habe dir deshalb einige innovative Ideen für Lead-Magneten zusammengestellt.

WhatsApp- oder Telegram-Gruppen

Biete exklusiven Zugang zu einer Messaging-Gruppe an, in der du regelmäßig Tipps, Inspiration und direkten Support teilst. Das kann für einen Austausch in Echtzeit sorgen und fördert das *Community Building*. Plus: Du bindest deine Teilnehmer an dich.

Challenge-Gruppen

Lade zu einer 5- oder 7-Tage-Challenge ein, die über E-Mail oder in einer geschlossenen Facebook-Gruppe oder via WhatsApp stattfindet. Teilnehmerinnen können gemeinsam und Schritt für Schritt ein Ziel erreichen und bilden dabei eine Community.

Audio-Content

Auch Podcasts oder Audio-Kurse können als Lead-Magnet dienen, wobei Interessierte ein Audio-Erlebnis genießen, das sie unterwegs konsumieren können.

Unentgeltliches Probe- oder Musterprodukt

Über das Angebot eines physischen Produkts kann man eine hohe Aufmerksamkeit erzielen. Du könntest zum Beispiel Produktproben oder Miniaturen anbieten.

Mitgliedschaft für einen begrenzten Zeitraum
Biete einen zeitlich begrenzten, unentgeltlichen Zugang zu einer Mitgliedschaftsplattform oder einem Club an, in dem Exklusiv-Content und Sonderleistungen zur Verfügung stehen.

Durch den Einsatz von kreativen und interaktiven Lead-Magneten erreichst du nicht nur eine höhere *Engagement Rate*, sondern deine potenziellen Kunden stellen auch eine persönliche Verbindung zu den Leads her. Entscheidend ist immer, dass der angebotene Lead-Magnet einen echten Mehrwert für deine Zielgruppe bietet und sich nahtlos in dein Gesamtangebot einfügt.

Also: Schnapp dir deinen Zettel oder öffne deine Datei und fang an, dir sämtliche Ideen zu notieren, die dir durch den Kopf gehen. Schau dir auch an, was es bereits in deiner Nische gibt, und frage dich: Was wäre mein besonderer Dreh oder mein besonderer Ansatz? Es geht nicht um besser, sondern darum, wie du ein Erlebnis schaffen kannst, mit dessen Hilfe sich ein Problem deiner Wunschkundin wirklich löst.

Stufe 1: *Low Price Offer*

Kommen wir nun zur nächsten Stufe. Diese umfasst Produkte und Angebote, für die deine Kundinnen einen vergleichsweise niedrigen Preis bezahlen. Wir befinden uns hier im sogenannten *Low-Price-Offer*-Segment mit Angeboten, die zwischen einem und 99 Euro liegen. Diese Angebote werden auch als «*Tiny Offers*» bezeichnet und sind von großer Bedeutung für die *Customer Journey*.

Diese kleinen Einblicke in deine Welt sind der erste verbindliche Schritt für deine Wunschkundin. Mit diesen Angeboten verfolgst du genau ein Ziel: Du möchtest ihr ein hervorragendes erstes Kauferlebnis bieten. Warum ist das so wichtig? Wenn deine Wunschkundin einmal eine positive Erfahrung mit einem deiner Produkte gemacht hat, wird sie eher dazu neigen, ein weiteres höherpreisiges Angebot von dir zu buchen. Mit diesen kleinen Produkten verfolgst du also nicht das Ziel, großen Umsatz zu generieren, sondern vielmehr deine Wunschkundin zu überzeugen, dass du die ideale Ansprechpartnerin für ihr Anliegen bist.

Viele Unternehmerinnen machen den Fehler und bewerben gleich zu Beginn ihr 1:1-Coaching, sei es auf Instagram in ihren Stories, im Podcast und so weiter. Dagegen ist grundsätzlich auch nichts einzuwenden. Aber stelle dir folgende Frage: Was wäre, wenn du deiner Wunschkundin zuerst ein Glas Milch anbieten würdest, ehe du versuchst, ihr gleich die ganze Kuh zu verkaufen?

Das Bild mit Milch und Kuh unterstreicht, wie entscheidend es sein kann, deine Kunden schrittweise an dein komplexes Angebot heranzuführen. Das kleine, kostengünstige Produkt – das Glas Milch – bietet deinen Kunden einen niedrigschwelligen Einstieg in deine Produktwelt und die Gelegenheit, sowohl die Qualität deines Angebots als auch den Wert, den du lieferst, ohne großes Risiko kennenzulernen.

Wenn sie dann durch dieses erste Produkt einen echten Nutzen erfahren und sich von deiner Expertise überzeugt zeigen, werden sie offener und zuversichtlicher sein, sich auf höherpreisige Angebote – die ganze Kuh – einzulassen. Diese ersten positiven Erfahrungen sind oft entscheidend für den Aufbau einer vertrauensvollen Kundenbindung und einer langfristigen Geschäftsbeziehung.

Darüber hinaus kannst du mithilfe der *Tiny Offers* Feedback sammeln und deine Produkte oder Dienstleistungen fortlaufend verbessern. Du erfährst, was funktioniert und was deine Kundinnen wirklich wollen – die Basis für die Entwicklung weiterer perfekt zugeschnittener Angebote.

Tiny Offers erfüllen also den zentralen Zweck, Vertrauen aufzubauen und zu einer stärkeren Kundenbindung beizutragen. Sie sind das Fundament, auf dem deine kostenpflichtige Produktleiter aufbaut. Mit jedem weiteren Schritt auf dieser Leiter bietest du deiner Kundschaft durch höherpreisige Produkte zunehmend tiefere Einblicke in deine Expertise und eine intensivere Begleitung – von Gruppenprogrammen bis hin zu individuellem Coaching. Bevor du also das ganz große Engagement, das 1:1-Coaching oder ein umfangreiches Programm anbietest, denke an das Glas Milch und biete deinen Kunden lieber einen Vorgeschmack auf das, was sie von dir und deiner Arbeit erwarten können. So leitest du sanft und strategisch zu den wertvolleren Teilen deiner Produktwelt über.

Stelle dir selbst folgende Fragen: Wie gehst du vor, bevor du bei jemandem ein höherpreisiges Angebot erwirbst? Schaust du dich zuerst in der Welt deines möglichen Coaches oder deiner Mentorin um, informierst und erkundigst du dich? Oder betrittst du den Raum und triffst unmittelbar eine Kaufentscheidung? Welche Einstiegsprodukte eignen sich für dich besonders gut? Egal für welches Einstiegsangebot oder *Tiny Offer* du dich entscheidest, es sollte immer ein spezifisches, abgegrenztes Problem behandeln. Scheue dich nicht davor, dein Wissen zu teilen, denn nur mit einem Produkt, das für deine Kundin einen Mehrwert hat, wirst du überzeugen und eine Reaktion wie diese auslösen: «Wow, wenn ich das schon für diesen kleinen Preis bekomme, kann ich mir kaum vorstellen, welcher Mehrwert für mich in ihren umfangreicheren Angeboten steckt.»

Wie dein unentgeltliches Produkt ist übrigens auch dein *Tiny Offer* an dein nächsthöheres, preislich angehobenes Angebot angelehnt. Um das zu illustrieren, habe ich dir noch ein Beispiel mitgebracht. Basierend auf meinem unentgeltlichen Produkt «*Launch Love Affair*» habe ich einen Minikurs namens «*Quick Cash – So erstellst du dein Tiny Offer*» entwickelt, das ich für 39 Euro anbiete. Meine Kundin lernt in diesem Minikurs, wie sie in kurzer Zeit ein kleines Angebot im *Low-Price*-Segment erstellt, und ich gebe ihr erste Strategien an die Hand, wie sie dieses auf Instagram & Co. verkaufen kann. Der Minikurs wurde sehr gut angenommen, insbesondere nachdem «*Launch Love Affair*» bereits große Aufmerksamkeit erregt hatte.

Ich habe dieses *Tiny Offer* über meine sozialen Netzwerke beworben und konnte es all jenen E-Mail-Kontakten zusenden, die bereits den 0 €-Workshop gebucht hatten. Denn von ihnen hatte ich ja schon das Signal bekommen, dass sie sich für das Thema interessierten.

Damit auch du das ideale *Tiny Offer* für deine Produktpyramide findest, habe ich dir eine kurze Übersicht zusammengestellt:

Masterclasses

Hierbei liegt der Fokus auf der Wissensvermittlung. Die Dauer von Masterclasses variiert zwischen sechzig und neunzig Minuten.

Workshops

Bei Workshops ist in der Regel ein größeres Commitment erforderlich. Sie unterscheiden sich von Masterclasses im Wesentlichen darin, dass während des Workshops direkt umgesetzt wird, was du lernst. Workshops dauern neunzig Minuten oder mehr, können auch auf mehrere Tage verteilt werden und unterschiedliche thematische Schwerpunkte haben.

Minikurse

Diese können aus einzelnen kurzen Modulen bestehen. Als Richtwert empfehle ich hier meist mindestens drei Module mit einer Mindestdauer von insgesamt sechzig Minuten. Das hängt jedoch vom Inhalt, dem Mehrwert und der Nische ab. Es gibt womöglich ein Workbook dazu, oder ihr bearbeitet gemeinsam konkrete und kurze Übungen.

Neben diesen Beispielen gibt es natürlich noch weitere Möglichkeiten für *Tiny Offers*. *Memberships* möchte ich an dieser Stelle gesondert und etwas ausführlicher betrachten.

Es handelt sich dabei um ein sogenanntes «Trojanisches *Tiny Offer*». *Memberships* haben oft eine Mindestlaufzeit von drei Monaten. Bei einer monatlichen Gebühr von beispielsweise 35 Euro wirkt das Angebot auf den ersten Blick wie ein *Tiny Offer*. Aber schon nach drei Monaten ist man bei einer Gesamtsumme von über 99 Euro. Somit gehört ein *Membership* offiziell nicht zum *Low-Price*-Segment. Hinzu kommt, dass die wenigsten *Memberships* nach drei Monaten gekündigt werden. Nichtsdestotrotz sehe ich in *Memberships* einen enormen Mehrwert. Durch *Memberships* stellst du eine starke Verbindung zu deiner Kundin her und begleitest sie über einen längeren Zeitraum, in dessen Verlauf du ihr weitere Angebote machen kannst.

Viele Unternehmerinnen sorgen sich um den Aufwand, der mit dem Angebot eines *Memberships* einhergeht. Lohnt sich die ganze Arbeit wirklich, wenn man noch keine größere Community hat? An dieser Stelle möchte ich zu einem Umdenken anregen: Memberships sind eine Investition in eine langfristige Zusammenarbeit. Seit dem Sommer 2022 leite ich meinen *Female Business Club*, der aktuell über 500 Frauen zusammenbringt. Dank dieser Mitgliederzahl nehme ich allein durch die Clubbeiträge jeden Monat eine fünfstellige Summe ein. Doch viel wichtiger ist: Dieser Club ist mein *Safe Space*, mein geschäftliches Wohnzimmer, und der Ort, an dem ich wöchentlich mit potenziellen Kundinnen für höherpreisige Angebote interagieren kann.

Wenn ich die Plätze für meine Mastermind-Gruppen vergebe, die bei einem Beitrag von 5000 Euro starten, sind zu neunzig Prozent der Fälle Mitglieder aus dem Club unter den Kundinnen.

Durch den regelmäßigen Austausch im *Female Business Club* bleibe ich auf dem Laufenden, vor welchen Herausforderungen meine Wunschkundinnen stehen, und kann meine Angebote sowie den Mehrwert, den ich biete, darauf abstimmen.

Stufe 2: *Middle Price Offer*

Kommen wir zu unserer nächsten Stufe, dem *Middle Price Offer*. Auf dieser Stufe finden wir dein sogenanntes *Signature Offer*, das sich preislich zwischen 100 Euro und 999 Euro bewegt. Dieses Angebot spiegelt deine Kernexpertise wider. Es dreht sich um das Thema, für das du bekannt sein möchtest, und ist eingebettet in ein Programm, das gewissermaßen dein Aushängeschild ist. Dein *Signature Offer* ist das Produkt, mit dem du regelmäßig gutes Geld einnimmst. Es lohnt sich also, innezuhalten und sehr genau zu überlegen: Was könnte ein Produkt sein, durch das du dein Wissen an eine größere Gruppe von Menschen weitergibst?

Wie bereits erwähnt, geht der Trend weg von reinen Onlinekursen, besonders im *Middle-Price-Offer*-Segment. Du könntest dein *Middle Price Offer* deshalb beispielsweise durch Hybridangebote aufwerten. Der Großteil deines Kurses besteht dann aus aufgezeichneten Inhalten, aber du ermöglichst deinen Kunden auch, dich und deine Expertise live in Zoom Calls zu erleben. Oder du bietest deinen Teilnehmern an, sie für einen bestimmten Zeitraum in einer WhatsApp- oder Telegram-Gruppe zu begleiten, in denen du Impulse, Aufgaben und Insights per Voice-Nachricht teilst.

Berücksichtigen solltest du dabei, dass es seit Inkrafttreten des Fernunterrichtsschutzgesetzes nicht mehr ohne Weiteres möglich ist, deine Live Calls später auch als Aufzeichnung zur Verfügung zu stellen. Stimme dich dazu im Vorfeld mit einer Anwältin für Onlinerecht ab, zumal es, Stand April 2024, unterschiedliche Beschlüsse für das B2C- und B2B-Segment gibt.

Für dein Signature-Produkt empfehle ich dir, den Fokus auf das Kundinnenerlebnis zu legen. Überlege, was du deiner Wunschkundin bieten kannst, das sie nicht schon mehrmals bei deinen Wettbewerbern gesehen hat. Getreu dem Motto «Gib deiner Kundin mehr, als sie erwartet» solltest du dir überlegen, wie du die Kauferfahrung bereits in den ersten Tagen positiv gestalten kannst. Schenke ihr beispielsweise einen unerwarteten Bonus, den du bei Verkaufsabschluss noch nicht kommuniziert hast.

Dein *Signature Offer* ist das Herzstück deiner Marke. Es verkörpert den Kern deiner Expertise. Es ist das Angebot, mit dem du in deiner Branche Anerkennung finden möchtest. Dein *Signature Offer* sollte wie ein persönlicher Bestseller sein: Es muss nicht nur qualitativ herausragen, sondern auch exakt die Lösung bieten, nach der deine Zielgruppe sucht. Es ist daher unerlässlich, dass dein *Signature Offer* sowohl auf die Bedürfnisse deiner Kunden abgestimmt ist als auch eine klare Abgrenzung zu anderen Angeboten am Markt zeigt. So wird es zu einem zentralen Element deiner Geschäftsstrategie, das Kundenbindung und Markenstärke fördert.

Lass uns mal zusammen überlegen: Wie könntest du dein Wissen an viele Menschen weitergeben? Hier ist deine Kreativität gefragt: Ein Teil deines Angebots steht aufgezeichnet zur Verfügung, ein anderer wird live bereitgestellt oder durch WhatsApp-/Telegram-Betreuung gewährleistet. Wie gliederst du dein spezifisches Angebot, um deinen Teilnehmerinnen einerseits Flexibilität und andererseits persönliche Interaktion mit dir zu bieten?

Hier zwei verschiedene Formate, wie dein *Middle Price Offer* aussehen könnte:

- 12-wöchiges Programm mit Selbstlernmodulen in Form von Videos, Audios und Live Calls
- Mehrtägiger Workshop, womöglich mit zusätzlicher Bereitstellung der Aufzeichnung des Workshops

Lass uns zur Veranschaulichung einen Blick auf meine Produktreihe werfen: Mein *Signature Offer* ist die *Female Growth Academy*. Dieses Programm bietet meinen Kundinnen sowohl Selbstlerninhalte als auch Live Calls, und das für eine Investition von 500 Euro bis 999 Euro – der Preis richtet sich nach dem Betreuungsumfang.

In diesem Programm zeige ich meiner Wunschkundin, wie sie eine hohe Reichweite und eine starke Community aufbauen und ihre Produkte über Social Media verkaufen kann.

Social Media ist meine Kernkompetenz, und genau deswegen zählt dieses Programm zu meinen absoluten Bestsellern, und die Kundinnenzufriedenheit ist sehr hoch. Merke dir also: Dein *Signature Offer* ist mehr als ein weiteres Produkt. Es ist deine Visitenkarte, ein Sinnbild deines Fachwissens und ein

Garant für zufriedene Kundinnen. Es zeichnet sich durch Exzellenz, Skalierbarkeit – das bedeutet in diesem Zusammenhang, dass du mit einem Produkt perspektivisch mehr Kundinnen gewinnen kannst – und durch deine ganz persönliche Note aus. Wenn es gut durchdacht und originell umgesetzt ist, stichst du damit aus der Masse heraus und kannst dir einen loyalen Kundinnenstamm aufbauen.

In deinem *Signature Offer* solltest du dein Know-how und deine Erfahrungen zur Verfügung stellen und deinen Kunden eine Transformation anbieten. Sie sollten nach dem Kurs in der Lage sein, die erlernten Inhalte anzuwenden.

Biete deshalb zum Beispiel auch Q&A-Sessions, individuelle Coachings oder interaktive Community-Formate an, die den Wert deines Angebots verstärken, indem du die Kunden auf ihrem Weg zum Erfolg begleitest.

Passe dein *Signature Offer* kontinuierlich an die sich wandelnden Bedürfnisse deiner Zielgruppe und an die Entwicklungen am Markt an, um stets aktuell und relevant zu bleiben.

Stufe 3: *High Price Offer*

Auf dieser Stufe liegen deine Angebote preislich bei über 1000 Euro. Ein *High Price Offer* richtet sich an jene Wunschkundin, diese eine Person, die du dir ganz zu Beginn deiner Reise ausgemalt hast. Jene Person, die mit dir im engen Austausch an ihren Themen arbeiten möchte. Angebote in diesem Bereich erfordern deshalb ein höheres Zeitinvestment. Merke: Je höher wir auf deiner Produktpyramide steigen, umso mehr wird deine Zeit beansprucht.

Welche Formate verstehen sich als *High-Price*-Angebote? Damit können 1:1-Coachings gemeint sein, Mastermind-Gruppen mit wenigen Teilnehmenden, VIP Days, Workations oder Retreats. Auf dieser Ebene deiner Produktpyramide geht es nicht mehr darum, so viele Menschen wie möglich zu erreichen, sondern nur jene, die ein hundertprozentiges Match für dein Angebot sind.

Auf dieser Stufe deiner Produktpyramide bietest du deiner Kundschaft Räume, die nicht für alle zugänglich sind. Du darfst bei der Auswahl deiner Kundinnen deshalb ruhig genau sein. Du könntest diese Räume beispielsweise ausschließlich Kunden anbieten, die bereits einige Stufen deiner Produktpyramide absolviert haben. Oder du vereinbarst ein unentgeltliches Erst- oder Kennenlerngespräch für dein Angebot. Auch eine Onlinebewerbung über ein dafür vorgesehenes Formular ist eine gute Möglichkeit, den Zugang zu diesem besonderen Angebot zu beschränken. Du darfst darauf vertrauen, dass du es dir erlauben kannst, selektiv vorzugehen.

Um dir auch für diese Stufe Beispiele an die Hand zu geben, teile ich meine aktuellen Produkte mit dir:

Female Business School

Das Programm, bei dem ich neben den Selbstlerninhalten insbesondere in den Live Calls eng an der Seite meiner Kundinnen stehe und mit ihnen gemeinsam ihr Business individuell entwickle. Preislich liegt das Programm zwischen 500 Euro für das reine Selbstlernangebot und zwischen 1500 Euro und 2500 Euro für das Angebot inklusive Live Calls, je nach gewünschter Dauer und Intensität des Programms.

Female Business Mastermind

Dieses Programm bildet die oberste Stufe meiner Gruppenangebote. Mit nur fünf Frauen erarbeite ich über einen bestimmten Zeitraum ein maßgeschneidertes Business. Das Invest startet bei 5000 Euro.

Unternehmensberatung & Mentoring

Diese Betreuung ist die intensivste, die ich anbiete. Es ist der exklusivste Raum, den man bei mir buchen kann. Das Honorar richtet sich nach dem Betreuungsumfang, startet bei 10 000 Euro und ist ausschließlich eine 1:1-Betreuung.

Mir ist es ein besonderes Anliegen, dass meine Kundinnen in jedem Preissegment Zugang zu Wissen haben, das sie weiterbringt. Denn ich möchte, dass Bildung und persönliche Entwicklung für möglichst viele Frauen zugänglich wird. Mein Ziel ist es, Frauen in die Umsetzung zu begleiten, sie selbstwirksam zu machen, ihnen zu zeigen: Du kannst das, hier sind deine Werkzeuge! Das bedeutet aber auch, dass ich die Türen zu meiner Welt jenen öffne, die vielleicht noch ganz am Anfang stehen, sich vielleicht gerade erst mit dem Gedanken vertraut machen, eine Idee für ein Unternehmen zu entwickeln.

Unabhängig davon, wie viel meine Kundinnen ausgeben können, sollen sie von meinen Angeboten profitieren und erste Schritte auf ihrem Weg zu ihrem eigenen Unternehmen machen. Manche Kundinnen starten mit den günstigeren Angeboten, gewinnen Vertrauen in ihre Expertise und in meine und steigen später vielleicht auf hochpreisige Programme um. So können alle nach ihrem eigenen Tempo und Budget vorgehen. Diese Strategie ist nicht für jedes Business, jede Expertin, Beraterin oder jede Coachin das Richtige: Es gibt durchaus Bereiche und Zielgruppen, die exklusivere, intensivere und damit auch teurere Programme bevorzugen. *High Ticket Coaching* bedeutet, dass du dich auf eine kleinere Gruppe von Kunden konzentrierst, dafür aber eine sehr persönliche und intensive Betreuung anbietest. Außerdem bedeutet das Verkaufen von *High-Ticket*-Angeboten in der Regel auch einen höheren Umsatz bei weniger verkauften Einheiten, was für einige Geschäftsmodelle finanziell effizienter sein kann.

Wenn du *High-Ticket*-Angebote anbietest, setzt du als Coachin oder Beraterin ganz klar auf Qualität: Du betreust weniger Kunden, aber mit höherem Einsatz. Dieses Modell fordert und fördert ein tiefes Verständnis für die speziellen Anforderungen des Individuums und schafft einen Rahmen, in dem ihr gemeinsam intensiv auf individuelle Ziele eingehen könnt. Da deine Kundschaft hohe Summen investiert, bringt sie in der Regel auch ein hohes Maß an Engagement und Motivation mit, was den Beratungsprozess beflügeln kann.

Du merkst: Es gibt keine Einheitslösung. Während ich es schätze, ein breites Spektrum abzudecken, spezialisieren sich andere Berater, Trainerinnen und Coaches darauf, ausschließlich *High-Ticket*-Kundschaft zu bedienen. Diese Entscheidung hängt von der eigenen Marke, dem Fachbereich und der gewünschten Klientel ab. Was für den einen perfekt funktioniert, muss für die andere nicht zwingend erfolgreich sein. Es ist wichtig, das eigene Angebot genau auf die eigenen Stärken und die Bedürfnisse der Zielgruppe abzustimmen, um sowohl Kundenzufriedenheit als auch die eigenen betriebswirtschaftlichen Ziele zu erreichen.

Wenn du anfängst, deine eigene Produktpalette zu erstellen, lautet mein wichtigster Tipp: Fang groß an! Du musst nicht am unteren Ende der Produktpyramide beginnen, sondern solltest zunächst eine klare Vorstellung davon entwickeln, welches Ziel du für deine Kundschaft erreichen möchtest.

Stell dir das Ganze wie die Planung einer Urlaubsreise vor: Normalerweise bestimmst du zuerst dein Traumziel und gehst dann die konkrete Planung an, suchst die Flüge raus, buchst die Tickets und das Hotel, oder? Genauso ist es mit deiner Produktpalette. Wenn du das Ziel deiner Kundinnen kennst, wirst du auch herausfinden, welche Zwischenschritte notwendig sind, damit sie dorthin gelangen können. Dieser Ansatz heißt übrigens *«Reverse Engineering»*.

Aber keine Panik, nichts in deinem Online-Business ist in Stein gemeißelt. Ganz im Gegenteil, als Online-Unternehmerin gehört es zu deinen Aufgaben, deine Produkte und das Kundenerlebnis flexibel zu halten. Du musst bereit sein, auf Veränderungen in der Welt, Bedürfnisse der Kundinnen und neue Trends zu reagieren. Nur weil beispielsweise im Jahr 2020 PDFs mit «4 Schritte»-Anleitungen als Lead-Magneten gut funktioniert haben, bedeutet das nicht, dass du heute noch an dieser Strategie festhalten sollst.

Bleibe aufmerksam und sei bereit, die eigenen Produkte und Services zu überarbeiten, damit sie sowohl für dich als auch für deine Kunden relevant und effektiv sind. So bleibst du in der schnelllebigen Onlinewelt immer am Ball.

Training: Deine Angebote und deine Produktpyramide

Überlege dir, was deine beste Leistung wäre und wer dafür bezahlen würde. Willst du ein exklusives Angebot für wenige Kundinnen, die bereit sind, viel zu bezahlen? Oder willst du lieber viele Menschen erreichen, auch wenn das bedeutet, dass du deine Angebote zu einem niedrigeren Preis anbieten wirst? Vielleicht möchtest du ja auch beides kombinieren – zum Beispiel mit Gruppenkursen für eine kleine Runde von Kundinnen und besonderen Einzelsitzungen für diejenigen, die mehr wollen und dafür auch mehr zahlen können.

Bevor du dich an die Umsetzung machst, nimm dir Zeit, um jedes deiner Angebote zu überprüfen: Ist mein Produkt rund und vollständig, so wie es ist? Passt es gut zu den anderen Produkten, die ich anbiete, und kann ein Kunde ohne Probleme von einem Produkt zum nächsten navigieren? Diese Evaluation wird dir dabei helfen, deine Angebote so zu gestalten, dass sie für deine Kunden Sinn ergeben und für dich Erfolg verheißen.

Schritt 1: Eine Bestandsaufnahme deiner Angebote

Erstelle eine Liste aller Produkte/Dienstleistungen, die du bereits anbietest, die du gerade planst oder die du in Zukunft außerdem anbieten möchtest. Wenn du zum ersten Mal eine Produkt- oder Dienstleistungspalette aufbaust, dann trage alle Ideen in dieser Liste zusammen.

Schritt 2: Die preisliche Einordnung deiner Angebote

Ordne deine Produkte in diesem Schritt den Kategorien *Low Price Offer*, *Middle Price Offer* und *High Price Offer* zu. Überlege bei jedem Produkt, warum es in diese Preiskategorie gehört.

Schritt 3: Der Inhalt und Wert deiner Angebote

Bewerte jedes Angebot hinsichtlich des Umfangs und des Wissens, das du darin vermittelst.

Erwäge, wie viel Zeit und Aufmerksamkeit dir jedes Angebot abverlangt. Erstelle zum Beispiel eine Tabelle, in der du diese Informationen zusammenstellst, um einen guten Überblick zu gewinnen. Passen der Umfang, die Inhalte, der erwartete Aufwand und der Wert deines Angebots überein, oder solltest du Inhalte, Aufwand und Wert noch einmal aufeinander abstimmen? In der folgenden Tabelle zeige ich dir das anhand von meinen Angeboten:

Angebot	vermittelte Inhalte	Umfang	Wert
Low Price Offer	z. B. ein Fahrplan, wie man ein kleines Produkt erstellt und/oder Grundlagen der Verkaufspsychologie	Drei Module, ein Workbook, ein Live-Call	39 Euro
Middel Price Offer, bspw. Female Growth Academy	Strategien, wie man reichweitenstarken Content erstellt, auf Instagram organisch wächst, OHNE Geld für Ads auszugeben, sich eine aktive und kaufbereite Community aufbaut und über Instagram seine Dienstleistung gezielt verkauft	Acht Module, vier Live Calls, ein Workbook und eine Checkliste	Je nach Betreuungsumfang 500 bis 999 Euro
High Price Offer, bspw. Female Business School	Strukturen, Prozesse und Marketingstrategien, um sich ein profitables Online-Business aufzubauen	Sieben Module mit Videos, vier Live Calls + Workbook und Bonusmaterial wie etwa Masterclasses mit externen Expertinnen	Je nach Betreuungsumfang 500 bis 2500 Euro

Schritt 4: Die Struktur deiner Produktpyramide

Ordne deine Angebote so, dass sie aufeinander aufbauen, und trage sie dann in deine Produktpyramide ein – beginnend mit den *Low-Price*-Angeboten auf der unteren Stufe bis hin zu den *High-Price*-Angeboten an der Spitze. Überprüfe zum Schluss, ob deine Angebote logisch aufeinander aufbauen.

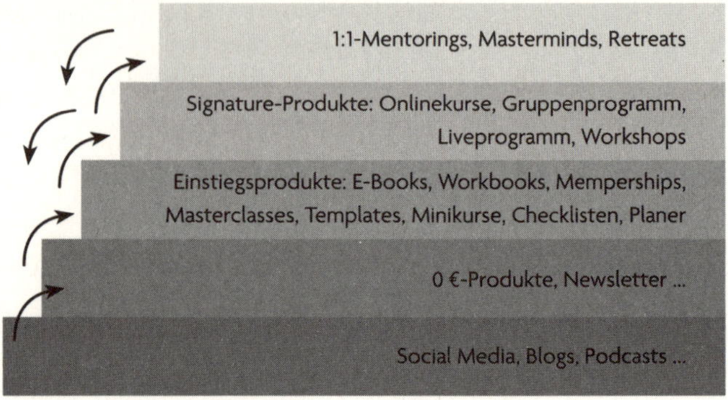

Deine Produktpyramide

Schritt 5: Die Gestaltung des Kundenpfades

Überlege in diesem Schritt, wie du deinen Kunden von einem Angebot zum nächsten führen kannst. Skizziere den Weg, den ein Kunde potenziell durch deine Produktlandschaft gehen könnte.

Schritt 6: Differenzierung deiner Angebote

Betrachte noch einmal deine Angebote und prüfe, ob sie sich klar voneinander abgrenzen lassen. Definiere für jedes Produkt, welche einzigartige Lösung oder Transformation es bietet und welchem Ziel deine Kundin durch eine Buchung näher kommt.

Schritt 7: Nachbearbeitung

Lege deine Produktpyramide für den Moment noch einmal beiseite. Stelle dir in den nächsten Tagen bei jedem Produkt, das du in deiner Produktpyramide eingetragen hast, noch einmal die folgenden Fragen: Ist es inhaltlich auch wirklich geschlossen? Grenzt es sich deutlich genug von meinen anderen Angeboten ab? Bauen alle Produkte aufeinander auf?

Mit etwas Abstand fallen dir vielleicht noch einige Inkonsistenzen auf, oder dir kommen Ideen, wie du deine Produkte noch weiter schärfen kannst. Notiere deine Gedanken und Ergebnisse und passe deine Pyramide entsprechend an.

Lass uns zum Abschluss noch einmal realistisch über die Skalierung deines Angebots reden und darüber, wie du deine Produktpyramide strategisch einsetzen kannst, ohne zum Nadelöhr deines eigenen Erfolgs zu werden. Skalieren bedeutet, dein Geschäft so auszubauen, dass es mehr Kunden und Aufträge bewältigen kann, ohne dass die Qualität leidet oder du selbst vor lauter Arbeit nicht mehr zum Atmen kommst. Es geht darum, dass dein Unternehmen wachsen kann, ohne dass du dich verzettelst oder es zu Engpässen kommt.

In letzter Zeit scheinen überall die gleichen Bilder aufzutauchen: Coaches und Beraterinnen zeigen ihre prall gefüllten Terminkalender, in denen jede Minute mit Coaching-Sessions oder Kennenlerngesprächen vollgepackt ist. Jedes Mal, wenn ich das sehe, denke ich mir: Wer will denn einen so vollgestopften Alltag?

Mal ehrlich: Voll ausgebucht zu sein, das klingt toll – wie der Heilige Gral. Aber lass uns hinter den Vorhang schauen, denn ich bin der festen Überzeugung, dass es gar nicht so cool ist, bis obenhin ausgebucht zu sein, und ich erkläre dir auch, warum.

Stell dir vor, du würdest alles auf eine Karte setzen – und wenn ausgerechnet dieses Blatt nicht aufgeht, gehst du leer aus. Dein ganzer Laden hängt allein von dir ab – von deinem Einsatz und der Zeit, die du zu geben hast. Kleiner Spoiler: Diese beiden Ressourcen sind begrenzt, und sie werden nicht immer verfügbar sein. Oder kannst du andauernd hundert Prozent geben? Eine 1:1-only-Strategie kann ganz schnell deine Work-Life-Balance aus dem Gleichgewicht bringen. Jeder Mensch braucht doch die Möglichkeit, auch mal entspannen zu können, ohne gleich Umsatzeinbußen befürchten zu müssen.

Natürlich, persönliche Coachings sind wirkungsvoll und intensiv, aber bei einem Kalender, der nur aus Einzelterminen besteht, stößt du früher an die Grenzen deines Potenzials. Ist dein Tag voll, weil du einen Termin nach dem anderen hast, bleibt keine Zeit, um dir Gedanken über deine Angebote zu machen, sie beispielsweise anzupassen oder weiterzuentwickeln, weil deine Kundinnen vor neuen Herausforderungen stehen. Dein Verdienst ist somit direkt an deine verfügbare Zeit gekoppelt. Und schwups, da kannst du das Ende der Fahnenstange schon sehen.

Wenn du ausschließlich 1:1-Coachings anbietest, erreichst du außerdem nur einen kleinen Teil der Menschen, die eigentlich von deinem Wissen profitieren könnten. Wie du inzwischen weißt, gibt es viele, die sich kein individuelles Coaching leisten können, aber durchaus bereit wären, Geld für einen Onlinekurs auszugeben. Diese Kundschaft geht dir durch die Fokussierung auf Einzelcoachings durch die Lappen.

Deshalb rate ich dir: Stell dich breiter auf. Verknüpfe deine Einzelcoachings mit Programmen für Gruppen, Onlinekursen und weiteren Produkten, die Einnahmen generieren, auch wenn du gerade nicht selbst aktiv bist. So entsteht ein Business, das läuft, auch wenn du mal nicht hundert Prozent geben kannst oder willst. Ebendiese Strategie eröffnet dir den ersehnten Freiraum für dein Leben. Mithilfe der Produktpyramide gestaltest du deine Angebote so, dass sie Einkommen erwirtschaften, ohne dass du dich 24/7 aufopfern musst.

Gerade deshalb solltest du die weiter unten in der Pyramide

angesiedelten Angebote nicht aus dem Blick verlieren. Dort finden sich die niedrigpreisigen Serviceleistungen und Produkte, deren Inhalte du bereits sehr gut beherrschst und die sich fast wie von selbst verkaufen - deine Einstiegsangebote, die deine Kundschaft neugierig machen und ihr zeigen, dass du ihr mit deinen Produkten einen Mehrwert bietest. Auf die wertvolleren Angebote kommt es ganz besonders an - hochpreisige Kurse und Masterclasses, die nur eines Teils deines persönlichen Einsatzes bedürfen, mit denen du aber zuverlässig Umsatz erzielst.

Erst im Topbereich der Pyramide, wo es exklusiv wird, bietest du das besondere Einzelcoaching an. Das nimmt zwar einen großen Teil deiner Zeit in Anspruch, ist aber auch wertvoll - für deine Kundinnen und für dich! So schaffst du ein Business, das wachsen kann, ohne dass du dich über deine Kräfte hinaus verausgabst. Produkte, die ohne deine ständige Aufmerksamkeit laufen, sind der Schlüssel zu deinem Erfolg. Du verfügst damit über eine Einnahmequelle, die es dir ermöglicht, fleißig zu sein, wenn du es willst - nicht weil du es sein musst.

Letztlich geht es in deinem Online-Business doch auch um Freiheit - in zeitlicher, finanzieller und örtlicher Hinsicht. Binde dich also mit dem 1:1-Modell nicht an ein goldenes Hamsterrad, sondern erschaffe ein vielseitiges Angebot, das dir die Freiheiten schenkt, dein Leben so zu gestalten, wie du es willst.

Wow, was für eine Reise wir bisher schon zusammen unternommen haben! Wir sind die Pfade der *Customer Journey* entlanggewandert, haben die Geheimnisse des *Customer Lifetime Values* erkundet und uns durch die Tiefen der Produktpyramide gewühlt. Wir haben Wissen über den Nutzen von Skalierung gesammelt und wie wir unsere Angebote so justieren können, dass sie für uns arbeiten, statt uns auszulaugen.

Das Fundament für ein florierendes Geschäftsmodell steht. Jetzt haben wir die Struktur und die Strategien, um nicht nur zu überleben, sondern um zu triumphieren – und ein Business zu kreieren, das genauso flexibel und wachstumsorientiert ist wie wir selbst.

Als Nächstes tauchen wir kopfüber in die dynamische Welt des Social-Media-Marketings ein. Wir werden erfahren, wie wir die Macht der sozialen Netzwerke entfesseln können, um neue Horizonte zu erschließen, unsere Botschaft zu verbreiten und eine Gemeinschaft Gleichgesinnter zu formen, die bereit ist, mit uns zu wachsen.

Im nächsten Kapitel verleihen wir deinem Business also Flügel. Freu dich auf die zahlreichen Chancen, die vor dir liegen, um deine Angebote noch sichtbarer, begehrenswerter und erfolgreicher zu machen. Auf geht's, deine zukünftigen Erfolge warten schon!

DEIN SOCIAL MEDIA CONTENT MARKETING

Wenn du bis hierher gekommen bist, möchte ich dir von Herzen gratulieren, denn du hast die wichtigsten Grundlagen für deinen Business-Aufbau gelernt. Jetzt tauchen wir noch tiefer ein, um dein Unternehmen erfolgreich zu machen: In diesem Kapitel dreht sich alles um deine Sichtbarkeit.

Da du jetzt weißt, wofür dein Unternehmen steht, womit du anderen Menschen helfen kannst, welche Menschen du erreichen möchtest, was deine Botschaft ist und wie deine Produktwelt aussieht, wirst du mithilfe von Social Media Content Marketing deine Ideen in die Welt tragen.

Mit Social Media Content Marketing meine ich sämtliche deiner Inhalte, die deine Wunschkundin im digitalen Raum finden kann – sei es auf Instagram, TikTok, LinkedIn, YouTube oder, oder, oder ... All das sind digitale Orte, an denen deine Wunschkundin mit dir in Kontakt treten kann. Mit Social Media Content Marketing wird deine Mission sichtbar, und du gewinnst neue Kundschaft.

Auf deiner Produktpyramide ist das Social Media Content Marketing Teil der untersten Stufe -1, also der Einstiegsebene. Mit Social Media Content Marketing sprichst du eine breite Masse von Menschen an, die auf diese Weise zum ersten Mal mit dir und deiner Welt in Kontakt kommen. Im Grunde kannst du dir deine Onlinepräsenz wie deine digitale Visitenkarte vorstellen.

Dein Content Marketing spiegelt deine Werte wider und

vor allem auch dein Versprechen: Was ist es, womit du deiner Wunschkundin hilfst? Bei allem, was du postest und worüber du sprichst, darfst du dich immer wieder fragen: Spricht es meine Wunschkundin an?

Du wirst in diesem Kapitel eine Methode kennenlernen, mit der du zur Gedankenleserin deiner Wunschkundin wirst und mit deren Hilfe du das Content Game erfolgreich meisterst, sichtbar wirst und die Menschen erreichst, die du erreichen willst.

Jetzt lernst du, wie du mit deiner Mission, deiner Vision, deinen Werten und dem, was du der Welt zu bieten hast, in die Öffentlichkeit trittst. Und glaube mir: Ich weiß selbst nur zu gut, wie beängstigend das sein kann. Und das, obwohl ich selbst über zehn Jahre lang Markensichtbarkeit für große Unternehmen aufgebaut habe.

Aber glaub mir, es ist ein gewaltiger Unterschied, ob du nur ein Produkt oder eine Marke bewirbst oder du dich selbst mit deinem Gesicht der Welt offenbarst. Wenn du das tust, werden Menschen dich bewerten, und im besten Fall werden sie entscheiden, dass du genau die richtige Person bist, mit der sie an ihrer Vision arbeiten möchten.

Ich kann mich noch gut daran erinnern, wie es war, als ich mein allererstes Posting veröffentlichte. Es war der 26. Juni 2020. Ich hatte einen ganzen Samstag damit verbracht, an meinem Text zu arbeiten, die passenden Worte zu finden, um mich und meine Mission, meine Herzensvision zu formulieren.

Ich habe Sätze begonnen und sie wieder gestrichen, habe bestimmt vierzig Mal wieder von vorne angefangen. Ich weiß noch, dass eine Freundin damals zu mir sagte: «Wenn dich das so stresst, dann lass es doch einfach.» Nein, eben nicht! Denn ohne den ersten Schritt geht es nicht, und ich war entschlossen, diesen ersten Post zu teilen. Aber noch war ich so unzufrieden mit dem Ergebnis, dass ich frustriert aufgab und mich an meinen Lieblingsort zurückzog: in die Badewanne. Ja, ich bin diejenige, die auch bei dreißig Grad Außentemperatur ein wohlig tröstendes Bad nimmt. Schon immer. Für mich ist das vergleichbar damit, sich die Decke über den Kopf zu ziehen und abzutauchen. Ich denke ja, dass zu baden uns zurück in den Mutterleib befördert, in dem es ebenfalls mollige 37 Grad waren und wir sorglos vor uns hin planschen konnten. Als Frühchen hole ich diese Momente eben in der Badewanne nach – nur so ein Gedanke.

Als ich da also planschte und mich über mich selbst und meinen kleinen inneren Saboteur und gefühlten Hochstapler ärgerte, packte ich es einfach an, ganz à la Mel Robbins und ihrer Fünf-Sekunden-Regel. Innerhalb von fünf Sekunden schnappte ich mir mein Handy, das dank nasser Hände ein wenig litt, kopierte meinen Text aus der Notizen-App, ging auf Instagram, wählte mein Bild aus, klatschte meinen Text darunter und drückte auf Teilen.

Mein Herz sprang wie ein Känguru auf Red Bull in meiner Brust, und ich starrte auf mein Handy, wartete gebannt auf Reaktionen. Und weißt du, was passierte? Nichts. Null. Niente. Und da schlug er dann zu, der furchtbare Glaubenssatz, der mich schon so lange begleitete: *Verdammt, niemand interessiert sich für mich.*

Ich teilte meinen Beitrag in meiner Story und wartete wieder einige Minuten. Ein Blick in die Story-Statistiken verriet mir, dass Kristian und Babett aus meiner ehemaligen Marketingabteilung den Beitrag gesehen hatten. Mir war übel: Sollte ich den Post doch wieder löschen? Was sollten die anderen bloß denken, ich machte mich doch nur lächerlich. Das waren meine Gedanken. Ich schaute auf die Anzahl meiner Follower: 23 Personen – 80 Prozent davon waren Freunde, Familie oder

Arbeitskolleginnen. In diesem Moment erkannte ich, dass es nicht nur darum ging, einen Post rauszuhauen, sondern darum, eine digitale Verbindung zu Menschen aufzubauen, damit sie mich wirklich sahen, sich mir anvertrauen wollten, um später meine Kundinnen zu werden.

Ich tat also, was ich für alle anderen Social-Media-Accounts machte, die ich beruflich betreute: Ich wurde selbst aktiv. Dort, in dieser Badewanne, am 26. Juni, fing ich an, die Strategien, die ich im beruflichen Kontext erlernt und angewandt hatte, für mich selbst zu nutzen, und interagierte. Statt auf ein Wunder zu hoffen und auf meinen inneren Saboteur zu hören, schnallte ich mich an und startetet meine eigene Mondfahrt.

Was ich dir damit sagen möchte: Obwohl ich ein Jahrzehnt lang erfolgreich leitend im Social-Media-Marketing tätig war, habe auch ich bei nahezu null Followerinnen, null Kommentaren und null Storyviews angefangen, und auch ich hatte mit großer Angst zu kämpfen. Aber: *The only way out is through* – der einzige Weg heraus führt hindurch. In diesem Kapitel verrate ich dir, wie ich mit meinen Social-Media-Strategien innerhalb von nur drei Monaten über 3000 Followerinnen gewonnen habe und wie ich die Angst vor der Sichtbarkeit überwunden habe und Inhalte erstelle, die aus dem Herzen sprechen.

DIE DREI GOLDENEN REGELN FÜR SICHTBARKEIT

Stell dir vor, dein Social-Media-Kanal steht auf einem riesigen Marktplatz. Neben dir stehen die Stände von Millionen anderer Mitbewerber, und du versuchst, die Passantinnen für dich und dein Tun zu begeistern. Im ersten Moment kann es sehr einschüchternd sein, sich gegen diese Massen zu behaupten, die ihre Angebote laut über den Platz brüllen.

Viele tun in dieser Situation zwar den ersten Schritt, sie posten ein, zwei Dinge, schauen, was passiert, geben dann aber nach dem dritten, vierten oder fünften Post auf, weil weder neue Follower zu ihrem Stand kommen noch interagieren und erst recht nicht zu Kundschaft werden. Dabei ist der Weg, online Kunden zu gewinnen, absolut simpel: Es geht nie in erster Linie um dich! Ich werde dir zeigen, welche Grundregeln du beachten solltest, wenn du profitable Sichtbarkeit aufbauen möchtest.

Regel 1: Wähle deine Hero-Plattform weise

Bevor wir uns in die Tiefen des Social-Media-Marketing stürzen, ist es entscheidend, dass du dir eine zentrale Frage stellst: Welche Social-Media-Plattform möchte ich als meine Fokus-Plattform nutzen? Im Englischen spricht man auch von der «Hero Platform». Damit ist der digitale Ort gemeint, auf den du dein Hauptaugenmerk legst, um in den Austausch mit deiner Wunschkundin zu treten.

Die Wahl deiner Hero-Plattform ist deshalb so wichtig, weil sie deinen Kommunikationsfokus schärft. Du legst fest, in welche Plattform du bei der Erstellung von Content den Hauptanteil deiner Energie investierst. Auf diese Weise wirst du dich nicht im Wirrwarr von unzähligen Plattformen verlieren. Ich möchte, dass du eine langfristige und nachhaltige Beziehung zu deiner Community aufbaust. Betrachte diese Arbeit wie die einer Gärtnerin. Indem du dich zuerst auf einen Garten konzentrierst, die Grundregeln des Gärtnerns erlernst, wirst du ein besseres Gefühl dafür entwickeln, was es braucht, um deine Setzlinge in genau diesem Garten zum Erblühen zu bringen. Du wirst lernen, welche Sprache du sprechen solltest, um mit deiner Community in Kontakt zu treten, welchen Herausforderungen sie sich tagtäglich stellen und wie du ihnen effektiv helfen kannst, über sich hinauszuwachsen.

Und später, wenn du Erfahrungen gesammelt und für deinen Content eine gewisse Struktur etabliert hast, dann ist der Moment gekommen, weitere Kanäle zu bespielen. Du startest dann nicht mehr bei null, sondern du weißt, was es braucht, um einen Garten zum Erblühen zu bringen.

Nun sind nicht alle Social-Media-Plattformen gleich, und jede Plattform hat eine ganz eigene Zielgruppe und auch eine ganz eigene Art und Weise, wie Menschen auf dieser Plattform miteinander kommunizieren, was sich wiederum in rasantem Tempo verändert.

Instagram zum Beispiel war 2015 eine reine Fotoplattform, auf der Hashtags wie #TGIF dominierten. Im Jahr 2024 ist Instagram eine Plattform, die Reels favorisiert, und wer weiß schon, wohin sie sich noch entwickelt?

Nehmen wir als ein weiteres Beispiel LinkedIn. Diese Plattform hat sich hauptsächlich im beruflichen Kontext positioniert. Während der Ton auf dieser Plattform im Jahr 2020 noch sehr professionell war, verändert er sich seit einiger Zeit und wird lockerer.

Statt also intuitiv eine Plattform auszuwählen, gehe strategisch vor und frage dich: An welchen digitalen Orten hält sich meine Wunschkundin auf? Ist sie auf TikTok, YouTube, Instagram, Facebook oder doch eher auf einer Plattform wie Reddit? Wenn du dir unsicher bist, rate ich dir: Nimm dir für die Festlegung deiner Hero-Plattform Zeit. Recherchiere, wo sich deine Mitbewerberinnen aufhalten, und schaue dir nur die Accounts an, bei denen die Interaktionen mit der Community aktuell sind. Accounts, auf denen seit Monaten nichts gepostet wurde, sind in der Regel tot. Schaue dir also genau an, wie aktiv die Community des jeweiligen Accounts wirklich ist. Es kann vorkommen, dass Communitys mit der Zeit abwandern. Obwohl ein Account dann zwar viele Follower hat, interagieren diese vielleicht längst intensiver mit anderen Accounts. Diese Follower sind abgewandert. Frage dich also immer: Wo hält sich deine Wunschkundin am liebsten auf?

Training: Die Wahl deiner Hero-Plattform

Bei der Auswahl deiner Hero-Plattform für dein Online-Business, ob als Coachin, Beraterin oder Expertin, solltest du verschiedene Faktoren berücksichtigen. Hier sind die wichtigsten Schritte, die dir helfen, die geeignete Plattform zu wählen.

Schritt 1: Rufe dir deine Wunschkundin ins Gedächtnis

Du hast deine Wunschkundin bereits im zweiten Kapitel identifiziert. Rufe sie dir noch einmal ins Gedächtnis: In welchem Alter ist sie? Welchen Beruf hat sie? Wo befindet sie sich geografisch? Welche Interessen hat sie?

Schritt 2: Finde heraus, wo sich deine Wunschkundin aufhält

Wo ist deine Zielgruppe am aktivsten? Verwende Marktforschung und Social-Media-Analytics, um herauszufinden, wo sich deine potenzielle Kundschaft online am häufigsten aufhält. Hierfür eignet sich zum Beispiel Statista.de. Je besser du deine Wunschkundin kennst, desto besser kannst du eine passende Plattform auswählen.

Schritt 3: Verstehe die Plattformen

Social-Media-Plattformen haben unterschiedliche Stärken, sprechen unterschiedliche Altersgruppen an und werden von diesen unterschiedlich genutzt oder bespielt. LinkedIn eignet sich gut für professionelle Netzwerke, Instagram und TikTok sind bild- und videolastig. Diese Plattformen ziehen ein jüngeres Publikum an, während Facebook eine breite Palette von Altersgruppen erreicht.

Schritt 4: Wähle die Form deiner Inhalte

In welcher Form möchtest du deine Inhalte teilen? Wenn du visuelle Inhalte bevorzugst, könnten sich Instagram oder Pinterest gut für dich und dein Online-Business eignen.

Für Videoinhalte solltest du YouTube, TikTok oder auch Instagram (Reels) in Betracht ziehen. Für Artikel und berufliche Inhalte ist LinkedIn das Mittel der Wahl.

Schritt 5: Investiere deine Zeit

Jede Plattform erfordert Aufwand in Bezug auf Content-Erstellung und Community-Management. Wähle eine Plattform, für die du genug Zeit aufbringen kannst, um regelmäßig und qualitativ hochwertige Inhalte zu produzieren.

Schritt 6: Analysiere den Wettbewerb

Sieh dir an, was andere Coaches, Beraterinnen oder Experten in deiner Nische machen. Auf welchen Plattformen sind sie erfolgreich? Welche ihrer Inhalte performen gut? Was kannst du von ihnen lernen?

Schritt 7: Höre auf dein Bauchgefühl

Wähle eine Plattform, auf der du dich selbst wohlfühlst und authentisch kommunizieren kannst. Authentizität ist gerade im Coaching- und Beratungsbereich ein wichtiger Faktor für den Aufbau einer starken Beziehung zu deiner Community.

Denke daran, dass Social-Media-Plattformen ständig im Wandel sind. Es ist wichtig, dass du flexibel bleibst und bereit bist, deine Strategie anzupassen, wenn du feststellst, dass sich deine Zielgruppe verändert und neue digitale Orte erkundet oder eine neue Plattform an Popularität gewinnt.

Ich für meinen Teil bin im Jahr 2020 mit Instagram gestartet. Zu jenem Zeitpunkt war das die stärkste Plattform für Coaches und Beraterinnen im Business- und Social-Media-Bereich. Ich beobachte seit einiger Zeit einen Trend hin zu YouTube, LinkedIn und TikTok. Dieser Wandel wird auch für meine Social-Media-Strategie eine Rolle spielen. Aber, hey, frag mich in zwei Jahren noch mal. Da sieht die Welt auch schon wieder komplett anders aus.

Regel 2: *Consistency is key*

Lass uns hier über den wohl wichtigsten Erfolgsfaktor sprechen, wenn es um deine Sichtbarkeit geht: Konstanz. Der größte und wahrscheinlich schlimmste Fehler, den die meisten im Bereich Social Media Content Marketing machen? Sie starten voller Enthusiasmus, geben in den ersten Wochen richtig Gas, hängen sich voll rein, bis nach etwa zehn Wochen Schluss mit lustig ist. Von heute auf morgen kein Post mehr, keine Story, null Komma nichts an Lebenszeichen.

Mal Klartext: Deine Social-Media-Präsenz ist ein Marathon und kein Sprint. Das mag abgedroschen klingen, aber so ist es.

Ich weiß, wir alle wünschen uns möglichst schnell gute Ergebnisse, aber wir alle starten bei null, und einzig und allein diejenigen, die bereit sind, auch dann durchzuhalten und zu posten, wenn nicht sofort Likes, Kommentare oder Follower eintrudeln wie gewünscht, die werden zum Schluss als Siegerinnen im Ring stehen.

Auch meine Reise in die Social-Media-Welt hat bei null angefangen: kaum Followerinnen, keine Likes und keine Herzchen unter meinen Posts – das war meine Ausgangslage. Bei jedem neuen Beitrag, den ich veröffentlichte, schlug mir das Herz bis zum Hals, während ich auf die Reaktionen wartete. Die Hoffnung war groß, die Erwartungen ebenso, und erst mit der Zeit – peu à peu – kamen sie, die ersehnten Reaktionen. Aber natürlich waren auch nicht alle begeistert. Manchmal traf mich ein negativer Kommentar mitten ins Herz, stellte sich mir Ablehnung in den Weg oder blickte mir Unverständnis entgegen. Auch dafür solltest du dich wappnen.

Vielleicht kennst du das Gefühl, wenn du voller Aufregung live gehst und dann die Einsamkeit mit dir im Raum steht? Kein einziger Zuschauer ist da, deine Worte verhallen im virtuellen Raum, als würdest du gegen eine Wand sprechen. Kratzt das am Ego? Aber sicher! Hab ich mich dadurch von meinem Weg abbringen lassen? Keinen Augenblick! Ich habe durchgehalten – mit der unbändigen Überzeugung, dass da draußen irgendwo eine Frau ist, für die genau diese Worte, genau dieses Video in genau diesem Moment das Bedeutsamste überhaupt sein könnte. Wenn auch nur eine einzige stolperte, klickte und schaute – und fand, was sie brauchte –, dann wurde dieses Live-Video zu einem magischen, exklusiven Moment für sie – und für mich. Eine private Vorstellung, mehr Einzigartigkeit geht kaum.

Merke dir, dass es gerade am Anfang nicht darum geht, wie viele Augen dich sehen, sondern darum, dass dich die richtigen Augen sehen. Statt um Reichweite geht es um Resonanz und darum, hartnäckig zu bleiben, deiner Botschaft treu, deiner Vision treu. Verstehe, dass jeder große Strom einmal ein kleines Rinnsal war. Um diese Ausdauer und diesen Glauben in dir zu nähren, tue, was du tust, nicht für den Applaus der Massen, sondern für das leise, beinahe unhörbare ‹Danke›, das aus dem im nächtlichen Dunkel schwach schimmernden Bildschirm zu dir flüstert. Wenn du mal wieder vor einem leeren Raum stehst, denke an dieses leise Danke – und dann mach weiter. Deine Botschaft, deine Leidenschaft, deine Anwesenheit könnten genau das sein, was in diesem Moment gebraucht wird. Und dieses Wissen allein sollte dir am Anfang reichen, um weiterzumachen. Ausdauer, offene Ohren und die Bereitschaft, an der Aufgabe zu wachsen, das ist deine Devise.

In meinen Coachings höre ich so oft den Satz: «Aber Olli, ich poste ja schon regelmäßig, und dennoch wachse ich nicht.» Und ich frage dann: «Wie lange machst du das schon?» Die Antwort darauf lautet häufig: «Ja, vier Wochen!» Okay, und wie lange hast du gebraucht, um herauszufinden, was du überhaupt machen möchtest? Verglichen damit sind vier Wochen doch ein Witz. Frag dich mal, wie lange du an den Weihnachtsmann geglaubt hast – dann kannst du auch mal ein paar Jahre an dich selbst glauben.

Melanie Perkins, die Mitbegründerin von Canva, hat mit ihrer Idee für eine einfach zu bedienende Design-Plattform anfangs zahlreiche Absagen von Investoren kassiert – über hundert, um genau zu sein. Aber sie ließ sich nicht entmutigen und hat weitergemacht. Heute ist Canva ein Riesenerfolg und wird mit Milliarden bewertet (und ist übrigens aus meinem Leben auch nicht mehr wegzudenken).

Und Arianna Huffington erlebte mit sogar 36 Absagen für ihr Buch einen denkbar schwierigen Start, doch sie ließ sich nicht entmutigen. Im Alter von 55 Jahren gründete sie erfolgreich «The Huffington Post», die schließlich für 315 Millionen Dollar an AOL verkauft wurde.

Du siehst also, Erfolg, egal ob im Social-Media-Marketing oder mit deinem Online-Business im Allgemeinen, hängt vor allem von deinem Durchhaltevermögen ab. In der Regel braucht es mindestens sechs Monate und eine kontinuierliche Verbindung, um eine Community aufzubauen. Wie du aus deiner Social-Media-Reise einen Dauerbrenner machst, verrate ich dir hier, denn Erfolg auf Social Media fällt nicht vom Himmel – dahinter steckt meist eine Menge Organisation, und ein Redaktionsplan ist dein bester Freund! Überlege dir Themen, die zu deiner Marke passen, plane die Art deiner Beiträge und setze dir Meilensteine. Gleich einer Kapitänin, die eine Schiffsroute plant, navigiere auch du während deiner Content-Reise mit strategischem Weitblick. Ich habe dir hier ein paar der essenziellen Learnings zusammengestellt, die ich mit meinem Online-Business gesammelt habe.

1. Ohne Druck

Nimm dir den Wind aus den Segeln – im positiven Sinne. Du musst nicht 24/7 erreichbar sein oder in deinen Stories rumspringen. Vielmehr geht es darum, präsent zu sein, wenn du etwas postest. Noch mal: Es ist ein Marathon, kein Sprint.

2. *Better done than perfect*

Warte nicht auf den perfekten Moment oder den perfekten Post. Perfektion ist eine Illusion, die dich nur bremst. Poste Inhalte, die echt und roh sind, die deine Botschaft vermitteln und mit denen sich deine Community identifizieren kann. Authentizität schlägt Perfektion, immer!

3. Feste Zeiten für deine Content-Erstellung
Statt dich täglich von Post zu Post zu hangeln, mach alles in einem Abwasch. Blockiere Zeiten in deinem Kalender, die exklusiv für deine Content-Erstellung bestimmt sind. Ob früher Morgen, ein Nachmittag in der Woche oder späte Abendstunden: Finde deine kreativen Hochphasen und nutze sie effizient – sei wie eine Künstlerin, die regelmäßig ihrem Atelier einen Besuch abstattet, um an ihrem Meisterwerk zu arbeiten.

4. Feste Zeiten für deine Community
Die Beziehung zu deiner Community ist der Schlüssel zum Erfolg. Plane regelmäßig, im besten Fall täglich, Zeiten ein, in denen du auf Kommentare und Nachrichten antwortest und mit deinen Followern interagierst. Zeige deiner Community, dass du ihr zuhörst und sie wertschätzt, das stärkt die Bindung und Treue zu deiner Marke.

Mit diesen wirksamen Tipps bleibt dein Social Media Content keine kurze Episode, sondern er wird zu einer fortlaufenden, erfolgreichen Serie. Die Magie liegt in der Kombination aus langfristiger Strategie, Entspanntheit, disziplinierter Schaffenskraft, Präsenz und einem authentischen Austausch.

Regel 3: Setze auf eindrückliche Überschriften

Schön und gut, magst du nun denken, aber wie sieht ein Post, der meine Community anspricht, eigentlich im besten Falle aus? Was muss ich berücksichtigen, wenn ich etwas gestalten will, das Aufmerksamkeit erregt?

Vielleicht kennst du ja Folgendes: Du scrollst durch deinen Feed, und plötzlich stößt du auf ein Posting, das ein spannendes Thema behandelt, für das du dich schon länger interessierst. Neugierig klickst du auf das Profil der Verfasserin und entdeckst, dass nicht nur dieser eine Beitrag interessant ist. Der gesamte Feed ist gefüllt mit Inhalten, die dich fesseln und direkt ansprechen. Der Grund dafür ist einfach, wird aber oft übersehen: Die Inhalte dieses Kanals sind exakt auf deine Bedürfnisse, Ziele und Herausforderungen zugeschnitten. Kommt dir bekannt vor? Ganz genau! Die Autorin der Postings hat sich offenbar die ZPAW-Formel zunutze gemacht, die ich dir auf Seite xy vorgestellt habe. Wie du diese Formel für deine Social-Media-Inhalte ebenfalls umsetzt, erfährst du in wenigen Augenblicken. Doch vorher möchte ich dir von der Ein-Sekunden-Regel erzählen.

Die Ein-Sekunden-Regel besagt, dass du in den ersten 1,7 Sekunden, in denen jemand auf dein Profil stößt oder deinen Beitrag entdeckt, die Aufmerksamkeit deiner Zielgruppe gewinnen musst.

Innerhalb dieser kritischen Zeitspanne entscheidet die Besucherin, ob es sich lohnt, länger zu verweilen und sich weiter mit deinen Inhalten zu beschäftigen. Deine Aufgabe als Content-Erstellerin ist es daher, sofortigen Impact zu erzeugen – durch prägnante Überschriften, ansprechende Bilder oder einen einleitenden Satz, der zum Weiterlesen einlädt. In der Praxis verfasst du also Beiträge, die Lehrreiches bieten, zur Diskussion anregen, klare Statements beinhalten oder Lösungen präsentieren. Jeder Beitrag sollte etwas enthalten, das die Leserin für sich als nützlich empfindet – seien es Tipps, Einblicke oder inspirierende Geschichten.

Letztlich geht es darum, eine Verbindung zu schaffen. Wenn Besucherinnen deines Profils in den ersten Sekunden ein Gefühl der Relevanz und des persönlichen Bezugs wahrnehmen, dann hast du den ersten Schritt zum Aufbau einer loyalen Community getan. Dann kannst du auf das Engagement deiner Follower aufbauen, Vertrauen festigen und Schritt für Schritt zu einer Autorität auf deinem Feld heranwachsen.

Wenn also das nächste Mal jemand deinen Social-Media-Feed entdeckt, sorge dafür, dass jeder Post, jedes Bild und jede Caption diese Person in diesen entscheidenden 1,7 Sekunden packt.

Du willst wissen, wie du das schaffst?

David Ogilvy, eine Legende in der Welt der Werbung, stellte fest: «Im Durchschnitt lesen fünfmal mehr Menschen nur die Überschrift als den ganzen Artikel.» Dein Erfolg hängt damit wesentlich von einer eindrücklichen Überschrift ab. Sie ist der Türöffner, weckt Interesse und lädt Besucher ein, in deinen Content einzutauchen.

Durch Überschriften, die nicht sofort fesseln oder nicht zum Weiterlesen animieren, kann auch der beste Content unbeachtet bleiben. Das ist schade, besonders wenn man bedenkt, wie viel Mühe und Zeit oft in ein Posting oder Reel fließen.

Eine überzeugende Headline hat bestimmte Qualitäten, die sie unwiderstehlich machen. So ist sie beispielsweise kurz und erfasst dennoch das Wesentliche. Warum das wichtig ist? Weil Menschen auf Social Media scrollen und nur wenig Zeit haben. Mit einer knackigen Überschrift erregst du ihre Aufmerksamkeit und erhöhst die Chance, dass sie innehalten und mehr lesen wollen. Beachte darum, dass Überschriften stets so prägnant wie möglich sein sollten; eine Länge von 6–8 Wörtern gilt als Faustregel. Es folgen meine Top-fünf-Strategien, mit denen du deine Headlines genau auf die Wünsche deiner Kundschaft abstimmen kannst.

Strategie 1: Überrasche dein Publikum

Überraschende Schlagzeilen wecken die Neugier, weil sie einen unerwarteten Twist bieten. Sobald das Publikum etwas liest, das es nicht vorhersehen konnte, wird es neugierig und möchte mehr darüber erfahren. Was hältst du zum Beispiel von: «Verblüffend einfache Schreibtricks, die jeder vergisst.» Ein solcher Titel irritiert, und schon ist das Interesse geweckt. Ein Titel wie «Dieser Marketingsündenfall kostet dich Kunden» wiederum erzeugt Spannung. Er versetzt in Alarmbereitschaft. Und wer würde nicht einen Fehler vermeiden wollen?

Strategie 2: Setze auf Ausdrucksstärke

Ausdrucksstarke Wörter können einen großen Unterschied in deinen Überschriften machen. Solche Kraftwörter erzeugen Emotionen oder vermitteln den Leserinnen sofort eine tiefe Bedeutung, die deine Aussage überzeugender und eingängiger macht. Schau dir zum Beispiel diese Headline an: «Garantiert: Umsatzexplosion mit diesen Copywriting-Geheimnissen.» Hier sorgt das Wort «Garantiert» für Aufmerksamkeit. Deine Aussage wirkt anziehend, weil sie ein Versprechen enthält. «Umsatzexplosion» wiederum ist ein dynamisches und kraftvolles Wort, das großes Wachstum und schnelle Veränderung verheißt. Der Begriff «Copywriting-Geheimnisse» weckt die Neugierde darauf, welches Wissen dem Leser bisher verborgen geblieben ist, das derart signifikante Erfolge bringen kann. Die Wortwahl dieser Überschrift macht sie unwiderstehlich klickbar.

Strategie 3: Schüre die Neugierde

Um dein Publikum neugierig zu machen, solltest du mit Überschriften arbeiten, die Interesse wecken, etwa indem sie Fragen aufwerfen, wie zum Beispiel diese Headline: «Diesen großen Fehler vermeidest du nach dem Lesen», oder diese: «Sieh, welche Fehler andere machen – und du nicht.» Diese kurzen Sätze machen die Leserinnen neugierig, weil sie suggerieren, dass es etwas Wichtiges zu lernen gibt, etwas, das ihnen hilft, besser zu sein als andere. Menschen wollen mehr erfahren, wenn sie denken, dass es ihnen helfen könnte.

Strategie 4: Nutze die Macht der Zahlen

Zahlen in Überschriften stechen hervor und locken Leser an. «Neun Top-Strategien, die Profis geheim halten» oder auch «Zwölf Geheimnisse, die deine Wettbewerber nicht teilen wollen» – solche Headlines signalisieren klare und einfache Informationen. Menschen lieben Listen und genaue Angaben, weil diese versprechen, dass die bereitgestellten Informationen schnell und einfach zu verstehen sind. Diese Art von Überschriften verheißt, dass man mit wenig Aufwand konkrete und nützliche Tipps mitnehmen kann – genau das, was viele Menschen suchen.

Strategie 5: Setze Geheimnisse geschickt ein

Spiele in deinen Überschriften mit der Idee, dass bestimmtes Wissen exklusiv, nur schwer zugänglich oder bisher nur wenigen bekannt ist. Das Angebot, Einblicke in verborgenes Wissen zu erlangen, ist für viele Menschen unwiderstehlich. Denke zum Beispiel an Headlines wie diese: «Nutze diesen unbekannten Trick für stetiges Wachstum», oder auch: «Sieben verblüffende Content-Strategien, die du unbedingt kennen solltest.»

Indem du diese Tipps für deine Headlines anwendest, kannst du sicherstellen, dass du die Aufmerksamkeit deiner Kundinnen erregst und sie deinen Content auch lesen. Eine starke Headline birgt das Versprechen, dass es sich lohnt dranzubleiben. Sie ist der erste Schritt zu einem engagierten und reaktionsfreudigen Publikum.

Du siehst: Von der Wahl deiner Hero-Plattform, auf der du wie ein Star die Bühne rockst, über die eiserne Disziplin der Konsistenz bis hin zu starken Überschriften – es sind genau diese Zutaten, die deinem Content die Superkraft verleihen, um aus der Masse herauszustechen.

Denk daran, dass du mit jeder dieser Regeln das Scheinwerferlicht auf dich ziehst und eine Beziehung zu deinen Kundinnen aufbaust, die auf gegenseitigem Interesse und Vertrauen basiert. Du lädst sie ein, auf eine spannende Reise zu gehen, bei der jede Station (sprich: jeder Beitrag, jede Story, jedes Video) eine neue Entdeckung verspricht.

Setze diese Regeln weise ein, sei mutig und kreativ, und bald wirst du sehen, wie deine Bemühungen Früchte tragen.

DIE DREI SÄULEN DES SOCIAL MEDIA CONTENT MARKETINGS

In den letzten Jahren, seit ich meinen Account auf Instagram eröffnet habe, bin ich verschiedenen Trends gefolgt und habe immer neue Formate getestet, aber eins hat sich nie geändert: meine Liebe zu Zitaten aus Buchstabenperlen. Das soll natürlich nicht heißen, dass du das Gleiche machen solltest. Ich glaube sogar, dass es heute nicht mehr so gut ankommen würde. Aber ich habe an diesem Stil festgehalten, und zwar aus zwei Gründen: Erstens sind die Buchstabenperlen auf dem rosa Hintergrund zu meinem Markenzeichen geworden. Wenn jemand das sieht, weiß diese Person: Das ist von Olli.

Zweitens geben mir die Buchstabenperlen die Möglichkeit, Worte zu finden, die meiner Wunschkundin direkt aus dem Herzen sprechen.

Um aus dem Einheitsbrei aus Postings und Reels hervorzustechen, hast du also genau eine Aufgabe: Du musst fühlen und denken wie deine ein Prozent – deine ideale Zielgruppe. In Teil zwei dieses Buches hast du bereits die Vorarbeit geleistet, indem du dich intensiv in deine Wunschkundin hineinversetzt hast. Jetzt wirst du lernen, wie du auf deinen sozialen Netzwerken mit dem richtigen Inhalt auffällst.

Um das zu erreichen, möchtest du Inhalte erstellen, die nicht nur auffallen, sondern auch zu Verkäufen führen. Denn am Ende des Tages willst du mit deinem Content Umsatz generieren.

Um zu verstehen, wie du deine Ziele durch Content erreichen kannst, möchte ich dir das Conversion-Content-Modell vorstellen. Dieses Modell besteht aus drei Säulen, die, wenn sie zusammenwirken, maximalen Erfolg erzielen.

1. Säule: *Awareness Content*

Die erste Säule des Conversion-Content-Modells ist Content, der Sichtbarkeit schafft und Reichweite generiert. Solche Inhalte ziehen Follower an und sorgen dafür, dass du bemerkt wirst. So kann ein bestimmter Post viral gehen und dir zum Beispiel über Nacht 300 neue Follower bringen. Ich meine also die Art Posts, die viele Likes, Shares oder Speicherungen erhalten. Dadurch bekommen sie bei Instagram eine höhere Sichtbarkeit und werden neuen Leuten vorgestellt oder durch das Teilen in Stories weiterverbreitet. Wenn jemand mit vielen Followern dich erwähnt oder featurt, erhöht sich deine Sichtbarkeit enorm, gerade wenn es sich um Postings handelt, die du in deinem Feed veröffentlichst und die auf diese Weise eine hohe Reichweite erzielen können.

«Viral gehen» bedeutet übrigens, dass sich ein Inhalt wie ein Video, Bild oder Artikel sehr schnell und weit im Internet verbreitet. Auch das geschieht dann, wenn Menschen deine Inhalte teilen, kommentieren und liken. Wenn etwas viral geht, sehen es potenziell Millionen von Menschen in kurzer Zeit.

Aber warum werden manche Posts mit Tausenden von Views belohnt, während andere kaum Beachtung finden? Das liegt oft daran, wie stark deine Überschrift ist und ob sie ein konkretes Bedürfnis oder einen Wunsch deiner Zielgruppe ideal adressiert. Der Inhalt deines Postings sollte zudem leicht zu verarbeiten sein, also als «Snack-Content» gelten. Manchmal bietet ein solches Posting einen schnellen, wertvollen Tipp *(Quick Win)*, der den Leserinnen sofort einen Vorteil bringt oder sie zum Nachdenken anregt. Unterhaltsame Inhalte, die ein Lächeln hervorrufen oder emotional berühren, funktionieren oft auch sehr gut, ebenso wie Inhalte, die dem Leben deiner Leser nahe sind. Wenn sie sich in deinen Beiträgen wiedererkennen und das Gefühl haben, dass du ihre Situation verstehst, dann verstärkt das ihre Verbundenheit mit dir, und sie sind eher geneigt, dir zu folgen und mit deinen Inhalten zu interagieren.

Aber sei vorsichtig und fixiere dich nicht zu sehr auf das Ziel, viral zu gehen. Es ist wichtiger, dass deine Inhalte für deine Zielgruppe relevant sind. Wenn du dich zu sehr darauf konzentrierst, möglichst viele Klicks oder Likes zu bekommen, verlierst du vielleicht aus den Augen, was dein Publikum wirklich braucht und wertschätzt.

Am Ende des Tages ist es entscheidend, dass du deine Follower mit deinen Inhalten ansprichst, dass sie ihnen Nutzen bringen und diese sie langfristig an dich binden. Merke: Virale Posts bringen oft große Aufmerksamkeit, die nur von kurzer Dauer ist. Relevante Inhalte hingegen schaffen eine echte, dauerhafte Verbindung zu deinen potenziellen Kundinnen.

2. Säule: *Nurturing Content*

Die zweite Säule beinhaltet Content, der Vertrauen aufbaut und deinen Expertinnenstatus stärkt. Mit diesem Content zeigst du, dass du kompetent und vertrauenswürdig bist. Du erstellst Inhalte, mit denen du deine Community nährst – daher auch das Wort «*Nurturing Content*».

Zum Beispiel teilst du dein Wissen in Form von Mini-Trainings. Es ist wichtig, dass dieser Inhalt lehrreich und inspirierend ist.

Um eine starke Verbindung aufzubauen, reicht es nicht aus, dein Wissen nur zu teilen. Von großer Bedeutung ist auch der persönliche Aspekt dieses Contents. Indem du dich zeigst, Einblicke in deine Arbeit gewährst und Gedanken mit deiner Community teilst, erschaffst du echte Verbindungen. Deine Follower fangen an, dir zu vertrauen, und identifizieren sich mit dir. Dein digitales Charisma kommt zum Einsatz. Für diese Art von Content eignen sich vor allem Stories. Hier findest du deine echten Fans, die regelmäßig mit dir interagieren wollen und die wirkliches Interesse an dir, deinen Angeboten und deiner Journey haben.

3. Säule: *Sales Content*

Die dritte Säule ist der Content, der auf den direkten Verkauf abzielt. In diesen Postings bewirbst du gezielt deine Produkte oder Dienstleistungen und motivierst potenzielle Kundinnen zum Kauf. Anfangs magst du dich in diesem Content-Bereich vielleicht unsicher fühlen. Einige meiner Kundinnen haben beispielsweise Angst, die Community mit diesen werbenden Inhalten zu verschrecken. Doch bitte erinnere dich daran, dass Instagram für dich kein Hobby oder eine Charity ist, sondern dein Marketingkanal. Es geht dir darum, ein Business aufzubauen und Umsatz zu generieren.

Alle drei Säulen des Conversion-Content-Modells spielen zusammen eine entscheidende Rolle und sollten in deiner Content-Strategie ausgewogen vertreten sein, da sie zusammen auf ein wichtiges Ziel hinwirken: die Steigerung deines Umsatzes.

Stelle dir vor, du postest ausschließlich Inhalte, die auf Reichweite abzielen, wie zum Beispiel humorvolle Reels, die leicht viral gehen können. Während diese Form des Contents kurzfristig hohe Reichweiten und viele neue Follower generieren kann, bedeutet dies nicht automatisch, dass du damit auch bei deinem Publikum Vertrauen und Glaubwürdigkeit aufbaust. Ohne die anderen Säulen, diese essenziellen Vertrauenskomponenten, ist es unwahrscheinlicher, dass aus deinen Followern Kunden werden.

Wenn du andererseits nur sachbezogene Inhalte teilst, mit denen du dein Fachwissen unter Beweis stellst, aber zuvor keine Aufmerksamkeit oder eine Follower-Basis geschaffen hast, dann bleiben diese Inhalte möglicherweise ungehört und ungesehen. Ohne die nötige Reichweite finden sie nicht den Weg zu jenen potenziellen Kundinnen, die von deiner Expertise profitieren können.

Schließlich, wenn du in deinem Social-Media-Auftritt nur auf *Sales Content* setzt und dabei die ersten beiden Säulen vernachlässigst, wird es wahrscheinlich zu einem Vertrauensbruch kommen. Deine Inhalte könnten als zu werblich wahrgenommen werden, und ohne die nötige Bindung der Community werden deine Verkaufsbotschaften nicht die erhoffte Wirkung erzielen. Es ist also notwendig, eine ausgewogene Mischung aus allen drei Content-Säulen zu finden. Hier noch einmal auf einen Blick:

1. *Awareness Content* sorgt dafür, dass du gefunden und wahrgenommen wirst.
2. *Nurturing Content* hilft dir, eine Beziehung zu deinem Publikum aufzubauen und es für dich zu gewinnen.
3. *Sales Content* bietet dir die Möglichkeit, deine Produkte oder Dienstleistungen effektiv zu verkaufen.

Jetzt, da du das Conversion-Content-Modell kennst, wollen wir uns der Formel widmen, die du für den Content aller drei Säulen nutzen kannst: der ZPAW-Formel. Erinnerst du dich noch an Kapitel zwei, in dem du dich intensiv in die Gefühlswelt deiner Wunschkundin hineinversetzt hast? Genau jetzt ist der richtige Zeitpunkt, um diese Erkenntnisse für deinen Content zu nutzen. Mit der ZPAW-Formel erstellst du Inhalte, die gezielt auf die Ziele (Z), Ängste (A), Probleme/Hürden (P) und Worte (W) deiner Community eingehen. Aber ich möchte, dass wir hier noch einen Schritt weiter gehen. Denn mit deinem Content bereitest du deine Kundin darauf vor, eine bestimmte Aktion durchzuführen. Sie soll das nächste deiner geplanten Produkte kaufen.

In Kapitel vier hast du deine Produktpyramide entwickelt. Im nächsten Training wählst du ein Produkt aus deiner Produktpalette aus und erstellst ein Posting, das der ZPAW-Formel folgt, um deine Kunden darauf aufmerksam zu machen.

Lass uns zur Veranschaulichung wieder das Beispiel der

Fitnesstrainerin betrachten, deren Angebot sich an Mütter richtet. Sie möchte einen 0 €-Minikurs zum Thema «Fitness und Wohlbefinden für neue Mütter» anbieten. Sie notiert der ZPAW-Formel folgend:

Z – Ziele/Wünsche

1. Möchte ihren Körper nach der Geburt straffen und wieder in Form kommen.
2. Sehnt sich nach Zeit für sich selbst, um das eigene Wohlbefinden zu verbessern.
3. Wünscht sich, eine Fitnessroutine zu etablieren, die sich mit dem Leben als Mutter vereinbaren lässt.
4. Erhofft sich, mehr Energie zu haben, um den täglichen Herausforderungen gewachsen zu sein.
5. Möchte Gleichgesinnte treffen und von einer unterstützenden Community profitieren.

P – Probleme/Herausforderungen

1. Hat kaum Zeit für sportliche Aktivitäten neben der Betreuung des Kindes oder der Kinder.
2. Ist sich nicht sicher, wie sie nach der Schwangerschaft umsichtig und effektiv trainiert.
3. Empfindet einen Mangel an Motivation und Führung, um alleine zu trainieren.
4. Hat Schwierigkeiten, sportliche Betätigung in ihren überfüllten Zeitplan zu integrieren.
5. Weiß noch wenig über Ernährung und Fitness, die für Mütter geeignet wären.

A – Ängste/Glaubenssätze

1. Hat Sorge, sich selbst zu vernachlässigen, und empfindet Schuldgefühle, wenn sie sich Zeit für sich nimmt.
2. Hat Angst, durch falsches Training Schaden anzurichten.
3. Glaubt, sie könnte den Anschluss verlieren und «es nicht mehr draufhaben».
4. Hat das vage Gefühl, kinderfreie Zeit für Sport sei egoistisch.
5. Hat die Befürchtung, keine sichtbaren Ergebnisse zu erzielen und daher demotiviert zu werden.

W – Worte

Sie sagt Sätze wie:

1. Ich habe keine Zeit für mich.
2. Ich bin einfach zu müde.
3. Ich kann doch mein Baby nicht vernachlässigen.
4. Mein Körper wird nie wieder so sein wie früher.
5. Ich habe schon alles probiert, nichts hilft.
6. Ich habe die Verbindung zu mir und meinem Körper verloren.

Mit den identifizierten Punkten im Kopf macht sich die Fitnesstrainerin jetzt an die Content-Erstellung, in der sie exakt auf die Bedürfnisse ihrer Zielgruppe eingeht. Die Fitnesstrainerin legt für die Bewerbung ihres Minikurses folgende Sorge ihrer Kundin zugrunde:

> Hat Sorge, sich selbst zu vernachlässigen, und Schuldgefühle, wenn sie sich Zeit für sich nimmt.

Um auf diese Angst einzugehen, entwickelt sie mehrere Headlines, die ihr als Grundlage für ihr Posting, ihr Reel oder sogar ihre Stories dienen:

1. «‹Mom Guilt› ade: Fünf ultimative Wege, wie du dich selbst zur Priorität machst!»
2. «Warum DU gerade dann die Beste für dein Baby bist, wenn du auch mal auf dich achtest.»
3. «Ohne Schuldgefühle: Wie Mütter ihre Selbstfürsorge neu entdecken und leben können.»
4. «Gib ‹Mom Guilt› keine Chance: Nimm dir Zeit für dich und sei eine noch stärkere Mama!»
5. «Selbstliebe im Mama-Alltag: Neue Strategien gegen das schlechte Gewissen.»

Nehmen wir jetzt an, dass die Wunschkundin sich eine Fitnessroutine wünscht, die sich mit ihrem neuen Leben als Mutter vereinbaren lässt. Daraus können folgende Headlines entstehen:

1. «Fit zwischen Windeln und Spielplatz: So passt Fitness in deinen Mama-Alltag!»
2. «Fitness flexibel gestalten: Der Mama-Plan für mehr Bewegung und Energie!»
3. «Mama, fit und fabulous: Erschaffe eine Routine, die mit deinem Leben Schritt hält!»
4. «Bewegung, die sich einfügt, nicht aufdrängt: Dein Guide für Mama-Friendly Fitness!»
5. «Deine Fitness, dein Rhythmus: So integrierst du Sport in deinen Alltag als Mutter!»

Diese Headlines zielen darauf ab, praktische und erreichbare Wege für Mütter zu präsentieren, durch die sie ihre Fitnessziele erreichen können, ohne dass die neue Routine sie überwältigt. Die Headlines nehmen die Notwendigkeit der Flexibilität und Anpassungsfähigkeit junger Mütter ernst und feiern zugleich die Vielseitigkeit der Mutterschaft.

Basierend auf diesen Headlines, kannst du im Handumdrehen kraftvolle Postings, Reels oder Stories basteln. Sie haben das Potenzial, sofort Aufmerksamkeit zu erregen, und sprechen deine Zielgruppe auf emotionaler Ebene an. Sie machen neugierig, mehr zu lesen oder zu sehen. Durch die Nennung von «Mom Guilt» und die Betonung des Nutzens von Selbstfürsorge und das Setzen von Prioritäten fühlen Mütter sich gesehen und werden ermutigt, sich auf dein Angebot – den 0 €-Minikurs – einzulassen. Das Beste daran ist, dass du zu jedem Problem, jedem Ziel oder jeder Angst endlos viele Headlines kreieren kannst.

Mit der ZPAW-Formel hast du eine Liste erstellt, die du immer wieder nutzen kannst, wenn es darum geht, ein bestimmtes Produkt zu verkaufen oder die Zielgruppe darauf vorzubereiten. Ziehe diese Liste immer wieder zurate, wenn du neue Kampagnen gestaltest, deine Inhalte aktualisieren und deine Marketingstrategie frisch und ansprechend halten möchtest.

Call to Action

Bevor du dich an deine ZPAW-Formel ranmachst, möchte ich noch den Schlüssel für eine aktive Community mit dir teilen. Denn in jedem Posting, jeder Story steckt die Möglichkeit, deine Followerschaft in Staunen zu versetzen *UND* zum Handeln zu bewegen. Das magische Werkzeug dafür?

Der *Call to Action* oder, wie die coolen Content-Fuzzis sagen: CTA.

Der CTA ist deine freundliche, aber bestimmte Einladung zur Interaktion. Er ist das entscheidende Element, das «Und jetzt du!» in deiner digitalen Konversation. Egal, ob du deine Followerinnen aufforderst, einen Kommentar zu hinterlassen, sich für deinen Newsletter einzutragen oder dein neuestes Produkt zu erkunden – dein *Call to Action* sollte so unwiderstehlich sein wie der letzte Keks auf dem Teller. Er muss klar, prägnant und wirkungsvoll sein, sprich: Deine Followerinnen sollten genau wissen, was sie tun sollen, wie sie es tun sollen und warum sie es nicht ablehnen können.

Mit einem starken CTA verwandelst du passive Scroller in aktive Teilnehmer deiner Markengeschichte. Er ist innerhalb deiner Postings und Stories das Zünglein an der Waage. Er lenkt Aufmerksamkeit und baut Erwartungen auf – um diese dann meisterhaft zu erfüllen. Kurz gesagt, ein gut platzierter *Call to Action* kann den Zaubertrick vollbringen, aus deinem Publikum echte Fans und aus Fans treue Kunden zu machen.

Pack also den CTA in dein digitales Werkzeugset, *and watch the magic happen!* Hier ein paar Beispiele für gelungene *Call to Actions*:

- Wie siehst du das?
- Teile es in den Kommentaren!
- Ist dir das auch schon passiert?
- Wie ist deine Meinung dazu?

Training: Die ZPAW-Formel als Hilfsmittel für die Content-Erstellung

Jetzt bist du dran: Schnapp dir ein Blatt, wähle eines deiner Produkte aus der Produktpyramide aus und nimm die Ängste, Ziele und Probleme deiner Wunschkundinnen mithilfe der ZPAW-Formel in den Blick. Hier folgt eine Checkliste, mit deren Hilfe du die Anwendung der ZPAW-Formel bei der Content-Erstellung methodisch angehen kannst.

Vorbereitung

Überlege dir, auf welches Produkt oder auf welche Dienstleistung du deinen Content ausrichten möchtest. Nimm hierfür deine Produktpyramide zur Hand.

Z – Ziele und Wünsche

Verstehe, was deine Zielgruppe motiviert und welche Ergebnisse sie anstrebt. Liste die kurz- und langfristigen Ziele deiner Wunschkundinnen auf. Brainstorme dann, wie dein Produkt oder deine Dienstleistung diesen Zielen gerecht werden kann.

P – Probleme und Herausforderungen

Überlege, welche Hürden und Hindernisse deinen Wunschkundinnen im Weg stehen könnten. Notiere die häufigsten Probleme, mit denen deine Zielgruppe konfrontiert ist. Entwickle Lösungsvorschläge, die mit deinem Angebot korrelieren.

A – Ängste und Glaubenssätze

Denke über die emotionalen Bedürfnisse und Bedenken deiner Wunschkundinnen nach. Halte ihre Ängste und negativen

Glaubenssätze fest, die in Bezug auf deine Nische bestehen. Plane Inhalte, die diese Ängste ernst nehmen und positive Perspektiven aufzeigen.

W – Worte und Sprache

Sammle typische Ausdrücke, Jargons und Sprachmuster, die deine Zielgruppe verwendet. Achte auf die Nutzung von Schlüsselwörtern und Phrasen, die in Unterhaltungen oder in sozialen Medien auftauchen. Passe diese Sprache authentisch an deinen Content an.

Ausarbeitung

Wähle aus der Vielfalt deiner Ergebnisse eines aus und kreiere mehrere Headlines für Posts, die den Wunsch, das Problem oder die Angst deiner Wunschkundin aufgreifen. Entwickle dann den passenden Content (Texte, Bilder, Videos). Entwirf auch *Call to Actions* (CTAs), die spezifische Aktionen mit Bezug zu den ZPAW-Elementen anregen.

Überprüfung und Anpassung

Teste verschiedene Inhalte und messe die Reaktion deiner Zielgruppe. Sammle ihr Feedback und passe die Inhalte gegebenenfalls an. Führe auch Split-Tests durch, um die Wirksamkeit verschiedener Headlines und CTAs zu vergleichen.

Dokumentation und Wiederholung

Dokumentiere, welche Inhalte gut funktioniert haben und warum, und erstelle eine Content-Bibliothek mit ZPAW-basierten Ressourcen für die zukünftige Verwendung. Verfeinere deine ZPAW-Inhalte fortlaufend und basierend auf neuen Erkenntnissen und Feedback.

Lass uns im Anschluss an dieses Training einen genauen Blick auf den Balanceakt zwischen unentgeltlichem und bezahltem Content werfen. Denn wenn du dein Online-Business oder deine persönliche Marke aufbaust, wirst du sicherlich vor der Frage stehen: «Was biete ich gratis an, und für welche Inhalte verlange ich eine Bezahlung?» Diese Entscheidung darf kein Vabanquespiel sein, sondern setzt strategische Überlegungen voraus.

Unentgeltlicher Content ist dein virtuelles Schaufenster. Er lockt potenzielle Kunden an und gibt ihnen einen Vorgeschmack auf das, was du kannst. Über diesen Content vermittelst du Werte, etablierst dich als Expertin in deinem Feld und baust eine Beziehung zu deiner Zielgruppe auf. Dein unentgeltlicher Content sollte stets wertvoll genug sein, um Interesse zu wecken und erstes Vertrauen aufzubauen, aber es sollte klar sein, dass sich das echte Juwel in deinem bezahlten Content findet. Letztlich willst du, dass deine Follower sich fragen: «Wenn das die Informationen sind, die ich umsonst bekomme, wie unglaublich müssen dann die Infos sein, für die ich bezahlen muss?» Erst wenn das geschafft ist und nachdem Interessierte einen ersten Einblick erhalten haben und mehr von dir erfahren wollen, führst du sie an den bezahlten Content heran – dein exklusives Angebot. Dieser Inhalt ist detaillierter, spezifischer und oft personalisierter. Er reicht von vollständigen Onlinekursen über Gruppenprogramme bis hin zu 1:1-Coachings.

Merke: Während du deinen Kundinnen mit unentgeltlichem Content die Tür öffnest und Traffic generierst, ist es der bezahlte Content, der dein Business am Laufen hält. Über diesen vertiefst du außerdem die Beziehung zu den Kundinnen, die dein Fachwissen zu würdigen wissen, mehr von deiner Expertise wollen und brauchen. Bezahlter Content fördert das Engagement deiner Community und erzeugt ein Gefühl der Exklusivität und Gemeinschaft. Würdest du ausschließlich unentgeltliche Inhalte anbieten, wären deine Ressourcen schnell erschöpft, ein finanzieller Rückfluss fände nicht statt.

Das Gleichgewicht zwischen unentgeltlichem und bezahltem Content zu halten, ähnelt einer eleganten Tanzperformance. Mit jedem Schritt, den du machst, demonstrierst du Finesse und Geschick, um dein Publikum bis zum letzten Akt – der Vorstellung deiner Premium-Inhalte – zu fesseln.

SO BESIEGST DU DIE ANGST, DICH ZU ZEIGEN

Am 22. Oktober 2020 erfuhr ich, dass ich mit meinem zweiten Kind schwanger war. Seitdem kämpfte ich immer wieder mit starker Übelkeit und fühlte mich allgemein etwas schwach.

Ich war unentschlossen, ob ich mein für den Abend geplantes Live Event absagen sollte. Zu dieser Zeit folgten mir etwa 3000 Personen, und ich teilte ausschließlich unentgeltlichen Content oder Lead-Magneten, um meine E-Mail-Liste aufzubauen. In den Tagen zuvor hatte ich mit meinem Social-Media-Team eine neue Strategie für Reels entwickelt und wollte meine Erkenntnisse zu diesem Format in dem besagten Live Event an meine Followerinnen vermitteln.

Nach einigem Hin und Her entschied ich, das Live Event trotz meiner angeschlagenen Verfassung wie geplant durchzuführen.

Ich erinnere mich noch genau, dass mein Herz kurz vor Beginn des Events raste. Ich war extrem nervös und unsicher, obwohl ich meine Arbeit leidenschaftlich liebte. Doch diesmal konnte ich mich nicht mehr hinter einem fancy Unternehmensnamen verstecken. Es ging nur noch um mich – ganz persönlich. Was wohl «die anderen» zu mir und meiner Expertise sagen würden, wenn sie mich sahen?

Einen Post zu veröffentlichen war die eine Sache, aber live zu gehen, wo jeder es mitverfolgte, wenn ich einen Fehler machte, war etwas ganz anderes. Schließlich kann man live nicht einfach auf Stopp drücken oder noch mal von vorn beginnen. Dennoch war ich fest entschlossen, mich von Heiserkeit oder Übelkeit nicht aufhalten zu lassen. Mit Notizen und einem heißen Tee bewaffnet, startete ich also in das Live Event und sah die Zuschauerinnenzahl oben rechts im Bildschirm ansteigen: 3, 8, 12, 16, 22 ... und schon erschienen die ersten Kommentare: «Hey, Olli, super, dass du das machst. Gute Besserung!», oder: «Yeah, es geht los!» Ich konnte es noch gar nicht fassen, dass es Menschen gab, die sich tatsächlich auf ein Live Event mit mir freuten. Es war für mich noch völlig ungewohnt, mit Wildfremden so zu interagieren, als wäre es das Natürlichste auf der Welt, und es fühlte sich seltsam an, in dieses kleine Handy zu sprechen und etwas über meine Arbeit zu erzählen. Ich war sichtlich nervös. Wenn du übrigens selbst sehen möchtest, wie das Live ablief, kannst du das tun – ich habe es auf meinem Instagram-Kanal nicht gelöscht.

Ich stammelte so etwas wie eine Begrüßung in mein Handy und führte meine Zuschauerinnen in das Thema Reels ein. Währenddessen kamen Kommentare und neue Zuschauerinnen hinzu. Ich versuchte, mich, so gut es ging, auf meinen Leitfaden zu konzentrieren. Mein Ziel war es, den Zuschauerinnen hilfreiche Inhalte zu liefern, doch das Herz schlug mir bis zum Hals. Fragen wie «Oh Mann, hoffentlich merkt keiner, wie nervös ich bin», «Warum tue ich mir das gerade an?» und

«Bringe ich das auch richtig und klar rüber?» schossen mir durch den Kopf.

Und dann passierte es: In der Kommentarleiste erschien ein Herz-Emoji. Aber es war nicht irgendein Herz-Emoji. Es stammte von einem Profil, das so aussah, als gehörte es zu dem Unternehmen, bei dem ich damals noch angestellt war. Jedoch hatte sich die Person nicht des echten Profils bedient, sondern eines Fake-Profils, bei dem die letzten Buchstaben verdreht waren.

Ab Minute 5:03 meines Videos könnt ihr bildlich nachverfolgen, wie mir das Herz in die Hose rutschte und ich einen starken Schweißausbruch bekam. Ich war also enttarnt. Obwohl ich meinen Vorgesetzten gegenüber immer offen kommuniziert hatte, was ich machte, hatte ich noch nicht mit meinen Kolleginnen darüber gesprochen. Die Angst vor den Blicken und möglichen abfälligen Kommentaren hinter meinem Rücken hatte mich bisher davon abgehalten. Ich wollte nicht, dass mein Traum von einem Leben, in dem alles möglich war, so früh bewertet wurde. Ich wollte mich von niemandem beurteilen lassen. Und plötzlich war dieser Wunsch durch ein simples Herz-Emoji in Gefahr. Ich saß also da, stotterte und versuchte, meine Gedanken zu sortieren: Sollte ich aufhören oder es durchziehen? Was würden die Kollegen sagen? Vor meinem inneren Auge sah ich den nächsten Arbeitstag ablaufen, und alles in mir verkrampfte sich.

Aufgeben?, fragte mein Kopf. Niemals!, antwortete mein Herz. Jetzt erst recht! Zeig ihnen, dass du verdammt noch mal Ahnung von dem hast, wofür sie dir jeden Monat ein Gehalt zahlen. Diese Show geht weiter!

Mit zitternder Stimme und wirren Gedanken führte ich mein Live Event zu Ende. Es war hart und weit entfernt von perfekt, aber ich tat es – für mich, für die Zukunft, für meine

Familie. In diesem Moment wurde mir eines klar: Ja, Olli, es wird geredet werden. Ja, Olli, du wirst beurteilt. Und ja, Olli, du kannst dich nicht mehr verstecken. Aber genau darum geht es! Gesehen zu werden, als relevant erachtet zu werden und gefunden zu werden – das ist Marketing! Und wenn ich anderen Frauen zeigen möchte, wie sie sich mit ihrer Mission sichtbar machen können, dann muss ich mit gutem Beispiel vorangehen. Egal, was dieser Schritt mit sich bringt!

Wie ich mich nach dem Live Event gefühlt habe? Mies, aber ich war auch erleichtert. Denn ich wusste: Jetzt ist es raus. Ob und wie es mit meinem Vorhaben weitergehen würde, habe ich mir damals gezeigt. Am nächsten Tag und auch in den Tagen darauf erwähnte niemand auf der Arbeit mit auch nur einem Wort meine Aktivitäten in den sozialen Medien, aber ich wusste, sie beobachteten mich jetzt. Hat mich dieses Gefühl, diese Angst, ja diese Scham gestoppt? Nein. Hat es mich beschäftigt? Und wie! Und zwar jedes Mal, wenn ich die Kamera einschaltete, sei es für Live Stories oder einfach nur für Posts. Aber die gute Nachricht: Mit jedem Mal wurde die Angst weniger.

Wenn ich heute ein Live Event mache, einen Workshop halte oder einen Podcast aufnehme, empfinde ich reine Freude. Sicher, ein bisschen aufgeregt bin ich immer noch, und das ist auch gut so. Aber es fühlt sich so viel normaler an als noch im Jahr 2020. Im Laufe der Zeit habe ich Methoden entwickelt, meine Angst vor der Kamera zu überwinden.

Vielleicht befindest du dich gerade an einem Punkt, an dem du den Wunsch hast, mit deinem Projekt an die Öffentlichkeit zu gehen. Und vielleicht gibt es auch in dir Zweifel, die dich bremsen. Vielleicht plagen dich Fragen wie: Was werden die anderen sagen, was, wenn sie über mich lachen? Was, wenn ich scheitere und mich blamiere?

Diese Gedanken kennen wir alle. Warum gibst du diesen anderen nicht einfach etwas, das sie in Staunen versetzt? Seit Urzeiten erzählen Menschen einander Geschichten am Lagerfeuer. Über Dinosaurier, andere Steinzeitmenschen usw. Über andere zu lachen, sagt mehr über die Person aus, die lacht, und nichts über dich. Wenn jemand sich über andere stellen muss, um den eigenen Selbstwert zu steigern, dann hat diese Person weit größere Probleme als dich und deine Sichtbarkeit.

Eines ist sicher: In dem Moment, in dem du etwas Neues wagst, werden viele zunächst irritiert sein und vielleicht sogar spöttisch reagieren. Doch das liegt nicht an deiner Person, sondern daran, dass du diesen Menschen durch dein Handeln einen Spiegel vorhältst. Du wagst etwas. Vorher hast du in einem System mit klaren Rollen funktioniert, und plötzlich veränderst du dieses System. Spoiler-Alarm: Menschen sind Gewohnheitstiere. Sie scheuen Veränderungen, sehnen sie aber auch herbei. Alle widersprüchlichen Gefühle, die damit einhergehen, wirst du auslösen, und bevor sich diese Menschen mit ihren eigenen Unzulänglichkeiten auseinandersetzen, machen sie sich lieber über andere lustig.

Ich weiß, dein Verstand sagt dir: «Es ist doch nichts dabei, mich in einer Story zu zeigen, einfach diesen einen Post zu schreiben.» Aber dein Herz und dein Körper zögern wahrscheinlich. Um dich bei deinen ersten Schritten zu unterstützen, teile ich meinen Leitfaden, mit dessen Hilfe du deine Gedanken neu bewerten kannst und in die eigene Kraft kommst. Dieser Leitfaden soll dir helfen, dich deiner Angst vor Sichtbarkeit zu stellen, sodass du dich vor der Kamera immer wohler fühlst – je öfter du sie einschaltest.

Training: Sichtbarkeits-Bootcamp

Schritt 1: Definiere dein Ziel

Wenn du überlegst, wie du dein nächstes Video, deine Story oder deinen Beitrag auf die Beine stellst, mache dir auch Gedanken darüber, was du erreichen willst. Wenn du dein Ziel kennst, wird dir dieses Wissen Sicherheit geben. Stelle dir selbst folgende Fragen, um diesem Ziel näher zu kommen:

Will ich meine Autorität demonstrieren?
Willst du dein Wissen teilen und dich als Go-to-Expertin etablieren? Willst du also zeigen, dass du richtig Ahnung hast von dem, was du tust, und dass die Leute zu dir kommen sollten, wenn es um das Thema in deinem Posting geht?

Will ich etwas verkaufen?
Willst du eines deiner Produkte an den Mann oder die Frau bringen? Also Menschen darauf aufmerksam machen, was du anzubieten hast?

Will ich mich nahbar zeigen?
Oder möchtest du deine Community einen Blick hinter die Kulissen werfen lassen und sie in dein Leben mitnehmen? Ganz in diesem Sinne: «Hey, checkt mal, so leb und tick ich!»

Je nachdem, welches Ziel du anvisierst, ändert sich auch der Inhalt, den du posten wirst. Wenn du dich als Expertin zeigen willst, teile Inhalte, die informativ und nützlich sind – Wissen, das nicht jeder hat.

Geht es dir darum, dein Produkt zu pushen, solltest du zeigen, was es so besonders macht, wie es den Alltag der Leute verbessern kann und warum sie jetzt sofort zuschlagen sollten. Testimonials oder besondere Angebote können hier hilfreich sein.

Wenn du mehr Nähe schaffen willst, dann sei du selbst. Zeig, wie du lebst und was dich bewegt, teile persönliche Stories. Auf diese Weise zeigst du dich menschlich, du wirst greifbar und baust eine Verbindung zu deiner Community auf.

Zu guter Letzt darfst du dich fragen, ob du auf neue Follower aus bist oder die Verbindung zu deiner bestehenden Community vertiefen willst. Wenn es dir um mehr Reichweite und das Wachstum deiner Followerzahlen geht, solltest du Content erstellen, der *shareable* ist – also Inhalte, die die Leute gerne teilen und die mit dir in Verbindung gebracht werden können.

Aber wenn du auf das *Nurturing* (Nähren) deiner Followerinnen aus bist, solltest du interaktiven Content bieten, durch den die Leute auf dich reagieren und mit dir in Kontakt treten können – das können zum Beispiel Umfragen, Q&As oder Diskussionsangebote sein. So werden Followerinnen zu echten Fans!

Schritt 2: Erstelle ein kurzes Skript und sorge für einen roten Faden

Bei der Erstellung von Inhalten, sei es eine Instagram Story, ein Livestream oder ein Podcast, ist es essenziell, sich gut vorzubereiten. Nur die wenigsten Menschen sind in der Lage, frei zu sprechen, ohne dabei vom Thema abzukommen. Daher kann es sehr hilfreich sein, vorab ein Skript zu erstellen oder zumindest die wichtigsten Stichpunkte festzuhalten. Alles, was du dazu benötigst, sind ein Stift und ein Blatt Papier, um das zu notieren, was du sagen möchtest. In meiner Arbeit hat sich der folgende Ablauf bewährt:

1. Bestimme die Kernbotschaft
Überlege dir im Vorfeld, was du kommunizieren möchtest. Was ist deine zentrale Botschaft?

2. Lege die Struktur fest
Selbst für kurze Inhalte solltest du eine klare Struktur vorbereiten – mit einer Einleitung, einem Hauptteil und einem Schluss entsteht ein zusammenhängender Ablauf.

3. Arbeite die wichtigen Punkte aus
Schreibe die Schlüsselaspekte auf, die du darlegen möchtest. Formuliere sie so, dass sie dir als klare Orientierungspunkte während deiner Präsentation dienen.

4. Formuliere die Übergänge aus
Erarbeite fließende Übergänge zwischen deinen Themen, um einen logischen und verständlichen Verlauf zu gewährleisten.

5. Füge Handlungsaufforderungen ein
Am Ende deines Contents solltest du deinem Publikum eine klare Aufforderung zum Handeln geben. Teile ihm mit, was es als Nächstes tun soll – ob es darum geht, einen Kommentar zu hinterlassen, deinen Beitrag zu teilen oder Kontakt mit dir aufzunehmen.

Wenn du dich an diese Schritte hältst, werden deine Ideen zu strukturierten und überzeugenden Inhalten, die bei deinem Publikum ankommen und Eindruck hinterlassen. Ein wenig Planung unterstützt dich dabei, professionell aufzutreten und deine Inhalte wirkungsvoll zu präsentieren.

Schritt 3: *Talk to only one person*

In den meisten Fällen schauen sich Menschen deine Inhalte alleine an – sei es im Bus, während der Mittagspause oder auf der Toilette. Deshalb verwende statt der weiteren Anrede «ihr» lieber das persönliche «Du». Dadurch sprichst du jede einzelne Person direkt an.

In einer Instagram Story, wo der Fokus auf der unmittelbaren und persönlichen Kommunikation mit Followern liegt, kann die Anrede «du» den Eindruck erwecken, dass die Nachricht speziell für diesen einen Betrachter gemacht ist. Das wirkt sich positiv auf das Engagement aus und erhöht die Wahrscheinlichkeit für Reaktionen auf deine Inhalte.

Im Social-Media-Kontext ist eine lockere, direkte Ansprache üblich. Nutzerinnen sind es gewohnt, direkt und informell angesprochen zu werden. Das «Du» passt zu dieser Tonalität und kann dazu beitragen, dass Betrachterinnen deine Botschaft als authentisch und freundlich wahrnehmen.

Marketingstudien zeigen, dass personalisiertes Marketing, das sich in einer Ansprache des Individuums manifestieren kann, die Effektivität von Werbebotschaften steigern kann. Dies liegt vor allem an der erhöhten Relevanz der Botschaft für das Individuum, wodurch wiederum die Aufmerksamkeit und das Engagement der Nutzenden erhöht werden.

Schritt 4: Sprich so, wie du mit einer Freundin sprechen würdest

Viele Menschen verkrampfen, sobald sie im Fokus der Kamera stehen. Sie verbergen sich dann hinter ihrem Fachwissen und sprechen ganz unnatürlich und roboterartig.

Dieses Phänomen zieht sich dann sogar durch Texte auf Webseiten oder E-Mails. Dabei ist es doch genau das, was du nicht willst. Du willst nicht in der Masse untergehen, sondern auffallen, indem du genau die Persönlichkeit zeigst, die du wirklich bist.

Es ist ganz natürlich, dass wir, sobald wir auf «Aufnahme» drücken oder Texte für eine Webseite oder E-Mail erstellen, manchmal dazu tendieren, in eine formellere, steife Rolle zu schlüpfen. Das passiert superleicht, weil wir meinen, das sei professionell. Aber hey, mal ehrlich: Das ist doch nicht die beste Weise, um wirklich in Verbindung zu treten und zu vermitteln, wer du bist. Es geht um Authentizität. Es geht darum, dich nicht zu verstecken, sondern deine echte Persönlichkeit durchscheinen zu lassen – mit all deinem Witz, deinen eigenartigen Wendungen und allem, was dich ausmacht. Klar strukturiert und kompetent sollte es schon sein, aber nicht auf Kosten von dem, was dich besonders macht.

Wenn Menschen mit dir interagieren, online oder offline, suchen sie etwas Echtes, etwas, an dem sie sich festhalten können. Etwas, das nicht klingt wie von einem anonymen Roboter, sondern von einer Person, die Gedanken und Gefühle hat und diese teilt. Wenn du so kommunizierst, wie du es auch in der Gegenwart einer guten Freundin tun würdest, dann bist du auf dem besten Weg, eine echte Verbindung herzustellen.

Und mal unter uns: Die stärksten Verbindungen sind doch die, die auf Ehrlichkeit basieren. Wenn du also das Schauspiel beendest und einfach du selbst bist, wirst du zwar vielleicht ein paar Leute verlieren, die nach etwas anderem suchen. Aber viel wichtiger ist, du wirst die Menschen anziehen, die an einem authentischen Austausch mit dir interessiert sind, die deine Werte teilen und die echtes Interesse daran haben, was du zu bieten hast.

Mit deinem eigenen Stil, deinem Humor und deiner individuellen Ausdrucksweise hebst du dich von den anderen ab. Und klar, nicht jeder wird das feiern, aber glaube mir, es ist gar nicht dein Ziel, allen zu gefallen. Du willst doch vor allem die Menschen anziehen, die auf einer zwischenmenschlichen Ebene zu dir passen, die dich für das, was du tust, respektieren und wertschätzen.

Hier ist eine Checkliste, die dir dabei hilft, authentisch sichtbar zu werden:

Instagram-Sichtbarkeits-Checkliste – mach dich unübersehbar!

Klare Feed-Gestaltung: Bring deinen einzigartigen Stil zum Ausdruck und halte den Feed einheitlich und ästhetisch ansprechend. ☐

Regelmäßige Posts: Setze auf Konstanz bei deinen Veröffentlichungen, um bei deiner Community präsent zu bleiben. ☐

ZPAW-Formel nutzen: Zeige Content, der Herz und Verstand deiner Community berührt – Zuhören, Persönlichkeit, Authentizität, Wertschöpfung. ☐

***Show up in Stories*:** Nutze die Dynamik von Stories, um täglich sichtbar zu sein und eine direkte Verbindung aufzubauen. ☐

Engagement fördern: Sei aktiv im Dialog. Antworte auf Kommentare und interagiere auf den Beiträgen anderer. ☐

Kontinuierliche Interaktion: Bleibe im Gespräch und vernetze dich stetig mit Gleichgesinnten auf der Plattform. ☐

Wenn du Social-Media-Marketing richtig machst, kann es dein Business nach vorne katapultieren, und ich rede hier von einem One-Way-Ticket zum Mond. Dein Social Media ist deine Bühne, und du gibst deiner Community die Eintrittskarte zu deiner ganz persönlichen Show. Du teilst deine Höhen und Tiefen, deine Visionen und Werte.

Wenn du dabei wirklich präsent bist, dein digitales Charisma versprühst und wertvollen Content teilst, verwandeln sich deine Follower – eine wilde Mischung aus Neugierigen und Skeptischen – in echte Fans. Ich spreche von den Leuten, die bei deiner nächsten Produktveröffentlichung Schlange stehen, die deine Posts teilen, als würden sie Provision dafür kassieren.

Das Besondere an deinen Fans ist, sie kaufen nicht nur deine Produkte oder buchen deine Dienste, sie schwärmen auch von dir und deinem Business – und glaub mir, das ist die Art von Marketing, die du nicht kaufen kannst: die unschätzbare Mund-zu-Mund-Propaganda.

Aber ich will ehrlich sein, es geht nicht nur um das Sammeln von High Fives und Herzchen auf dem Bildschirm. Es geht darum, diese digitale Popularität in echte Zahlen umzumünzen.

Das ist das nächste Level, und genau da tauchen wir im folgenden Kapitel noch tiefer ab.

Wie machst du deine Followerinnen nicht nur zu Fans, sondern zu langjährigen, treuen Kundinnen – die Art von Kundinnen, die dein Business am Laufen halten?

VERKAUFEN IM AUTOPILOTEN

Es war ein kalter Februarmorgen im Jahr 2022, der Tag, an dem mein altes Leben offiziell endete und mein neues als frischgebackene Unternehmerin begann. Während ich mit zittrigen Händen meinen Laptop aufklappte und die erste Verkaufs-E-Mail für meinen Kurs *Female Growth Academy* verfasste, schloss ich gedanklich mit dem Kapitel meiner alten Berufswelt ab. Meine Erwartungen für meinen ersten Verkauf? Himmelhoch! Businesscoaches, denen ich damals auf Instagram folgte, hatten mir mit ihren Posts vermittelt, der digitale Erfolg und die erste Million seien nur einen Klick entfernt, und mit den Adressen von über 300 Frauen auf der Warteliste, die sehnsüchtig meinen Onlinekurs erwarteten, spürte ich ein elektrisierendes Prickeln der Vorfreude.

An jenem 9. Februar 2022 hätte ich jedoch nicht weiter von jenem schnellen Erfolg entfernt sein können. Vier Tage hatte ich den Kurs zum Kauf geöffnet, und diese vier Tage fühlten sich an wie eine kleine Ewigkeit. Jeder Klick, jede Anmeldung glich zwar einem leise hörbaren Trommelwirbel, aber es war eben nicht die überall propagierte Million über Nacht.

Als der letzte Tag anbrach, starrte ich auf die finale Zahl: 31 verkaufte Kurse. Eine bescheidene Ernte im Vergleich zu den Träumen, die ich damals hegte.

Anstatt mich ins Bockshorn jagen zu lassen, blieb ich neugierig. Ich wollte wissen, woran es lag. Nach einiger Zeit des Nachdenkens fiel es mir wie Schuppen von den Augen: Meine Community war es gewohnt, täglich Impulse, Tipps und Tricks von mir zu erhalten – und zwar kostenlos! Ich hatte zwar eine treue Community aufgebaut, aber keine kaufbereite.

Von da an war meine Mission klar. Ich kniete mich hinein in die Kunst des Verkaufens, des Framings und des Kauf-Primings.

Was ich aus meiner ersten Verkaufserfahrung zog? Erfolg erringt man nicht durch einen Sprint, sondern durch einen Marathon – und zu lernen, wie man den richtigen Rhythmus findet, ist entscheidend, um diese Langstrecke zu bewältigen.

In diesem Kapitel nehme ich dich mit auf eine Reise hinter die Kulissen – zu den ungeschminkten Wahrheiten des Online-Business. Ich spreche über die Feinheiten des Verkaufs, das behutsame Weben einer Community, die bereit ist zu investieren, nicht nur ihre Zeit, sondern auch ihr Geld. Dich erwartet ein tiefer Einblick in die Kunst der Überzeugung. Ich stelle dir Strategien für den Aufbau echter Verbindungen vor und für das gute Timing von Verkaufsfenstern. Und ich komme gleich zur Sache: Es gibt drei wesentliche Elemente, auf die du dich konzentrieren solltest, um ein florierendes Online-Imperium zu erschaffen:

1. Produkte, die genau das beinhalten, was deine Zielgruppe braucht. Diese Produkte sind nicht nur ein Nice-to-have, sie sind jedes für sich ein Must-have.
2. Eine Marketingstrategie, die dich deutlich sichtbar macht und mit der du aus der Masse herausstichst.
3. Verkaufsfähigkeiten, die zu planbaren und zuverlässigen Umsätzen führen, damit deine Einkünfte nicht dem Zufall überlassen sind.

Wenn es ums Verkaufen geht, höre ich von meinen Kundinnen oft den Einwand: «Aber ich muss doch erst 10 000 Follower haben, bevor ich überhaupt etwas verkaufen kann, oder mindestens 1000 Personen in meiner E-Mail-Liste.»

Aber was nützen dir unzählige Follower, wenn du nicht in der Lage bist, soziale Medien wirkungsvoll für dein Geschäft zu nutzen? Wenn du nicht weißt, wie du verkaufen kannst, und mit deinen Angeboten nicht dieses berühmte «Das muss ich haben»-Gefühl weckst? Ein gelegentlicher Hinweis auf dein Angebot genügt in unserer schnelllebigen Welt nicht mehr.

Was willst *du* verkaufen? Welchen Mehrwert kannst *du* deinen Followerinnen bieten?

Dein Marketing und deine Kommunikation verfolgen genau ein Ziel: zu verkaufen. Wie du das effektiv umsetzen kannst, werde ich dir im Folgenden erklären, sodass du noch heute damit anfangen kannst, deine Produkte oder Dienstleistungen erfolgreich auf den Markt zu bringen. Aber bevor wir in die Tiefe gehen, lass uns zuerst über die vielleicht wichtigste Bedingung für erfolgreiches Verkaufen sprechen.

WAS DEIN FIRST DATE MIT VERKAUFEN ZU TUN HAT

Wenn ich heutzutage Instagram, TikTok oder sonst eine Social-Media-Plattform öffne, scheint es, als wollte mir überall jemand etwas verkaufen: Coaches, Influencerinnen, es spielt keine Rolle. Manche Apps ähneln inzwischen mehr einem Kaufhaus als einem sozialen Netzwerk. Aber hast du schon mal von Verkaufsgurus wie Brian Tracy oder Zig Ziglar gehört? Sie gelten als Legenden, wenn es um das Thema Verkaufen geht. Sie und viele andere Sales-Trainer lieben es, Verkaufen mit dem Daten zu vergleichen – und diese Analogie passt wie angegossen!

Der Vergleich von Verkaufen und Dating hebt die Gemeinsamkeiten der zwischenmenschlichen Dynamiken und der emotionalen Prozesse hervor, die bei beiden Begegnungen eine entscheidende Rolle spielen. Hier sind einige Gründe, warum diese Parallele so stimmig ist:

Der erste Eindruck

Wie bei einem ersten Date kann das initiale Aufeinandertreffen beim Verkaufen den weiteren Verlauf der Begegnung maßgeblich beeinflussen und darüber entscheiden, ob eine Beziehung – ob geschäftlicher oder persönlicher Natur – überhaupt entsteht.

Vertrauensbildung

In beiden Situationen, ob bei einem romantischen Dinner oder bei der Produktpräsentation, ist das Schmieden eines Vertrauensverhältnisses fundamental. Wer Vertrauen erwirbt, erhöht seine Chancen auf einen erfolgreichen Abschluss.

Das offene Ohr

In der Kommunikation gibt es kaum ein mächtigeres Werkzeug als das Zuhören. Diejenigen, die in der Lage sind, wirklich zuzuhören und auf ihr Gegenüber einzugehen, knüpfen festere Bande.

Austausch von Intimität

Ein ehrliches Gespräch und persönliche Informationen zu teilen, schafft Nähe. Dies ist sowohl beim Verkauf als auch bei romantischen Begegnungen ein entscheidender Baustein für das Gefühl, gesehen und wertgeschätzt zu werden.

Werte demonstrieren

Sowohl in der Geschäftswelt als auch bei der Partnerinnensuche geht es darum, die eigenen Werte zu demonstrieren, und darum, eine passende Ergänzung zu finden. Die Herausforderung liegt darin, die Gemeinsamkeiten zu entdecken, die eine Basis für weitere Annäherungen bieten.

Geduld und gutes Timing

Kein Verkauf und kein Date gedeiht unter Druck. Es gilt, den idealen Zeitpunkt zu erspüren und den Reifegrad eines Prozesses zu respektieren, statt voreilig zu handeln.

Den Deal besiegeln

Sei es die Entscheidung für eine Beziehung oder der Kaufentschluss: Der letzte Schritt verlangt Klarheit und geschickte Ermutigung, um den Sprung zu wagen.

Die Suche nach Beständigkeit

Ob in der Liebe oder im Verkauf – man ist nur selten auf der Jagd nach dem kurzfristigen Triumph; vielmehr erhoffen sich doch meist beide Parteien eine langfristige, wechselseitig bereichernde Partnerschaft.

Bewältigen von Rückschlägen

Ablehnung ist weder im Geschäft noch in der Liebe angenehm, doch sie bietet die Gelegenheit, zu lernen und sich weiterzuentwickeln. Okay, so weit, so gut. Wie kannst du dieses Mindset jetzt für dich und deine Verkaufsstrategie auf Instagram übertragen, fragst du dich? *Let me explain!*

Stell dir vor: Jede Interaktion mit deinen Followern ist wie ein kleines Date. Du willst beeindrucken, eine gute Zeit bieten und im Gedächtnis bleiben. Coolen Content rausballern und abwarten? Das allein wird es nicht tun. Weil's eben mehr braucht – Mehrwert.

Das Wort «Mehrwert» ist in aller Munde, aber was steckt wirklich dahinter? Ganz easy: Du bietest deinen Wunschkundinnen etwas, das sie anspricht und mit ihnen in Resonanz geht – neues Wissen, eine Portion Entertainment, Inspiration oder das «Das bin ja ich!»-Gefühl.

Denn genau wie im realen Leben, wo eine Person durch Taten und Worte überzeugt, verkauft sich auf Instagram dein Content durch Mehrwert – und das ist der Schlüssel zum Erfolg.

Stell dir deine Instagram-Strategie wie Verkaufsgespräche vor: Du willst deinem Gegenüber nicht nur etwas anpreisen, sondern einen echten Mehrwert bieten. Indem du Content erstellst, der deine Follower schlauer, glücklicher, inspirierter macht oder ihnen das Gefühl gibt, verstanden zu werden, schaffst du genau das.

Dieser strategische Ansatz nimmt die Daten und Erkenntnisse, die du aus jeder Interaktion sammelst – jeden Like, jeden Kommentar und jede Direktnachricht – und wandelt sie in eine Verkaufsstrategie um. Du lernst, was deine Follower wirklich wollen, was sie bewegt und bindet. Und mit diesem Wissen kannst du deinen Content so zuspitzen, dass er Aufmerksamkeit erregt und tatsächlich zum Verkauf führt. Wie das First-Date-Prinzip auf deine Instagram-Strategie angewendet werden kann, zeige ich dir hier.

Übrigens kannst du dieses Prinzip auch auf alle anderen Social-Media-Plattformen anwenden, dann eben angelehnt an deren Features.

Der erste Eindruck – dein Instagram-Feed

Dein Instagram-Feed ist deine digitale Visitenkarte. Hochwertige Bilder und ein einheitlicher Stil sind entscheidend, um beim ersten Besuch auf deinem Profil zu beeindrucken und Aufmerksamkeit zu erregen.

Vertrauensbildung – *Expertise first*

Die Qualität deines Contents und die Authentizität deiner Nachrichten sind entscheidend für die Vertrauensbildung. Nutze deinen Content, um Werte und Überzeugungen zu vermitteln, und interagiere ehrlich und konsequent in den Kommentaren und über Direct Messages.

Aktives Zuhören – Interagieren als Must-do

Achte darauf, Trends und Inhalte zu beobachten, die in deiner Branche oder bei deiner Zielgruppe gut ankommen. Reagiere auf Kommentare und sei offen für Feedback. Zeige, dass du die Bedürfnisse deiner Community verstehst und darauf eingehst.

Persönliche Verbindung – Nahbarkeit als Gamechanger

Nutze Instagram Stories, um einen Blick hinter die Kulissen zu gewähren und eine persönlichere Ebene zu erreichen. Teile Erfahrungen, Herausforderungen oder zelebriere kleine Meilensteine mit deiner Community, um eine engere Bindung zu schaffen.

Werte demonstrieren – zeig, wofür du stehst

Kommuniziere klar, wofür du und dein Angebot stehen. Nutze Instagram, um nicht nur Produkte, sondern eine Geschichte, eine Mission oder eine Philosophie zu teilen, die deine Community mit dir verbindet.

Geduld und Timing – Focus, Baby

Veröffentliche Inhalte zu Zeiten, wenn deine Zielgruppe am aktivsten ist, um die Sichtbarkeit und das Engagement zu maximieren. Geduld ist auch hier gefragt, da der Aufbau einer Community Zeit braucht.

Zum Abschluss kommen – die Einladung

Ein gut platzierter *Call to Action* (CTA) kann deine Followerinnen dazu ermutigen, den nächsten Schritt zu tun, sei es ein Klick auf den gesendeten Link, die Teilnahme an einem Workshop oder das Buchen eines 1:1-Coachings.

Langfristige Beziehung – gekommen, um zu bleiben

Biete kontinuierlich relevanten Content, der zum Bleiben einlädt und Follower langfristig an deine Marke bindet. Regelmäßige Interaktion und das Eingehen auf die Wünsche, Bedürfnisse und Herausforderungen deiner Community festigen die Kundinnenbeziehung.

Umgang mit Rückschlägen – es gibt kein Scheitern

Nicht jeder Post wird ein Hit sein. Analysiere, welche Inhalte gut ankommen, welche weniger und welche Angebote mehr gekauft werden – und passe deine Strategie entsprechend an. Achte darauf, lernbereit und flexibel zu bleiben.

Mit diesen Leitsätzen, die sich am First-Date-Prinzip orientieren, kannst du die Kunst des Verkaufens elegant in deine Instagram-Strategie integrieren und somit eine authentische Marke aufbauen, eine kaufbereite Community erschaffen und langfristig erfolgreich sein. Indem du dir diese Analogie zu Herzen nimmst, lernst du, Verkaufen als eine menschliche Interaktion zu verstehen, in der Beziehungsarbeit, gegenseitiges Verständnis und feinfühlige Überzeugungskraft im Vordergrund stehen.

VERKAUFST DU NOCH ODER SCHENKST DU SCHON?

Ich weiß noch, wie mies ich mich fühlte, als ich zum ersten Mal in meinen Stories aktiv auf mein Produkt hingewiesen habe. Ich teilte allen mit, dass die Türen für meinen Onlinekurs *Female Growth Academy* nun geöffnet seien und welche Ziele meine Followerinnen damit erreichen würden. Obwohl ich mithilfe meiner Strategien in rekordverdächtiger Zeit eine treue Community, beachtliche Sichtbarkeit und Reichweite aufgebaut hatte und zudem über zehn Jahre als Head of Social Media für namhafte Unternehmen gearbeitet hatte, fühlte ich mich wie eine Hochstaplerin. Tja, und da war sie wieder, diese hinterlistige Stimme, die mir ins Ohr hauchte: «Du bist nicht gut genug» und: «Hör auf, dich hier anzubiedern, das ist erbärmlich».

Ich möchte ehrlich sein. Es ging mir richtig schlecht, und ich stellte alles infrage: Sollte ich nicht lieber wieder in meinen Job zurück und da weitermachen, wo ich aufgehört hatte? So schlimm war das doch eigentlich gar nicht, und dreißig Urlaubstage waren jetzt auch nicht schlecht.

Unter uns: Es ist schon faszinierend, wie unser Gehirn uns in ungewohnten Momenten immer wieder zurück ins Wohlvertraute schicken möchte und wie angenehm das Vertraute erscheint im Gegensatz zum Ungewissen, wenn es auch noch so erfolgversprechend erscheinen mag.

Und dann passierte es: Schon am ersten Verkaufstag flatterten Nachrichten begeisterter Käuferinnen rein. Sie erzählten mir, wie sehr der Kurs ihnen schon geholfen habe und dass sie auf genau so eine Unterstützung gewartet hätten. Das traf mich mitten ins Herz. Mein lang gehegter Wunsch, Frauen auf ihrem Weg zu mehr Sichtbarkeit zu begleiten, erfüllte sich – und das alles nur durch einen einzigen Onlinekurs.

Plötzlich fiel es mir wie Schuppen von den Augen: Ich ging den Leuten mit meinem Verkaufsangebot nicht auf die Nerven, es gab Frauen, die meine Hilfe wirklich brauchten und überglücklich über ihre Investition waren.

Welche Lehre könntest du nun daraus mitnehmen? Verkaufen ist nicht nur ein netter Flirt am Marktstand, nein – es ist wie das sorgfältige Auswählen und Überreichen eines durchdachten Geschenks an den Menschen, den du dauerhaft an dich binden und mit dem Geschenk wertschätzen möchtest.

Zugegeben, mit Verkaufen assoziieren viele Menschen zuerst nichts Festliches. Da können sich schnell mal diese fiesen kleinen Glaubenssätze zu Wort melden, die uns zuflüstern: «Hey, du nervst doch nur damit» oder: «Wer will den Kram denn überhaupt?». Aber du bist doch kein Staubsaugervertreter aus den 50er-Jahren, der überteuerte Ware an die Frau bringen will.

Stell dir den Verkauf lieber wie einen Nikolaustag für Erwachsene vor. Du kommst nicht in roten Klamotten und mit einem Rauschebart (obwohl das auch witzig sein könnte), aber du hast etwas dabei, das die Augen deines Kunden zum Leuchten bringt. Du bist die Geschenkemeisterin, die weiß, worüber sich die Leute wirklich freuen.

Drehen wir den Spieß also um und packen die negativen Glaubenssätze mal schön in die Mottenkiste. Verkaufen? Das ist nicht nervig. Das ist verblüffend, erfreulich, überraschend! Wenn du verkaufst, bietest du deiner Kundin etwas Tolles: eine Lösung, eine Erleichterung, eine Freude. Du fragst nicht: «Wer kauft?», sondern du sagst: «Das hier wird dein Leben rocken!»

Es geht also darum, dein Produkt oder deine Dienstleistung so anzubieten, als würdest du jemandem dein Lieblingsbuch, das dein Leben verändert hat, in die Hand drücken. Das braucht Feingefühl, Klarheit, und ja, das braucht deine Liebe zum Produkt – und zu deinen Kunden. Denk wie eine Schenkende, die ihre Sache kennt und liebt – dann wirst du sehen, dass die Leute gar nicht genug davon bekommen können.

Lerne also, die Kunst des Gebens mit deinen Verkaufsskills zu kombinieren. Statt zu denken: «Uff, ich bin doch auch nur wieder jemand, der jemandem etwas verkaufen will ...», sieh es lieber so: «Wow, das ist genau das, was mein Gegenüber braucht!» So wird jede Verkaufsstory, jeder Post und jede E-Mail zur Bescherung und deine Kundinnen zu wiederkehrenden Happy Clients – natürlich im besten Sinne des Wortes.

Worauf ich hinauswill: Unsere Einstellung zum Verkaufen wird oft durch das beeinflusst, was wir von klein auf gelernt haben und was um uns herum als «normal» galt.

Ich erinnere mich noch an die Zeiten, die ich bei meinen Großeltern in Südfrankreich verbracht habe. Meine Geschwister und ich besuchten sie dort jeden Sommer, und ich habe heute noch den Geruch von Lavendel in der Nase, wenn ich daran zurückdenke.

Ich war zehn Jahre alt, als meine Großmutter mir einen Glaubenssatz einpflanzte, der mich lange ausbremste. Wir hatten in dem Sommer eine Freundin zu Besuch, Armandine hieß sie. Wir saßen gemeinsam im Wohnzimmer auf der Couch, und meine Großmutter bereitete uns Kindern gerade «Goûter» vor: eine Tartine mit Honig und Butter. Soweit ich weiß, nennt sich das auf Deutsch «Vesper», ein kleiner Nachmittagssnack, der die Zeit bis zum Abendrot versüßt.

Ich erinnere mich noch genau, wie Armandine einen Carambar aus ihrer Hosentasche zog – einen langen, klebrigen, süßen Karamellriegel in einer gelben Verpackung. Das Besondere daran waren die Witze auf der Innenseite der Verpackung, die, gerade weil sie so flach waren, doch wieder witzig waren: Was macht ein Clown im Büro? Faxen! Ich fand sie einfach toll. Ganz unbefangen fragte ich Armandine, ob ich auch einen haben dürfe. Und da fuhr es aus meiner Großmutter heraus: «Chérie, hör auf zu betteln! Lass sie in Ruhe ihren Carambar essen!»

Ich fühle noch heute, wie ich vor lauter Scham rot anlief und mich abgrundtief schämte. Betteln? Ich hatte also gebettelt? Das war der Moment, in dem sich in meinem Kopf der Glaubenssatz einbrannte: Du darfst nichts verlangen, das ist Betteln, das ist Belästigung.

Heute weiß ich, dass dieser Glaubenssatz völliger Schwachsinn ist, aber jahrelang hat er mich dazu gebracht, mich zurückzuhalten, zum Beispiel nie einen Nachschlag zu nehmen bei einem Essen mit Freunden, selbst dann nicht, wenn er mir angeboten wurde. Ich weiß auch, dass meine Großmutter es nicht böse meinte, sondern es ein Glaubenssatz war, den sie selbst von jemand anderem gelernt hatte.

Warum ich dir diese Geschichte erzähle? Um dir zu zeigen, dass du nicht allein bist, wenn man etwas von anderen verlangt oder ihnen etwas anbietet und dafür Geld verlangt, bei dem Gedanken ertappt, es könnte sich um Betteln handeln. Und ich möchte hiermit den Kreislauf durchbrechen. Für dich, deine Zukunft und für alle Menschen, mit denen du zusammenkommst – ob Kinder, Freundinnen, Familie oder Kunden.

Fange an, diese alten Denkweisen infrage zu stellen, die negativen Glaubenssätze, die dich runterziehen. Es ist an der Zeit, stolz auf dein Angebot zu sein. Stolz auf dein Angebot, dein Tun und deine Gabe – und etwas dafür zu verlangen, denn du verdienst es.

Statt den Verkauf als aufdringlich zu sehen und dein Licht unter den Scheffel zu stellen, bietest du mutig an, was du hast, und verstehst diesen Vorgang jetzt mehr als eine Form von Hilfe und Zuwendung für deine Community. Wenn du mit deinem Produkt jemandem das Leben leichter machst, ist es doch super, dieses Produkt selbstbewusst anzubieten und etwas dafür zu verlangen! Du zwingst niemandem etwas auf, du bettelst nicht, du tust anderen mit deinem Angebot etwas Gutes.

Klar, die eigene Denkweise zu ändern ist hart und braucht Zeit und Hingabe. Aber wenn du erst mal merkst, wie toll es ist, selbst zu entscheiden, wie du denkst und handelst – und wie das dein Business voranbringt –, wirst du dich viel besser fühlen.

Wenn wir es schaffen, hemmende Glaubenssätze abzulegen, helfen wir nicht nur unserem Business, sondern werden uns auch selbstsicherer und gelassener fühlen. Unsere Familie, Freunde und Kundinnen lernen von uns, dass es okay ist, nach dem zu fragen, was sie brauchen.

Denk daran: Jeder Verkauf kann das Leben einer anderen Person verbessern. Lass uns deshalb alte, hemmende Gedanken abschütteln und mit einer neuen, positiven Einstellung in den Verkauf starten. Bevor wir uns also dem praktischen Teil des Verkaufens widmen, hier deine kleine Aufgabe:

Training: Schluss mit dem Kopfkino – endlich aufgeräumt verkaufen

Stell dir vor, dein Kopf ist wie ein Dachboden voller alter Kartons, die bis zum Rand mit überholten Glaubenssätzen zum Thema Verkaufen gefüllt sind. Es ist an der Zeit, Platz zu schaffen für frische, positive Einstellungen. Denn genau wie auf einem vollgestopften Speicher kannst du Neues erst dann hinzufügen, wenn du das Alte aussortiert hast. Los geht's: Es wird Zeit für den mentalen Frühjahrsputz!

Schritt 1: Erkenne deine Glaubenssätze

Fang damit an, deine Glaubenssätze zum Thema Verkaufen zu identifizieren. Wann immer dir ein negativer Gedanke durch den Kopf schießt, halte kurz inne und notiere ihn – ob auf einem Stück Papier oder in deinem Handy. Schreib einfach auf, was du beim Gedanken an Verkaufen fühlst. Sätze wie «Ich bin zu aufdringlich», «Das Produkt ist eh zu teuer» oder «Die Kundinnen finden das sowieso doof» versauen dir deine Verkaufsparty, bevor sie überhaupt angefangen hat. In meinem Fall hatte sich der Glaubenssatz «Du darfst nichts verlangen, das ist betteln» in mein System eingebrannt. Dieser Satz zog sich durch mein gesamtes Leben: durch Gehaltsverhandlungen, wenn mich jemand zum Essen einladen wollte oder wenn es um ein weiteres Stück Kuchen bei Freunden am Geburtstagstisch ging.

Schritt 2: Hinterfrage deine Glaubenssätze

Jetzt, da du deine Zweifel aufgedeckt hast, schau sie dir genauer an. Sind sie überhaupt wahr? Nimm dir jeden einzelnen Satz vor und frage dich: «Gibt es Beweise, die diesen Satz stützen?» Meistens beruhen solche Glaubenssätze auf Ängsten und nicht auf Fakten. Also, verhör sie mal richtig: Woher kommen sie, und was wollen sie denn eigentlich von dir?

Es muss nicht unbedingt die Großmutter gewesen sein, wie bei mir, doch sind es oft genau solche kleinen Momente, die ein ganzes Leben bestimmen können.

Schritt 3: Schreibe deinen Glaubenssatz um

Nach dem Verhör nimmst du diese negativen Glaubenssätze und veränderst sie so, dass sie dich nicht länger hemmen. Mach aus einem «Keiner will das kaufen» zum Beispiel einen Satz wie «Ich zeige meinen Kunden, wie sie vom Kauf meines

Produktes profitieren können». Wenn die Angst anklopft und sagt: «Ich dränge mich auf», erwidere: «Ich teile meine Begeisterung für ein Produkt, das meinen Kundinnen wirklich helfen kann.» Das klingt doch gleich ganz anders, oder?

Meinen eingebrannten Glaubenssatz: «Du darfst nichts verlangen, das ist betteln», framte ich erfolgreich um in: «Ich bin es wert, mir zu nehmen, was ich brauche und was mir zusteht – und das ist nicht betteln, sondern ein selbstbewusstes Annehmen von Chancen und Möglichkeiten.»

Schritt 4: Sammle Beweise, um deine neuen Glaubenssätze zu stärken

Um deine neuen, positiven Glaubenssätze zu stärken, suche nach Beispielen aus deinem Leben, die sie untermauern können. Gab es nicht diesen einen Kunden, Follower, diese eine Freundin oder Bekannte, der oder die dank deiner Hilfe Glück erfahren hat? Und erinnerst du dich an das Kompliment für deine ehrliche Beratung? Bingo! Das sind die Beweise, die du brauchst. Schreibe diese Beispiele zusammen mit deinem neuen positiven Glaubenssatz auf und hole diese Beweise hervor, wann immer du sie brauchst.

Übrigens: Dank meines neu geframten Glaubenssatzes hältst du heute dieses Buch in der Hand. Denn durch das Auflösen dieser Gedanken habe ich überhaupt erst den Mut gefunden, mein Konzept und meine Idee dem Rowohlt Verlag vorzustellen. Du siehst: Diese Glaubenssatz-Arbeit lohnt sich!

Werfen wir einen Blick zurück auf den Vergleich zwischen Verkauf, Dating und Schenken. Er illustriert, dass Verkaufen eine zutiefst menschliche Interaktion ist. Wie bei jedem Thema in diesem Buch ist es auch für den Verkauf essenziell, eine Verbindung aufzubauen, Erwartungen vielleicht sogar zu übertreffen und letztlich die Befriedigung zu verspüren, jemandem etwas von Wert gegeben zu haben. Mit diesem Paradigmenwechsel erscheint der Verkauf nicht mehr als unangenehme Pflicht, sondern als Gelegenheit, die Lebens- und Arbeitswelt deiner Kunden zu bereichern.

Wenn du eines aus diesem Kapitel mitnimmst, dann hoffentlich, dass die Auseinandersetzung mit negativen Glaubenssätzen ganz zentral ist für deinen Verkaufserfolg. Sie sind jene gedanklichen Barrieren, die dich daran hindern, dein volles Potenzial zu entfalten. Durch das methodische Erkennen, Infragestellen und Umschreiben dieser negativen Gedanken kannst du deine mentale Landschaft neu gestalten – eine Landschaft, die geprägt ist von Zuversicht und Tatendrang.

Es ist mein aufrichtiger Wunsch, dass du die hier gewonnenen Erkenntnisse nutzt, um deine Verkaufspower zu transformieren. Mögest du mit einer Motivation, die fest in positiven Überzeugungen verankert ist, voranschreiten. Das Werkzeug der Selbstreflexion und die veränderten Glaubenssätze sind deine treuen Begleiterinnen auf diesem Weg. Ich ermutige dich, mit Leidenschaft zu handeln, mit Integrität zu beraten und jede Verkaufsgelegenheit als Bühne für hervorragende Leistungen zu sehen. Jeder Tag birgt neue Herausforderungen, doch auch unzählige Chancen. Feiere jede einzelne deiner Erfolgsgeschichten, denn sie sind die wahren Meilensteine deines digitalen Imperiums.

DIE GEHEIMNISSE DER VERKAUFSPSYCHOLOGIE

Stellen wir uns einer ganz simplen, wenn auch ein wenig provokanten Wahrheit: Tief drinnen sind wir Menschen ein bisschen egozentrisch unterwegs. Klingt erst mal nach einem fiesen Vorwurf, aber im Grunde ist es nur ein Fakt. Jede Entscheidung, die wir treffen, jeder Klick, den wir tätigen – im Großen und Ganzen sind wir alle darauf programmiert, unsere eigenen Bedürfnisse zu erfüllen. Selbst wenn wir etwas Gutes für andere tun, kraulen wir damit doch irgendwie auch unser eigenes Ego. Und das ist okay so; das gehört zu unserer menschlichen Grundausstattung.

Wenn du dir als Verkäuferin die menschliche Psychologie zunutze machen willst, ist es wichtig, diese Erkenntnis zu verinnerlichen. Denk mal daran, wie es war, als du zuletzt online nach etwas gesucht hast. Du hast doch bestimmt nach dem besten Deal gesucht, oder? Deine Kundin interessiert sich besonders dafür, was dein Angebot für sie bereithält, was sie davon hat. Und genau hier kommt die «Whid»-Formel zum Tragen: «*What's in it for me?*» Auf gut Deutsch: «Was springt für mich dabei heraus?»

All unser Tun beruht hauptsächlich auf zwei sehr ehrlichen Motivationen: Schmerz vermeiden und Wohlgefühl erlangen. Wir verabscheuen es, den Kürzeren zu ziehen, und ein Verlust kann uns hart treffen, er greift viel tiefer, als es beispielsweise die Freude über einen Gewinn vermag. Psychologen nennen das «Verlustaversion».

Jetzt stell dir vor, du planst deine nächste Marketingkampagne und möchtest dieses psychologische Wissen mit in deine Überlegungen einbeziehen. Welcher Satz, denkst du, zieht eher: «Schnapp dir diesen exklusiven Bonus!» oder:

«Verpass nicht die einmalige Chance auf ...»? Genau, der zweite Satz packt uns irgendwie mehr, weil er suggeriert, dass uns möglicherweise etwas entgehen könnte.

Aber da fängt der Spaß erst an: Denn wir Menschen haben nicht nur einen Bereich im Gehirn, den wir ansprechen können, sondern gleich drei: Hirnstamm, limbisches System und Neokortex. Der Hirnstamm ist unser alter, instinktiver Kumpel. Der sorgt dafür, dass wir bei knalligen Farben oder einem lauten Geräusch mal kurz hochschrecken und hinsehen. Wenn es emotional wird, kommt das limbische System ins Spiel – hier sitzen Angst, Freude und die anderen ganz großen Gefühle. Und zu guter Letzt der Neokortex, unser Mr Rational: der ständig überlegt und abwägt, sich die ganze Energie aber ehrlich gesagt auch gerne mal spart und die Kaufentscheidung an die impulsiveren Bereiche des Gehirns delegiert.

Wenn du als Verkäuferin mit Psychologie Erfolg haben willst, solltest du dieses Trio klug ansprechen. Deine Botschaft sollte nicht nur Hand und Fuß haben, um Mr Rational zu erreichen, sondern du solltest auch die richtigen emotionalen Knöpfe drücken, denn darüber freut sich das limbische System deiner Käuferinnen. Ein bisschen Farbe, Knalleffekte und Bühnenzauber lassen den Hirnstamm aufmerken.

Auf den nächsten Seiten tauchen wir tiefer ein in die Kunst, all diese Gehirnebenen gleichzeitig zu begeistern, und erörtern, was das konkret für deine Verkaufsstrategie bedeutet. Aber Achtung: So hilfreich das Verständnis über die Psychologie des Menschen im Verkauf auch sein mag, agiere immer ethisch und in voller Achtung der menschlichen Natur. Indem wir ein Bewusstsein dafür entwickeln, wie unsere Gehirnareale funktionieren, können wir Angebot und Nachfrage in einer Weise verbinden, die kundenseitig als bereichernd und hilfreich empfunden wird. Und ja: Verkaufen ist toll, aber es sollte niemals auf Kosten der Wahrheit oder mithilfe manipulativer Tricks geschehen. In der Welt der Verkaufspsychologie, vor allem bei uns in der Coaching- und Trainingsbranche, gilt als goldene Regel Nummer eins, unsere Kundschaft niemals in die Irre zu führen.

Stattdessen setzen wir auf das Reale, das Echte – auf Kommunikation, die von Herzen kommt und dein Gegenüber dort abholt, wo es gerade steht. Wir präsentieren unsere Services und Produkte klar und deutlich, ohne das Kleingedruckte zu verstecken oder auf Druckmittel zurückzugreifen. Vielmehr geht es uns darum, einen Mehrwert zu schaffen, Lösungen aufzuzeigen und eine Entscheidung zu ermöglichen, die sich für unsere Kunden richtig anfühlt.

Wenn wir also gleich in die Methoden und Techniken der Verkaufspsychologie eintauchen, vergiss nicht: Der richtige Weg ist immer der, der ehrenhaft, transparent und im besten Interesse unserer Kundinnen ist. Nur so kannst du etwas bewirken, das wirklich Bestand hat und dich selbst und deine Kunden langfristig zufrieden macht.

Unser Ziel ist es nicht, kurzfristige Aufmerksamkeit zu erhaschen oder impulsgesteuerte Käufe zu provozieren, sondern langfristige Beziehungen zu schmieden. Beziehungen, in denen die Kundinnen sich verstanden und wertgeschätzt fühlen und in denen die Entscheidungen, die sie treffen, ihre eigenen Überzeugungen und Interessen widerspiegeln.

Tauche also mit mir ein in meine persönlichen Top fünf der spannenden Strategien aus der Verkaufspsychologie und entdecke, wie du auf ethische Weise wirkungsvoll kommunizieren kannst.

Strategie 1: *Social Proof*

Albert Bandura, ein berühmter Psychologe, legte mit seiner sozialkognitiven Theorie den Grundstein, um zu verstehen, wie Menschen durch Beobachtung lernen und wie das Verhalten anderer unsere eigenen Entscheidungen beeinflusst.

Er hat mit seinen Studien in den späten 1960er-Jahren erkannt, dass wir Menschen dazu neigen nachzuahmen, was andere uns vormachen, besonders wenn wir noch unschlüssig sind: Wenn zum Beispiel unsere Freunde alle schwärmen, dass das neue Café in der Stadt der absolute Hammer ist, dann denken wir uns bald: «Da muss ich auch mal hin.»

Übertragen auf dein Business heißt das: Teile mit anderen, dass deine Kundinnen bei dir Erfolge erzielen, dass sie glücklich sind, diesen Schritt mit dir gegangen zu sein.

Für Coachinnen, Trainerinnen und Beraterinnen auf Social Media ist dieses Vorgehen Gold wert. Durch das Teilen von Testimonials, Erfolgsgeschichten oder Bewertungen signalisierst du potenziellen Kunden, dass dein Angebot wirkt und dass andere Menschen bereits davon profitiert haben. Hier folgen ein paar Beispiele, wie du *Social Proof* klug und ethisch für dein Online-Business nutzen kannst:

Video-Testimonials

Nimm kurze Videos auf, in denen deine Kundinnen über ihre Erfahrungen und Ergebnisse sprechen. Das ist viel wirkungsvoller, als wenn nur du alleine über deine Dienstleistung sprichst.

Erfolgsgeschichten

Erzähle Geschichten von Menschen, die durch deine Arbeit einen Wandel erlebt haben. Das schafft eine narrative Form des *Social Proofs*, die emotional ansprechend und überzeugend ist.

Bewertungen und Rezensionen

Ermutige zufriedene Kunden, Bewertungen auf deiner Webseite oder Social-Media-Seite zu hinterlassen. Diese öffentlichen Zeugnisse sind glaubwürdige Signale für Interessenten.

Soziale Zähler

Teile, wie viele Personen einen Kurs von dir abgeschlossen haben oder wie oft dein eBook heruntergeladen wurde. Diese «sozialen Zähler» vermitteln einen sofortigen Eindruck von der Beliebtheit und Akzeptanz deines Angebots.

Media Features

Wenn du in Blogs, Podcasts oder Magazinen erwähnt oder gefeaturt wirst, teile diese Berichterstattung! Presse und Medienpräsenz können als starker sozialer Beweis dienen.

Die Nutzung von *Social Proof* baut auf Ehrlichkeit und Authentizität. Es geht nicht darum, Geschichten zu erfinden oder irreführende Informationen zu teilen. Es ist essenziell, dass alle Testimonials tatsächlich deine Kunden sind und alle Geschichten von Personen handeln, die deine Dienstleistungen auch wirklich zu ihrer Zufriedenheit genutzt haben. Nur das schafft Vertrauen und sichert deine Reputation als vertrauenswürdige Coachin oder Trainerin.

Strategie 2: *Sympathy wins! Always!*

Der Psychologieprofessor Robert Cialdini hat im Jahr 2001 gesagt: «People like to say yes to those they like.» Und damit hat er den Nagel voll auf den Kopf getroffen. Im Klartext: Wenn du rüberkommst wie die personifizierte gute Laune und eine echte Verbindung zu Menschen aufbauen kannst, dann stehen die Chancen gut, dass sie dir vertrauen und auch etwas abkaufen werden.

Wie machen wir das? Zuerst über dein persönliches Branding. Zeig, wer du bist - auch die Ecken und Kanten - das Menschliche eben. Genau so baust du eine Verbindung zu anderen auf.

Darüber hinaus sollten deine Inhalte so gestaltet sein, dass die Leute zu jeder Zeit wissen, woran sie bei dir sind. Ob du nun Tipps gibst, deine persönliche Story teilst oder einfach nur unterhaltsam bist - bleib am Ball, poste regelmäßig und vorhersehbar. So baut sich eine Erwartungshaltung auf, und wenn diese verlässlich erfüllt wird, fühlen sich die Menschen bei dir wohl.

Und jetzt noch ein paar Worte zur Interaktion: Wenn jemand einen Kommentar hinterlässt, dann zeig dieser Person Liebe und schreibe zurück. Starte eine Umfrage in deinen Stories, sodass deine Community sich einbringen kann. Je besser es dir gelingt, allen das Gefühl zu geben, mit an Bord zu sein, desto verbundener wird sich deine Community fühlen und ist damit auch wahrscheinlicher ready, für Services und Produkte zu zahlen. Hier einige Beispiele, wie du für Sympathien werben kannst:

Instagram Lives

Starte eine Live-Session, in der du Fragen in Echtzeit beantwortest, und lade deine Community ein, Teil deiner Welt zu sein. Das schafft Nähe und bringt dir Sympathiepunkte ein.

Konsistenter Content

Poste regelmäßig Posts, die deine Persönlichkeit widerspiegeln. Das können inspirierende Zitate sein, die dich selbst berühren, oder auch Updates aus deinem Alltag. Am Leben anderer teilzuhaben, befriedigt unser Bedürfnis, Teil einer Gruppe zu sein, und packt uns bei unserer sozialen Ader.

Engagement zeigen

Interagiere aufmerksam und authentisch mit deiner Community. Ob über Kommentare, Nachrichten oder Mentions – je mehr du dich einbringst, desto sympathischer wirkst du.

Denk dran, Sympathie ist wie ein unsichtbares Band zwischen dir und deiner Kundschaft. Und je stärker dieses Band, desto besser läuft dein Business und das ganze Drumherum.

Strategie 3: Prinzip der Reziprozität

Robert Cialdini hat es in seinem Buch *Influence: The Psychology of Persuasion* auf den Punkt gebracht: Wir Menschen haben so eine Art eingebauten Fairness-Check. Jemand tut was Nettes für uns, und ZACK! – wollen wir dieser Person etwas Nettes zurückgeben.

Wenn du als Coachin, Trainerin oder Beraterin Wert auf Freundlichkeit legst, darauf, Menschen etwas Gutes zu tun, ohne direkt die Hand aufzuhalten, dann pflanzt du einen kleinen Samen der Dankbarkeit. Wichtig: Wirke diese Akte der Großzügigkeit aus Überzeugung, nicht aus Gründen des Kalküls – das bringt rein gar nichts.

Du könntest zum Beispiel einen Newsletter versenden, für den du sorgfältig ein paar Goldstücke aus deinem Wissensschatz gepflückt hast, um diese unentgeltlich zu teilen. Oder du bietest eine Q&A-Session auf Instagram an, beantwortest Fragen und unterstützt deine Community mit deinem Knowhow – all das *for free*.

Das sind weitere Möglichkeiten, dein Wissen großzügig zu teilen:

Wissens-Snacks

Du postest regelmäßig kleine Appetithäppchen deines Fachwissens, zum Beispiel Tipps zur Selbstfürsorge, zum Zeitmanagement oder zur Persönlichkeitsentwicklung. So baust du deine *Street Credibility* auf.

0 €-Live-Trainings/Workshops/Masterclasses

Biete einen unentgeltlichen Workshop an, der echten Mehrwert liefert. Auf diese Weise bekommt deine Community einen Vorgeschmack auf deine Arbeit, und sie wird wertschätzend auf deine Großzügigkeit reagieren – zum Beispiel durch Interaktionen und Empfehlungen – und das kann wiederum später zu Buchungen führen.

Probezeit fürs Coaching

Gibt es etwas Besseres als einen unentgeltlichen Probezeitraum? Wohl kaum. Gib deinen Followerinnen die Chance, dich und deine Methoden kennenzulernen, ohne dass sie gleich das Portemonnaie zücken müssen.

Das Ganze ist eine Sache von Geben und Nehmen – und die ethische Leitlinie ist, dass du wirklich mit der Absicht gibst zu helfen, statt nur, um Profit zu machen. Wenn es dann an der Zeit ist und du deine Produkte vorstellst, werden deine Follower deine Freundlichkeit gern erwidern. Also fass dir ein Herz. Leiste uneigennützig etwas von Wert. Du wirst sehen, Fairness und Großzügigkeit machen sich auf Dauer bezahlt.

Strategie 4: Autorität

Stanley Milgram zeigte in den 1960er-Jahren mit seinen Studien, dass Autoritäten einen starken Einfluss auf das Verhalten von Menschen haben. Was bedeutet das für uns Coachinnen?

Als Coachinnen sollten wir unsere Expertise und unsere Qualifikationen selbstbewusst kommunizieren, um bei unseren Kundinnen und Followern als glaubwürdige Autorität auf unserem Fachgebiet anerkannt zu werden. Wenn eine in unseren Augen qualifizierte Person etwas über ihren Fachbereich äußert, dann sind wir viel eher bereit, dem Gesagten Folge zu leisten. Menschen suchen nach Führung und Expertinnenwissen, gerade in Dingen, in denen sie sich nicht so gut auskennen. Für dich als Coachin heißt das: Pack deine Qualifikationen auf den Tisch, lege offen, was du kannst, und erzähle, was du schon alles geleistet hast. Mach deine Ausbildung sichtbar: Hast du einen Haufen Zertifikate oder eine Megaausbildung hinter dir? Prima, zeig all das her. Droppe einen Blogpost, in dem du deine Reise teilst – von der Anfängerin bis zur Expertin –, und pack ruhig ein paar Bilder von deinen Diplomen dazu.

Schauen wir uns an, wie du das alles rüberbringen kannst, ohne dass es angeberisch wirkt:

Erfolge feiern

Hat eine deiner Kundinnen durch dein Coaching schon krassen Erfolg gehabt? Hast du einem Kunden zum Durchbruch verholfen? Erzähl davon, aber richte den Blick dabei immer auf die gemeinsame Arbeit und darauf, dass ihr ein gutes Team wart. So feierst du nicht nur dich, sondern auch die Menschen, die es mit deiner Hilfe geschafft haben.

Know-how zeigen

Ob auf LinkedIn, Twitter oder deinem Blog – teile dein Fachwissen. Schreib eine knackige Analyse zu den neuesten Entwicklungen auf deinem Feld oder teile Tipps, die von deinem Insiderwissen zeugen.

Storytelling nutzen

Geschichten wirken Wunder, wenn es dir darum geht, deine Autorität zu stärken. Erzähl mal, wie es war, als du dein erstes großes Event gegeben hast oder wie du den Spagat zwischen Beruf und Familie managst. Solche persönlichen Insights zeigen: Du hast nicht nur das Wissen, du lebst auch danach.

Interviews und Media Features

Nichts ist so beeindruckend wie ein Feature in einer Zeitschrift oder in einem Podcast. Wenn du woanders auftauchst und dein Expertinnentum teilst, dann schnallt die Welt: Aha, da ist jemand, der wirklich etwas zu sagen hat.

Die Devise lautet: Bleib bei der Wahrheit. Es gibt nichts Schlimmeres als aufgeblasene Titel oder so zu tun, als hättest du eine Expertise, die du in Wirklichkeit gar nicht hast. Also, pack dein echtes Ich aus, mit all deinen Skills und Erfahrungen, und zeig den Leuten, dass du was draufhast. Dann klappt es auch mit der Autorität, und die Menschen kommen zu dir, weil sie merken: Das ist keine heiße Luft, sondern echtes Know-how.

Strategie 5: Storytelling oder die Macht einer guten Geschichte

Storytelling ist die Kunst, eine Geschichte mit einem klaren Anfang, einer Mitte und einem Ende zu erzählen, um eine Nachricht bestmöglich zu übermitteln. In der heutigen digital geprägten Welt, insbesondere auf Social-Media-Plattformen, hat sich Storytelling als mächtiges Instrument etabliert, um Marken, Produkte und Dienstleistungen auf ansprechende und einprägsame Weise zu präsentieren. Die Forschung von Green und Brock macht klar: Eine gute Story zieht Leute in ihren Bann und kann ihre Sicht auf die Welt ändern.

Im Storytelling für dein Online-Business geht es darum, für deine Kunden Aha-Momente zu kreieren, durch die sie sich mit dir und deiner Geschichte verbinden können. Sie mögen dann etwas denken wie: «Wow, das ist ja wie bei mir!», oder: «Das möchte ich auch erreichen!»

Hier teile ich erste Impulse, wie du die Kraft von Storytelling für dich entfachen kannst.

Eigene Erfahrungen

Du teilst deine Hochs und Tiefs und zeigst, dass du auch nur ein Mensch bist. Du zeigst dich nahbar und glaubwürdig, denn du predigst nicht nur, du gehst den Weg selbst. Hier eignen sich die Brand Stories sehr gut, die du schon in Kapitel zwei erarbeitet hast.

Success Stories

Wenn du Stories von Leuten erzählst, denen du geholfen hast, dann sorgst du für diese «Das könnte ich sein»-Vibes. Das ist echtes Storytelling-Gold. Solche Geschichten vermitteln, dass dein Angebot auf das Leben deiner Kundinnen einen positiven Impact hat.

Bilder als Geschichten

Ein starkes Bild oder ein kurzes Video sagt manchmal mehr als tausend Worte. Nutze dieses Wissen, um deine Geschichten visuell zum Leben zu erwecken.

Case Studies

Erzähle von Fällen, in denen du ein konkretes Problem gelöst hast. Das gibt einen tollen Einblick in deine Arbeitsweise und kann megainspirierend sein.

Als ich Anfang 2022 meinen Account-Namen von *Female Social Media Club* zu @oliviagrimaud änderte, verlor ich innerhalb von drei Monaten fast 1400 Followerinnen. Glaub mir, das machte was mit mir, schließlich habe ich viel Herzblut in meine Community gesteckt.

Zu sehen, dass viele Menschen aus dieser Community plötzlich nicht mehr interessiert waren, weil ich mit meinem Namen für meine Sache einstand, das traf mich.

Ich stand vor der Wahl: mich selbst bemitleiden und sauer sein – oder eben nicht. Ich entschied mich für Letzteres und krönte es mit aufstehen, Krone richten und Schwert ziehen. Ich entwickelte eine Interaktions- und Content-Strategie, die das Ausbluten meines Kanals stoppte und meine Verbindung zur bestehenden Community stärkte. Indem ich meine Strategie mit meiner Community teilte, ermutigte ich mich in meinem Tun, stärkte unsere Verbindung und gab meinen Followerinnen Werkzeuge an die Hand, um wiederum selbst eine aktive und treue Community aufzubauen.

Ich begann damals also, meine Geschichte zu erzählen – und mit diesem Storytelling gab ich meiner Marke eine Stimme. Mithilfe von Geschichten baust du eine Brücke zu deinen Followern und führst ihnen ihre eigenen Möglichkeiten vor Augen. Oder warum fiebern wir mit Charakteren aus Serien wie «Sex and the City», «Friends» oder auch dem «Tatort» mit? Weil wir in ihnen entweder Facetten unseres eigenen Seins oder unserer sozialen Zirkel erkennen oder weil sie uns Vorbilder sind, an denen wir uns orientieren.

Dieses Phänomen gilt auch für die Welt der sozialen Medien: Die Menschen, die uns ähneln oder die wir als ähnlich empfinden, denen schenken wir eher unser Vertrauen – und sind somit auch eher bereit, von ihnen eine Idee oder Leistung anzunehmen. Denn Emotionen, die eine gut erzählte Geschichte in uns hervorrufen kann, befördern eine enge Bindung.

Wenn es dein Ziel ist, Menschen zu erreichen, eine Beziehung aufzubauen und ihnen ein wirklich hilfreiches Produkt zu verkaufen, sind Emotionen der Dreh- und Angelpunkt dafür. Der Bestsellerautor Anthony Robbins bringt das auf den Punkt: «Emotion leads to Motion.» Dieser Satz birgt nicht nur eine biologisch-physiologische Wahrheit, sondern betont auch, wie wichtig Gefühle sind, damit wir ins Handeln kommen.

Daten und Zahlen sollten Teil deiner Erfolgsstorys sein, aber ohne eine mitreißende Story gehen sie leicht unter: *Facts tell – Stories sell.*

So empfehlen beispielsweise auch Gedächtnistrainerinnen, Fakten in eine Geschichte zu integrieren, damit man sich später besser an sie erinnern kann. Geschichten erzeugen Bilder im Kopf und rufen Emotionen hervor, und beides trägt dazu bei, dass uns Informationen länger im Gedächtnis bleiben.

Damit du zur *Queen of Storytelling* wirst, habe ich eine detaillierte Anleitung für dich, wie du Schritt für Schritt eine unvergessliche Erzählung kreieren kannst: Du findest zur Veranschaulichung das Beispiel aus der Sicht der Fitnesstrainerin für Mütter, die über den Erfolg einer Kundin berichtet, über deren Ausgangssituation und wie sie ihre Schwächen überwunden hat.

Training: How to Storytelling

Schritt 1: Setze dir ein klares Ziel

Überlege dir zuerst, was du mit deiner Geschichte erreichen möchtest. Willst du, dass deine Zuhörerin etwas Bestimmtes lernt, eine Entscheidung trifft oder ins Handeln kommt? Diese Einordnung hilft dir, den Inhalt deiner Geschichte auf dieses Ziel abzustimmen. Du könntest beispielsweise mit deiner Geschichte die Absicht verfolgen, deine Zuschauerinnen zu motivieren, für ihre Träume einzustehen.

Beispiel: Es könnte das Ziel der Fitnesstrainerin sein, Müttern zu zeigen, dass sie nicht zwischen Familie und persönlichem Wohlbefinden wählen müssen, sondern beides haben können.

Umsetzung: Die Fitnesstrainerin berichtet in ihrem Content über Claudia, die im Angesicht von Kind, Windeln und Hausarbeit schon fast die weiße Fahne schwingen wollte. Durch eine Instagram Story der Trainerin entdeckte Claudia den Kurs *Mommy Fitness Magic* und sah, wie er andere Mütter verwandelte. Claudia schwor sich: «Wenn die das können, dann kann ich das auch!» Die Fitnesstrainerin legt den Fokus in dieser Erzählung auf das Ergebnis, dass sich Claudia wieder fit und wohl im eigenen Körper fühlen wollte und das auch geschafft hat.

Schritt 2: Vermittle hilfreiche Erkenntnisse

Denke darüber nach, welche Einsichten oder Werte in deiner Geschichte zum Vorschein kommen sollen. Menschen fühlen sich zu Geschichten hingezogen, die echte Werte in sich tragen, weil sie sich mit diesen identifizieren können.

Stelle dir vor, deine Hauptfigur muss eine entscheidende Hürde überwinden und zeigt dabei große Tapferkeit – das könnte deinen Kunden Mut verleihen und sie dazu veranlassen, ebenfalls eine Hürde anzugehen, die sie schon lange überwinden wollten – vielleicht mit deiner Hilfe?

Beispiel: Unsere Fitnesstrainerin verfolgt den Wert, dass Selbstfürsorge nicht egoistisch ist, sondern essenziell für das eigene Glück und das Wohl der Familie.

Umsetzung: Die Fitnesstrainerin erzählt, dass Claudia sich nach einigen Wochen im Kurs nicht nur stärker und gesünder fühlt, sie ist auch geduldiger mit ihren Kindern und inspiriert sie, aktiv zu sein. In ihren Stories hebt die Trainerin hervor, dass nicht nur Claudia Fortschritte macht, sondern auch die ganze Familie profitiert.

Schritt 3: Packe Fakten in Geschichten

Wähle sorgfältig die Fakten und Argumente aus, die du in deiner Story unterbringen willst. Informationen über eine Geschichte zu vermitteln, macht diese fassbarer und verständlicher, gerade wenn es sich um komplexe Themen handelt.

Beispiel: Die Fitnesstrainerin möchte vermitteln, dass es wissenschaftlich erwiesen ist, dass regelmäßiges Training die psychische und physische Gesundheit entscheidend verbessern kann.

Umsetzung: In ihren Stories erzählt sie, dass Claudia spürt, dass das Workout Stress abbaut, ganz wie Studien es belegen, und wie sie den ultimativen Mama-Move meistert: Kniebeugen mit Baby im Arm. Claudia wird zur Fitnessinformantin und teilt mit anderen Müttern ihre neuen Erkenntnisse.

Schritt 4: Antizipiere Gegenargument

Antizipiere mögliche Einwände deiner Follower und wie du diesen in deiner Geschichte begegnen könntest. Es ist sinnvoll, Kritik aufzugreifen und zu verdeutlichen, was dein Standpunkt ist, oder ihr elegant auszuweichen.

Beispiel: Ein klassisches Gegenargument oder ein klassischer Einwand für die Teilnahme am Kurs der Fitnesstrainerin könnte lauten: «Ich habe keine Zeit, keine Energie und überhaupt keine Ruhe für Fitness.»

Umsetzung: Die Fitnesstrainerin berichtet, wie Claudia mit den üblichen Zweifeln gestartet ist, und zeigt in ihren Stories, dass sie diese Hindernisse überwinden konnte. Statt zu verzagen, nutzt Claudia die Power-Naps ihrer Kleinen für *Quick Workouts* und macht aus Spielplatz-Zeit ihre eigene Fitness-Challenge. Die Followerinnen sehen: Claudia schafft es, also können sie es vielleicht auch?

Schritt 5: Schüre Emotionen und schaffe Bindung

Definiere genau, welche Gefühle du bei deinen Followerinnen hervorrufen möchtest. Willst du sie fesseln, zum Nachdenken anregen oder inspirieren? Je klarer du dir über die emotionale Reise bist, auf die du sie schicken willst, desto leichter wird es dir fallen, deine Geschichte zu gestalten. Erzähle vielleicht, wie eine Person etwas erlebt, das so ergreifend ist, dass es deine Followerinnen nicht kaltlassen kann.

Beispiel: Die Fitnesstrainerin möchte zeigen, wie das Überwinden von Hürden zu einem erfüllten, ausgeglichenen Leben führen kann.

Umsetzung: In ihren Stories berichtet die Trainerin darüber, wie die große Wende kommt, als Claudia bei einem lokalen Laufevent mit ihren Kindern teilnimmt – etwas, das sie sich früher nie zugetraut hätte. Ihre Followerinnen fühlen mit, wie Claudia mit Tränen der Freude auf den Wangen und stolzen Kids ins Ziel einläuft. Diese emotionalen Momente lassen das Herz der Community der Fitnesstrainerin höherschlagen.

Denke beim Storytelling also immer daran, nicht nur zu informieren, sondern auch zu faszinieren und emotionale Saiten anklingen zu lassen. Nimm zum Beispiel dieses Buch: Ich teile nicht nur mein Wissen, sondern ich erzähle dir immer wieder auch Geschichten, die mich auf meiner Reise geprägt haben und die abbilden, was ich inhaltlich erklären möchte.

Nutze auch eine anschauliche Sprache, schaffe lebendige Charaktere und gestalte eine Handlung, die deine Zuhörer fesselt, berührt und bewegt. Deine Geschichte sollte eine Reise sein, bei der die Reise selbst genauso wichtig ist wie das Ziel.

Dein Storytelling kann übrigens überall stattfinden: in deinen Stories, deinen Beiträgen, deinem Podcast oder in einer Verkaufsmail.

Wie du bis hierhin sicher schon festgestellt hast, kann der Einsatz psychologischer Verkaufsstrategien den Weg zu deiner Kundin ebnen. Vor allem die ethische Anwendung dieser Erkenntnisse versetzt dich in die Lage, den Mehrwert deines Angebots für sie sichtbar zu machen, und unterstützt sie bei einer fundierten Entscheidungsfindung.

Indem wir Techniken wie Gegenseitigkeit, soziale Beweise, Autorität, Konsistenz, Sympathie und das mächtige Werkzeug des Storytellings anwenden, schaffen wir es, unsere Botschaften für unsere Herzensmission fein auf die Interessen und Bedürfnisse unserer Zielgruppe abzustimmen. Damit stellt die Verkaufspsychologie eine natürliche Brücke zum Feld des Copywritings dar, in das ich jetzt mit dir eintauchen werde.

COPYWRITING ODER WIE DU ZUR GEDANKENLESERIN WIRST

Jedes Mal, wenn ich einen Produktauftritt plane oder Verkaufstexte für meine Instagram Story verfasse, erhalte ich Direktnachrichten, die ungefähr so klingen: «OMG, Olli! Das ist genau das, was ich brauche! Wie kannst du wissen, dass das genau das ist, was mir jetzt weiterhilft?»

Die Antwort darauf ist recht einfach: indem ich mich möglichst tief in meine ideale Kundin hineinversetze. Du erinnerst dich bestimmt noch an die ZPAW-Formel. Darüber hinaus mache ich mir aber auch die Kraft der Worte zunutze. Ich beziehe die alltäglichen Herausforderungen, Bedürfnisse, Ziele und Wünsche meiner Kundinnen nicht nur in die Entwicklung meiner Produkte mit ein, sondern auch in meine Verkaufskommunikation.

Wie das konkret aussieht, zeige ich dir anhand meiner erfolgserprobten Verkaufsformeln, die du sowohl in deinen Stories, deinen Verkaufsmails als auch in deinen Beiträgen nutzen kannst, um deine Follower zum Kauf zu animieren.

Die PELA/WELA-Formeln

Diese Formeln haben etlichen meiner Kundinnen dabei geholfen, erfolgreich über Social Media oder E-Mail-Marketing Umsätze zu generieren – weil sie das berühmte «Das will ich haben»-Gefühl bei ihren Kundinnen auslösen. Bereit?

Bei beiden Formeln, PELA (Problem, Empathie, Lösung, Aktion) und WELA (Wunsch, Empathie, Lösung, Aktion), beginnst du mit etwas, das deine Zielgruppe unmittelbar betrifft: ihren alltäglichen Herausforderungen oder ihren tiefsten Wünschen. Durch das Ansprechen dieser Punkte und das Zeigen von Empathie baust du eine Brücke, über die deine Kundinnen gehen können, um deine angebotenen Lösungen zu erreichen. Schließlich motivierst du sie mit einem klaren Aufruf zum Handeln, den ersten Schritt auf dieser Brücke zu machen. Nimm hier deine ZPAW-Formel wieder zur Hand, so hast du die Probleme und Wünsche deiner Wunschkundin gleich parat.

Die PELA-Formel

P für Problem

Starte deinen Text, indem du das Problem hervorhebst, das deine Kundinnen erfahren. Bei unserer Fitnesstrainerin könnte es so lauten: «Als frischgebackene Mama hast du momentan wenig Zeit, um ins Fitnessstudio zu gehen, und fühlst dich in deiner neuen Rolle noch nicht in deinem Körper angekommen?»

E für Empathie

Zeige Verständnis und Empathie für die Situation deiner Kunden. Die Fitnesstrainerin schreibt: «Ich weiß, wie schwer es ist, zwischen Windelwechseln und Schlafmangel Zeit für ein Workout zu finden.»

L für Lösung

Präsentiere deine Dienstleistung und wie du deiner Kundin konkret helfen kannst. Unsere Trainerin könnte in dem Fall auf ihren Kurs hinweisen: «Genau dafür habe ich meinen Kurs *Naptime Workout* entwickelt, in dem du innerhalb von fünfzehn Minuten täglich zu deinem Wohlbefinden und in deine Stärke zurückfindest – ohne ein Fitnessstudio zu besuchen.»

A für Aktion

Schließe mit einem klaren Handlungsaufruf deine Verkaufskommunikation ab. Die Fitnesstrainerin schreibt: «Klicke auf den Link in meiner Bio» oder: «Schreibe mir eine DM oder antworte auf diese Mail, um eine unentgeltliche Zehn-Minuten-Workout-Session zu starten, und lass uns gemeinsam schwitzen!».

Die PELA-Formel hat sich als effektives Kommunikationsschema erwiesen, das relevante Probleme der Zielgruppe aufgreift, Verständnis bietet, Lösungen aufzeigt und den Weg zu einer Kaufentscheidung ebnet.

Sie ist eine systematische Herangehensweise, mit deren Hilfe du Kunden motivierst und die Wahrscheinlichkeit von Conversion durch gezielte Verkaufsbotschaften erhöhst.

Während die PELA-Formel auf Problemstellungen fokussiert, hebt die WELA-Formel die Bedeutung der Wünsche und Ambitionen der Kundschaft hervor und eröffnet damit eine weitere Perspektive für maßgeschneiderte Kommunikationsstrategien.

Die WELA-Formel

W für Wunsch

Hier gehst du auf den Wunsch deiner Follower ein, etwas zu verändern. Die Fitnesstrainerin greift folgenden Wunsch auf: «Du träumst davon, wieder in deine Lieblingsjeans zu passen oder ein paar Minuten des Tages nur für dich zu haben?»

E für Empathie

Deine Aufgabe ist es wieder, dich empathisch in die Lage deiner Community zu versetzen. Die Fitnesstrainerin weiß genau, wie es dieser geht: «Als Mama und Fitnesstrainerin fühle ich mit jeder von euch – ihr wollt euch gut fühlen und gleichzeitig für eure Familie da sein.»

L für Lösung

Offenbare dann deine Lösung wie ein Wundermittel. Die Fitnesstrainerin schreibt, dass sie etwas anbieten kann, das genau das Richtige ist: «Mein *Online Naptime Workout* ist genau dafür gemacht. Du kannst es flexibel nutzen, es ist kurz und supereffektiv.»

A für Aktion

Du beendest deinen Text mit der Aufforderung, aktiv zu werden, das macht auch die Fitnesstrainerin: «Nimm noch heute das Ruder in die Hand! Registriere dich für eine Probe-Session und erlebe, wie zwanzig Minuten pro Tag deine Welt verändern können.»

Durch beide Formeln baust du eine Verbindung zu deinen Kundinnen auf. Du zeigst, dass du ihre Situation voll und ganz verstehst. Von dort aus zeichnest du einen Weg auf, der sie an dein Produkt heranführt. Du präsentierst erst deine Dienstleistungen und gibst ihnen dann einen kleinen – aber wirkungsvollen – Stups, aktiv zu werden. Auf Instagram wendest du diese Formeln richtig an, wenn du authentische Bilder, Stories, Reels und interaktive Inhalte nutzt, durch die deine Botschaft zum Leben erwacht und atmet.

Durch diese simplen, aber sehr effektiven Formeln wirst du zur wahren Gedankenleserin, die in ihren Texten treffsicher auf die Bedürfnisse ihrer Kunden eingehen kann. Ich wende diese Formeln täglich an, und meine Kundinnen fühlen sich durch meine Texte verstanden. Sie erleben, dass sie genau die Lösungen und Angebote bei mir entdecken, nach denen sie suchen. Sie erleben die wahre Power von Copywriting.

Wir alle sind täglich und oft unbewusst damit beschäftigt, Antworten auf essenzielle Fragen zu finden, wie etwa:

«Wie kann ich meine Probleme effektiv angehen?»
«Auf welche Weise kann ich mein Verlangen stillen?»
«Wie mache ich meine Träume wahr?»

Diese Gedanken sind in uns, auch wenn wir sie nicht ständig artikulieren. Als Texterin ist es deine Aufgabe, durch deine Worte Vertrautheit zu erzeugen. Du weckst Begeisterung und lädst deine Followerinnen ein, sich auf eine Konversation mit dir einzulassen.

Dein geschärftes Einfühlungsvermögen ist hierbei der Schlüssel zum Erfolg. Wenn du dich in andere hineinfühlst und ihre Bedürfnisse, Hoffnungen sowie Schwierigkeiten nachvollziehst und diese in deiner Kommunikation berücksichtigst, wirkst du wahre Wunder. Zeige deiner Zielgruppe deine Empathie. Lass sie spüren, dass du genau verstehst, was sie tagaus, tagein beschäftigt.

Mithilfe der ZPAW-Formel hast du schon Einblicke in die Bedürfnisse deines Publikums gewonnen. Jetzt gilt es, diese Erkenntnisse so faszinierend wie möglich mit deinem Angebot zu verbinden. Du willst erreichen, dass deine Texte mit einer magnetischen Anziehungskraft versehen sind, die es deinen Followern erschwert, sich davon loszureißen.

Allzu häufig begegnet mir auf den Seiten von Online-Unternehmerinnen dennoch eine trockene Informationswüste, die eher einem Fachbuch für Eingeweihte gleicht. Eine fesselnde Lektüre für interessierte Laien ist das nicht. Stell dir vor, wie staubtrocken dieses Buch wäre, wenn ich dir nur die harten Fakten, Anleitungen und Theorien um die Ohren hauen würde. Nicht so prickelnd, oder? Um das zu vermeiden, fokussiere dich auf deine Wunschkundin und stelle dir die entscheidende Frage nach dem tieferen Zweck deiner Botschaft. Welches Feature und welchen Benefit bieten ihr dein Produkt oder bietet ihr deine Dienstleistung? Treten wir dazu einen Schritt zurück und definieren zuerst, was Features und Benefits eigentlich sind.

Feature

Features sind die spezifischen Eigenschaften eines Produktes, die deine Verkaufsargumente stützen. Sie sind das, was ein Produkt oder einen Dienst ausmachen, beispielsweise technische Daten oder spezielle Serviceleistungen.

Wenn du nun einen Onlinekurs anbieten möchtest, könnte dieser beispielsweise eines oder mehrere von folgenden Features enthalten:

Videolektionen

Die Kursinhalte werden in High-Definition-Videos präsentiert, die auf professionelle Weise gefilmt und geschnitten sind, um eine qualitativ hochwertige Lernerfahrung zu bieten.

Interaktives Lernportal

Ein benutzerfreundlicher Zugang zu einem Online-Lernportal, in dem Teilnehmerinnen ihren Fortschritt verfolgen, mit anderen Kursteilnehmern interagieren und auf zusätzliche Ressourcen zugreifen können.

Downloadbare Ressourcen

Für jede Kurslektion stehen begleitende, downloadbare Materialien zur Verfügung, wie PDF-Arbeitsblätter, Checklisten und E-Books, die das Lernen ergänzen und vertiefen.

Zugang zu einem Expertinnen-Netzwerk

Kursteilnehmer erhalten exklusiven Zugang zu einem Netzwerk von Branchenexpertinnen, mit denen sie sich während regelmäßiger Onlineseminare und spezieller Fragerunden austauschen können.

Features sind also die *Hard Facts* eines Angebots. Ich spreche über den schnörkellosen Kern eines Produkts oder Services. Wenn du dann noch die Anzahl der Stunden an Videomaterial in einem Onlinekurs oder die Anzahl an Arbeitsblättern erwähnst, sprichst du den Neokortex deiner Kundinnen direkt an.

Nehmen wir wieder unsere Fitnesstrainerin, die ihr *Online Naptime Workout* anbietet. Dieses zeichnet sich durch seinen speziellen Umfang aus, der auf die Bedürfnisse von Müttern zugeschnitten ist:

- Der Kurs besteht aus acht Modulen.
- Jedes Modul umfasst mehrere kurze Einheiten von jeweils nur fünfzehn Minuten.
- Die Fitnesstrainerin bietet darüber hinaus wöchentliche Live Calls an.
- Käuferinnen erhalten exklusiven Zugang zu einer WhatsApp-Gruppe.
- Außerdem enthalten ist umfangreiches Begleitmaterial, beispielsweise Ernährungstipps und Übungsanleitungen.

Wenn es um die Features deines Angebots geht, werden deine Kundinnen zu nüchternen Buchhalterinnen. Und die lieben Tabellen, Statistiken und klare Angaben. Sie betrachten dein Angebot durch die Brille der Vernunft, wägen jedes Detail ab und messen dein Angebot daran. Diese Detailverliebtheit hat einen Haken: Sie verlangsamt den Prozess der Kaufentscheidung. Denn während die linke Gehirnhälfte damit beschäftigt ist, jedes Feature zu sezieren und zu hinterfragen, bleibt das emotionale «Ich will das haben»-Gefühl, das so oft den finalen Anstoß zum Kauf gibt, auf der Strecke. An dieser Stelle kommen die Benefits deines Angebots ins Spiel.

Mit den Benefits beantwortest du die Frage nach dem «Warum?». Mit ihrer Hilfe zeigst du auf, wie genau dein Produkt das Leben deiner Kundinnen verbessern kann, und du lieferst ihnen damit den eigentlichen Kaufanreiz. Schauen wir uns hierfür drei wirksame Kategorien und einige mögliche Benefits an:

1. Körperliche Benefits

Geschmeidigkeit erlangen, die eigene Gesundheit verbessern, körperliche Stärke entwickeln

2. Seelische Benefits

Innere Ruhe finden, das eigene Wohlbefinden steigern, die eigene Kreativität fördern

3. Soziale Benefits

Den eigenen Status innerhalb der Gemeinschaft erhöhen, bewundert oder geliebt werden, zwischenmenschliche Beziehungen verbessern

Diese Punkte sind natürlich nur ein Ausschnitt aus einer großen Anzahl an möglichen Benefits deines Produktes. Stelle dir die Frage: «Wie möchte meine Kundin sich fühlen?», oder auch: «Welche Person möchte mein Kunde sein?» Auf diese Weise näherst du dich dem emotionalen Teil deines Angebots, der deinen Texten und den Features deines Angebots Seele verleiht.

Stell dir jetzt vor, unsere Fitnesstrainerin für Mütter bringt einen Onlinekurs raus, dann könnten folgende Benefits ihrer Wunschkundin aus dem Herzen sprechen und sie zum Kauf bewegen:

Benefit: Mein Angebot ist zeitsparend
«Trainiere effektiv und ohne lange Wege zum Fitnessstudio zurücklegen zu müssen.»

Benefit: Mein Angebot passt sich flexibel an dein Leben an
«Passe das Training problemlos in den Alltag mit deinem Kind ein.»

Benefit: Mein Angebot bietet dir eine Community
«Tausche dich mit anderen Müttern aus und finde Unterstützung.»

Benefit: Erlange Körperbewusstsein
«Entwickle nach der Schwangerschaft ein besseres Gefühl für deinen Körper.»

Wenn wir überlegen, ob wir etwas kaufen wollen oder nicht, spielt unsere emotionale Seite eine sehr große Rolle. Du erinnerst dich an das limbische System, das für unsere Gefühle verantwortlich ist? Hier kommt es wieder ins Spiel. Es sorgt dafür, dass wir uns zu Dingen hingezogen fühlen, die uns glücklich machen oder uns ein gutes Gefühl geben.

Stellen wir uns vor, ein Produkt oder eine Dienstleistung schafft es, unser Herz höherschlagen zu lassen – vielleicht weil wir uns davon ein bisschen mehr Glanz in unserem Leben erhoffen, weil wir etwas lernen können oder weil es uns ein Gefühl der Zugehörigkeit gibt. Dann ist das wie ein grünes Licht für das limbische System, das quasi raunt: «Hey, das will ich haben!»

Und genau deshalb ist es wichtig, dass du nicht nur die harten Fakten auf den Tisch legst. Nutze die Benefits deines Angebots, also etwa wie wir uns mit deinem Produkt oder deinem Service in Zukunft fühlen werden, und löse in deinen Kundinnen dieses warme und flauschige Gefühl aus, die Überzeugung: «Genau das ist es, was mir fehlt!»

Geschichten und Erlebnisse, die uns emotional packen,

können die Wirkung von Features und Benefits noch erhöhen und der entscheidende Knackpunkt sein, der deine Kunden zum Kauf bewegt. Durch diesen Ansatz verbindest du die Features deines Angebots mit den tieferen Wünschen und Bedürfnissen deiner Community und erschaffst Texte mit Herz und Überzeugungskraft. Zum Beispiel könnte unsere Fitnesstrainerin einen Post schreiben, in dem sie Feature und Benefit wie folgt miteinander verbindet:

☼Neugierig, wie du Fitness in deinen vollen Mama-Alltag integrieren kannst, ohne dabei Stress zu empfinden? Mein Onlinekurs *Fit Mama* bietet dir **flexible Trainingspläne (Feature)**, die du jederzeit und überall absolvieren kannst – während die Kleinen schlafen oder in ihrer Spielpause. Das bedeutet für dich nicht nur **pure Zeiteffizienz (Benefit)**, sondern auch die **Freiheit (Benefit)**, **dein Wohlbefinden zu steigern (Benefit)**, ohne dafür den Babysitter rufen zu müssen. Sag Ja zu einem **Energie-Boost (Benefit)**, der dich durch wilde Nachmittage powern lässt!

Du weißt nun, wo der Unterschied zwischen Feature und Benefit liegt. Echte Profis im Copywriting wissen ganz genau, dass die Fakten zwar solide sein sollten, der wahre Zauber aber passiert, wenn du deine Community spüren lässt, was dein Angebot für ihr Leben bedeuten kann.

Wenn du also die kalten, harten Features in warme, lebensverändernde Benefits kleidest, öffnest du die Tür zu den Herzen deiner Kundinnen. Du zeigst ihnen, wie sich ihr Alltag wandeln wird, wie sie ihre Träume mit deinem Produkt verwirklichen können und warum sie schon bald nicht mehr wissen werden, wie sie je ohne dieses ausgekommen sind.

Du verkaufst also nie nur das Produkt, sondern immer auch die Transformation. Hier geht es um die richtige Mischung:

ein Cocktail aus überzeugenden Fakten für den Neokortex und emotionalen Momenten, die das limbische System zum Hüpfen bringen. Der Neokortex will Zahlen, Fakten, Logik – kein Problem, all das gibst du ihm. Doch parallel dazu zeichnest du für das limbische System schillernde Bilder von Glück, Erfolg und Zufriedenheit.

Es folgt ein kurzes Training, mit dem ich dir demonstriere, wie simpel es sein kann, wirkungsvolle Texte mit Features und Benefits zu erstellen. Es hilft dir, dein Produkt oder deine Dienstleistung in einem klaren und ansprechenden Licht darzustellen und die essenziellen Komponenten hervorzuheben: Was ist inhaltlich das Besondere an deinem Angebot (Feature), wie profitiert der Kunde davon (Benefit), und welche Aktion sollte er als Nächstes durchführen *(Call to Action)*?

Training: Features und Benefits nutzen

1. Beginnen wir mit dem Feature. Schreibe auf, was du anbietest. Denke daran: Dies ist die objektive Beschreibung dessen, was du anbietest: Fakten, Fakten, Fakten.
2. Es folgen die Benefits: Fokussiere dich beim Schreiben darauf, wie dieses Feature das Leben des Kunden verbessert oder bereichert.
3. Schließlich rundest du dein Angebot mit einem *Call to Action* ab, für deinen Kunden eine klare Aufforderung zu handeln.

Zusammen bilden diese drei Elemente eine starke Botschaft, die das Interesse weckt und die Zielgruppe zu einer Reaktion motiviert. Das Beherrschen solider Verkaufsformeln im Copywriting ist eine Grundlage von erfolgreicher Verkaufskommunikation. Indem du dieses Training umsetzt und dabei

Feature und Benefit intelligent kombinierst, kreierst du ein kundenzentriertes Angebot, das informiert, motiviert und zum Handeln inspiriert. Versuche es selbst und beobachte, wie deine Texte an Klarheit und Überzeugungskraft gewinnen!

Noch ein letzter Gedanke: Mit Copywriting erzählst du Geschichten, bei denen jedes Wort zählt und auf das nächste aufbaut. Setze das Gelernte ein, bleib kreativ und richte den Blick in die Zukunft, und du wirst sehen, wie deine Texte zu hilfreichen Werkzeugen für dein Online-Business werden.

VOM FOLLOWER ZUM KUNDEN

Wenn ich heute meinen Instagram-Account öffne, dann sehe ich da nicht eine anonyme Masse oder irgendeine Zahl. Ich sehe Frauen, Wünsche, Träume und Pläne. Ich sehe Freundinnen, Verbündete, Vorbilder und vor allem: mein Warum. Bei allem, was ich teile, egal ob Story, Posting oder Produkt – alles dient einzig und allein dem Ziel, sie alle auf ihrem Weg voranzubringen.

Und genau darin liegt das Geheimnis einer starken Community: Wenn du deiner Community mit ehrlichem Interesse begegnest und sie auf ihrem Weg ehrlich begleitest, wird sie dir dieses Engagement danken. Nicht du stehst im Mittelpunkt deines Accounts, sondern wie schon erwähnt, deine Community und deine Wunschkundin.

Stell dir vor, deine Community wäre deine persönliche Onlinecrew. Das sind Leute, die mit dir und für dich durchs Netz surfen. Sie liken deine Beiträge, trommeln für dich und dein Online-Unternehmen. Sie sind noch dazu deine Kurzwahl ins

Feedback-Paradies, wo du schneller, als du «Was haltet ihr davon?» tippen kannst, erfährst, ob deine neue Idee der Burner oder ein Flop ist.

Aber jetzt mal Butter bei die Fische: Wie kommst du zu so einer Community? Wie werden aus treuen Followerinnen Kundinnen und dann *Raving Fans*, die dich nicht nur anfeuern, sondern auch selbst bei dir kaufen?

Das schaffst du durch die Kunst des *Community Framings*. Wenn du eine echte Verbindung zu deinen Followern aufgebaut hast, gilt es, diese zu nähren, sei es in Form von Stories, die unter die Haut gehen, exklusiven Insights für die Augen deiner Follower oder auch mal schlicht Small Talk.

Wann immer es um Action geht, holst du sie ins Boot. Du fragst sie nach ihrer Meinung, forderst sie heraus und lässt jede Einzelne spüren: «Hey, du bist hier was Besonderes.»

Am Ende des Tages ist eine gut gepflegte Community wie ein Garten: Je mehr Liebe und Arbeit du reinsteckst, desto prächtiger blüht er auf. Aus Sympathie wird Loyalität, aus Loyalität wird Umsatz, und manchmal entstehen darüber hinaus sogar echte Freundschaften. Also los, lass uns deine Community zum Grooven bringen!

Wenn du deine Followerinnen zu echten Fans machen willst, die es kaum abwarten können, sich deine Angebote und digitalen Produkte zu kaufen, dann helfen dir die folgenden Vorgehensweisen:

1. Höre zu!

Das ist der Beat, zu dem die ganze Musik spielt. Hör hin, was deine Followerinnen bewegt, was sie brauchen, was sie lieben – baue darauf deine Setlist auf. Stell dir vor, du bist ein Ernährungscoach, und du bemerkst in den Kommentaren, dass viele deiner Followerinnen Schwierigkeiten bei der Zubereitung gesunder Snacks haben. Du startest eine Umfrage in deinen Stories: «Welche Snacks würdet ihr gerne in gesunder Variante sehen?»

Die Ergebnisse nutzt du dann, um eine «Gesunde Snacks»-Serie aufzulegen: Rezepte, Zubereitungsvideos und Q&A-Sessions zum Thema. Deine Followerinnen fühlen sich gehört und sehen ihre eigenen Anliegen und Ideen aufgegriffen – der Beat deiner Community ist gesetzt!

2. Überlasse deinen Followerinnen die Bühne

Zeige, dass sie mehr als nur eine Zahl in deiner Statistik sind. Antworte auf Kommentare, eröffne Diskussionen und mache klar: Hier gehört jeder zum VIP-Club.

Du bist als Businesscoach auf Instagram unterwegs. Du nimmst dir vor, jede Woche den Scheinwerfer auf eine Followerin zu richten. «Diesen Mittwoch im Spotlight: @startup_sandra! Sie hat diese Woche ihren ersten Pitch gehalten, und wir sind mächtig stolz! Was sind eure Erfolge der Woche?» So machst du deutlich, dass deine Followerinnen Stars sind und ihre Meilensteine auch die Meilensteine der Community sind und gefeiert werden.

3. Überrasche deine Follower

Sei wie der DJ, der im richtigen Moment den Track wechselt. Überrasche deine Follower mit frischem Content, exklusiven Deals oder einem Blick hinter die Kulissen. Das zeigt: Bei dir ist immer was los, und es lohnt sich, dranzubleiben.

Angenommen, du bist Lifecoach. Plötzlich gehst du Montagmorgen spontan live, um eine Meditationssession zu halten, weil du gemerkt hast, dass das Stresslevel in deiner Community hoch ist. Diese unerwarteten Wendungen erzeugen Spannung und zeigen deinen Followern, dass sie stets gespannt sein dürfen, was als Nächstes kommt.

4. Sei konsistent, aber nicht vorhersehbar

Bleib deiner Linie treu, aber sorge für genügend Variation, damit es spannend bleibt. Deine Follower sollen sich auf dich verlassen können, aber sie dürfen nie in Langeweile versinken.

Du bist eine Fitnesscoachin, und deine Follower wissen, dass sie jeden Dienstag ein neues Workout-Video von dir bekommen. Um es aufregend zu gestalten, variiert das Thema wöchentlich. Mal ist es ein Cardio-Blast, dann wieder Yoga fürs Büro oder ein Bootcamp im Freien. Du bleibst beim Kern – Fitness –, aber wie du diesen Kern präsentierst, ist immer ein bisschen wie das Öffnen eines bunten Überraschungseis.

5. Sei authentisch und ehrlich

Keiner spielt hier Theater. Sei du selbst. Deine Ehrlichkeit ist der Glitzer auf dem Fan-Plakat. In deiner Community geht es um ehrlichen Austausch und echte Wertschätzung.

Als Persönlichkeitsentwicklungscoachin teilst du nicht nur deine Erfolge, sondern auch die Momente, in denen es nicht rundläuft. Du postest über einen Workshop, der schiefgegangen ist und wie du daraus gelernt hast. Deine Community spürt, dass sie nicht mit einem unfehlbaren Guru spricht, sondern mit jemandem, der genauso menschlich ist wie sie selbst. Aus Fehlern gemeinsam lernen – das ist der wahre Glitzer in einer Community.

Soft Selling

Jetzt, da du eine solide Basis von Followern hast, die deine Inhalte schätzen und auf deine Worte reagieren, bist du an einem entscheidenden Punkt angelangt. Es geht um den Übergang von der Bindung, die durch *Community Framing* entsteht, hin zum *Soft Selling*.

Der Schlüssel liegt darin, im Einklang mit den Bedürfnissen und Werten deiner Community zu handeln. Du hast bereits eine echte Verbindung zu ihr aufgebaut, jetzt gilt es, diese zu nutzen, um deinen Followern Produkte und Dienstleistungen zu präsentieren, die ihnen echten Mehrwert bieten und ihren Alltag bereichern.

Beginnen wir mit dem ersten Schritt: dem Kauf-Priming. Dieser Prozess ist wie das Säen der Samen, aus denen später die Kaufentscheidung erwachsen soll. Es ist ein subtiler Hinweis darauf, dass etwas Großartiges kommt, ohne zum Kauf zu drängen.

Du fängst an, die Community auf neue Produkte oder Dienstleistungen vorzubereiten, vielleicht indem du Neugier weckst und deine Follower einbindest. Du könntest einen Teaser über ein neu entwickeltes Produkt posten oder eine Umfrage erstellen, die aufzeigt, dass es eine Lösung für ein Problem gibt, über das deine Community oft spricht

Unsere Fitnesstrainerin könnte beispielsweise in ihrer Story eine Umfrage machen, welche Uhrzeiten sich für ihre Followerinnen am besten für ein Workout eignen:

A: Vormittags zwischen 8:00 und 10:00 Uhr
B: Zur Mittagsschlafzeit zwischen 12:00 und 14:00 Uhr
C: Abends, wenn die Kinder im Bett sind, ab 19:00 Uhr

Jetzt, da der Same des Interesses gepflanzt ist, wird es Zeit für sanftes Gießen durch *Soft Selling*. Hier kommen deine konkreten Angebote ins Spiel. Unsere Trainerin kündigt jetzt beispielsweise ihren exklusiven Kurs an – in genau dem Zeitraum, den ihre Followerinnen gewählt haben: zwischen 12:00 und 14:00 Uhr. Sie bietet also ihr *Online Naptime Workout* an, und sie bekräftigt dadurch, dass sie zuhört und die Angebote maßschneidert – für die Menschen, die ihr folgen.

Genau darin liegt die wahre Magie des *Soft Sellings*: Die Fitnesstrainerin nimmt ihre Followerinnen bei der Hand und sagt: «Hey, ich hab zugehört, und ich hab was nur für euch!» Statt einer kühlen Verkaufsansprache postet sie eine charmante, persönliche Nachricht in ihrer Insta-Story:

«Habt ihr es auch satt, die wertvolle Mittagspause vor dem Computer zu verbringen oder nach dem schnellen Lunch gleich wieder ins Trubeldasein zu springen? Lasst uns die Mittagszeit gemeinsam neu entdecken!» Sie spricht ihre Followerinnen an wie alte Freundinnen. Kein «Jetzt kaufen!»-Button, der ins Auge springt, stattdessen eine warmherzige und ehrliche Einladung: «Schließt euch unserer Gemeinschaft an.»

So erwächst aus dem Saatkorn der Umfrage ein Bäumchen der Gemeinschaft, das fest verwurzelt ist im *Soft-Selling*-Garten. Kein stürmisches Schütteln am Ast der Kaufentscheidung, sondern ein freundliches Wispern der Blätter, das sagt: «Wenn du magst, hier ist etwas Schönes für dich.» Und genauso werden die Followerinnen der Trainerin treue Botschafterinnen ihrer Marke, ohne dass die dabei jemals übermäßig verkäuferisch aufgetreten wäre.

Werfen wir unterstreichend einen Blick auf eine Untersuchung des Journal of Marketing Research. Darin wurde festgestellt, dass ein herzlicher und persönlicher Ansatz, der weniger auf direkten Verkaufsdruck setzt, bei Kunden zu einer höheren Kaufwahrscheinlichkeit führt. Das magische Wort findet Erfüllung: «Kundenbindung».

Auch die *Harvard Business Review* wartet mit der Erkenntnis auf, dass Verkaufserfolg heutzutage weniger über Aggressivität und mehr über den Aufbau von Beziehungen erreicht wird. Menschen schätzen es, wenn sie Teil der Lösung und nicht das Ziel einer Verkaufsjagd sind. Dieses stufenweise Heranführen an die Kaufentscheidung ist genau das, was du mit *Soft Selling* erreichen möchtest.

Beim *Soft Selling* geht es darum, dass du einen Mehrwert schaffst, der so nah an den Interessen und Bedürfnissen deiner Community liegt, dass der Kauf wie ein natürlicher nächster Schritt erscheint. Indem du den Übergang sorgfältig gestaltest und nicht überstürzt handelst, wird deine Community eher bereit sein, deine Produkte oder Dienstleistungen mit Begeisterung anzunehmen.

Glückwunsch, du hast es gemeistert! Du hast das Fundament für deinen Verkaufserfolg errichtet. Mit den erlernten Methoden und Prinzipien besitzt du nun die Werkzeuge, um Verkauf in Form eines respektvollen und für beide Seiten wertschöpfenden Dialogs zu führen. Du hast gelernt, dass du das Gleichgewicht zwischen Geben und Nehmen achten solltest, und erkannt, dass echte Verbindungen der Schlüssel zu nachhaltigen Geschäftsbeziehungen sind.

Die Kunst des Copywritings hat dir offenbart, wie du mit wohlüberlegten Worten, Verkaufsformeln und authentischen Geschichten Aufmerksamkeit erregst und emotionale Resonanz schaffst.

Du weißt nun, dass Großzügigkeit weit mehr als ein Geschäftsmodell ist; es ist eine innere Haltung, mit deren Hilfe du Vertrauen aufbaust und deine Community stärkst.

Mit der Strategie des *Community Framings* hast du gelernt, wie Follower zu engagierten Fans werden, die nicht nur Käufer deiner Dienstleistungen und Produkte werden, sondern auch zu Botschaftern deiner Marke.

Dieses Kapitel abschließend, kannst du dir nun sicher sein: Verkaufen muss nicht belastend sein, sondern es kann eine Quelle der Freude und Erfüllung sein, wenn du es aus der richtigen Haltung heraus praktizierst. Du bist jetzt bereit, deine Botschaft in die Welt zu tragen – nicht nur als Verkäuferin, sondern als Schenkende von Werten und Visionen.

Möge dir dieses Kapitel als Sprungbrett dienen, von dem aus du das nächste Kapitel deines Business-Abenteuers beginnst, deiner neuen Unternehmerinnen-Identität.

DEINE CEO IDENTITY

Jetzt ist es an der Zeit, dass du dich auf deine Rolle als zukünftige Unternehmerin, als CEO, vorbereitest. Nicht weil du musst, sondern weil du kannst! Ich helfe dir dabei. Es spielt übrigens keine Rolle, ob du mit deinem Schaffen nebenberuflich oder hauptberuflich durchstarten willst. Für dich geht es nur darum, alle Fäden zusammenzuhalten und dich auf deine Vision zu fokussieren. Lege dafür alte Denkmuster ab und tauche in neue, hilfreiche ein. Spoiler: Wahrscheinlich werde ich dich auch mal aus deiner Komfortzone herausführen. In diesem Kapitel wirst du erfahren, wie du es schaffst, über dich hinauszuwachsen und neue Herausforderungen anzunehmen. Du lernst, wie du effektive Routinen für den Bestand deines Online-Business etablierst, deine Zeit richtig managst und klar definierte Ziele verfolgst. Gemeinsam schauen wir uns an, wie du dich gegen Misserfolge wappnen kannst und deine Leidenschaft mit deinem Geschäft in Einklang bringst.

All diese Schritte sind wichtig, um als Unternehmerin einen bleibenden Eindruck zu hinterlassen und deinen Weg Schritt für Schritt erfolgreich zu gehen. Lass uns diese Reise gemeinsam unternehmen und freue dich darauf, zur inspirierenden Leaderin zu avancieren.

Nimm dafür innerlich schon mal den Platz am Kopfende deines Konferenztisches ein und schalte deinen individuellen CEO-Modus ein, um kraftvoll und wirkungsvoll zu agieren. Begeben wir uns gemeinsam auf eine Erkundungstour durch die Etappen, die aus dir einen echten CEO formen, einen, der sein Schiff nicht nur im sicheren Hafen vertäut, sondern es auf die Wellen des Erfolgs steuert.

THINK LIKE A CEO

Nicht viele Menschen sind in einer Unternehmerfamilie groß geworden. Im Durchschnitt wachsen die meisten von uns mit Eltern auf, die in Angestelltenverhältnissen standen und von 9:00 Uhr bis im besten Fall 17:00 Uhr ihrer Arbeit nachgingen. Sie kamen abends nach Hause, sprachen über ihren Arbeitstag, aßen zu Abend, schauten etwas fern, beschäftigten sich mit ihrem Handy oder gingen ihrem Hobby nach, um schließlich zu Bett zu gehen, um am nächsten Morgen den gleichen Ablauf zu wiederholen.

In Frankreich gibt es einen Spruch: *Métro, boulot, dodo.* Er beschreibt treffend die Monotonie und Routine der vielen Berufstätigen in den Großstädten: *Métro* steht für die U-Bahn-Fahrt zur Arbeit, *boulot* ist ein umgangssprachlicher Ausdruck für die Arbeitstätigkeit, und *dodo* bezeichnet in kindlicher Sprache den Schlaf. Diese Redewendung kritisiert den zyklischen und repetitiven Charakter des modernen Arbeitslebens und betont den kaum vorhandenen Raum für Freizeit und persönliche Entfaltung. Doch durch die Pandemie und die Digitalisierung hat sich vieles gewandelt, auch unsere Sicht auf die Begrenztheit unserer Lebenszeit.

Vor allem die Generation Z denkt neu über Arbeit und Leben nach. Sie hat erkannt, dass sich das Leben nicht nur darum drehen sollte, Geld zu verdienen, vielmehr strebt diese Generation nach persönlicher und beruflicher Erfüllung. Aber aus den alten Mustern des Angestelltendaseins auszubrechen, das oft mit Sicherheit gleichgesetzt wird, erfordert Mut und für viele unglaubliche Kraft. Das Gehirn ist ein gewiefter Gegenspieler: Lieber akzeptiert es einen unangenehmen, bekannten Zustand, als sich den Herausforderungen eines unbekannten, aber potenziell besseren Lebens zu stellen.

Du kennst den Spruch: Menschen sind Gewohnheitstiere. Doch CEOs nicht, im Gegenteil. Die Denkweise erfolgreicher Unternehmerinnen basiert auf anderen Prinzipien als die von Menschen, die ihr Leben lang auf den Gehaltsscheck am Ende des Monats hinarbeiten. CEOs zeichnen sich durch proaktives Handeln aus, durch den steten Willen zur Verbesserung und durch die Fähigkeit, Risiken zu managen. Sie umarmen Veränderung als Teil des Wachstums und nutzen jede Gelegenheit, aus Fehlern zu lernen und sich weiterzuentwickeln.

Um in die Fußstapfen dieser Führungspersönlichkeiten zu treten, ist es notwendig, den eigenen Geist zu schulen, festgefahrene Routinen zu hinterfragen und sich eine Mentalität anzueignen, die auf Wachstum, Innovation und kontinuierliche Selbstverbesserung ausgerichtet ist. So wird aus dem alltäglichen *Métro, boulot, dodo* ein Leben voller dynamischer Herausforderungen und persönlicher Erfolge. Es ist ein Weg, der Disziplin und Hingabe erfordert, aber auch reiche Belohnungen in Form von persönlicher Zufriedenheit und Erfolg verspricht. Schauen wir uns an, welche Denkmuster erfolgreiche CEOs anwenden und worin sich diese von denen angestellter Menschen unterscheiden.

Wachstumsorientiertes Denken

Mit dem Konzept des wachstumsorientierten Denkens hast du bereits im ersten Teil dieses Buches Bekanntschaft gemacht. Die Forschung zur Mentalität des Wachstums wurde maßgeblich von der Psychologin Carol S. Dweck geprägt. Ihre Studien zeigen auf, dass Menschen mit einem wachstumsorientierten Denken glauben, dass sie ihre Fähigkeiten durch Anstrengungen weiterentwickeln können, dadurch neigen sie eher zu Erfolg.

Als ich im Alter von 26 Jahren entschied, ein Cupcake Café aufzumachen, hatte ich null Ahnung von der Führung einer Konditorei, vom Backen oder von Buttercreme. Statt mir aber zu sagen: «Ich kann das nicht», sagte ich mir: «Ich kann das *noch nicht*. Aber ich werde einen Weg finden.» Die Idee, dass das kleine Wörtchen «noch» eine signifikante Rolle bei der Einstellung zum Lernen und zur persönlichen Entwicklung spielen kann, entstammt ebenfalls der Arbeit von Carol S. Dweck und ist ein zentraler Gedanke des Growth Mindsets.

Die Psychologin beschreibt, wie das Einfügen des Wortes «noch» in Sätze wie «Ich kann das nicht» einen erheblichen Unterschied machen kann in der Art und Weise, wie Personen ihre eigenen Fähigkeiten wahrnehmen und entwickeln. Sie erklärt, dass die Nutzung von «noch nicht» dazu beiträgt, eine Mentalität des stetigen Lernens und der Bereitschaft für Wachstum zu fördern.

Lösungsorientiertes Denken

Ich erinnere mich an einen Auftrag aus meiner Zeit als Cupcake-Unternehmerin: Wir sollten 5000 Mini-Cupcakes für einen Großkunden backen und diese um 10:00 Uhr bei der Event-Location abgeben. Die ganze Nacht stand ich in der Küche, denn mir war die Frische der Cupcakes enorm wichtig. Als die letzten Glitzerstreusel auf der Buttercreme verteilt waren, die fünfzig Kästen à hundert Mini-Cupcakes luftdicht verschlossen und in der Backstube bereit zum Einladen in den Transporter waren, musste ich meinen Freund bitten, die Auslieferung zu übernehmen, da ich mich kaum noch auf den Beinen halten konnte.

Er half mir gerne und übernahm in aller Frühe das Einladen

in den Transporter. Ich lief gerade über den Hof, als ich sah, wie mein Freund versuchte, auf einen Turm von sechzehn Kisten noch zwei weitere mit Cupcakes zu stapeln. Nur leider hatte er die untersten Kisten wohl nicht ganz so akkurat aufeinandergestellt. Es passierte, was passieren musste: Der Kistenturm, gefüllt mit über 1600 Cupcakes, fiel zu Boden, die Deckel flogen auf, und der Parkplatz war bedeckt mit einem Meer aus rosa Buttercreme, Cupcakes und Streuseln.

Mir blieb das Herz stehen. Meinem Freund ging es genauso. Er konnte kaum sprechen. Ich rannte zu den Cupcakes auf dem Boden, um zu sehen, ob noch etwas zu retten war – aber keine Chance. Ein Blick auf die Uhr: Es war 9:00 Uhr. In einer Stunde sollten wir liefern.

Mein Freund sagte immer wieder, wie leid es ihm tat. Ich beruhigte ihn und versicherte ihm, es sei nicht seine Schuld. Innerhalb einer Millisekunde traf ich eine Entscheidung: «Lade weiter ein, liefere jetzt schon aus, was wir haben, fahr dann zum Großhandel und besorg mir bitte noch mal dreißig Päckchen Butter. Wir backen neu.»

Dann rief ich die Auftraggeberin an, teilte ihr mit, was geschehen war und dass knapp 3500 Cupcakes auf dem Weg zu ihr waren und um 13:00 Uhr die nächste Lieferung kommen würde.

Und so war es auch. Frag mich nicht, wie, aber wir haben es geschafft. Wir haben innerhalb von vier Stunden 1600 Cupcakes gebacken, verziert, verpackt und dann geliefert.

Und genau das ist lösungsorientiertes Denken: Statt dich im Angesicht von Herausforderungen auf den Boden zu werfen und dir Tiernamen zu geben, frage dich: «Welche Lösungen gibt es?» Und dann leg los. Die Positive Psychologie, die sich intensiv mit dieser Art zu denken befasst, wurde von dem Psychologen Martin Seligman und anderen in diesem Feld

Forschenden begründet. Ihre Arbeit zeigt, wie wichtig es ist, den Schwerpunkt des eigenen Denkens von den Problemen auf die möglichen Lösungen zu verlagern.

Scheitern als die Möglichkeit zu lernen

In der Forschung finden sich eine Vielzahl von Studien, die den konstruktiven Umgang mit Fehlern beleuchten. So hebt beispielsweise John C. Maxwell, Autor von «Failing Forward», hervor, wie wichtig es ist, Misserfolge als Chancen für Lernen und Wachstum zu betrachten.

Mit 31 Jahren hatte ich zum Beispiel die Idee, die Welt mit einem Hüftsitz zu verbessern. Diesen hatte ich in meinem ersten Urlaub als alleinerziehende Mama kennengelernt: Es war ein breiter Gurt mit einem kleinen, angebrachten Sitz vorne, auf dem Kleinkinder ab dem Alter von eineinhalb Jahren einen Platz finden konnten. Ich wollte das Leben vieler Eltern, die ihre Kleinkinder tragen, erleichtern und machte mich an die Arbeit: Gemeinsam mit einer Freundin recherchierte ich nach den besten Herstellern und aussagekräftigen Studien zu den Vorteilen dieses Sitzes. Wir ließen uns von renommierten Physiotherapeuten beraten, die uns dabei unterstützten, den ergonomisch besten Hüftsitz der Welt zu entwickeln. Überzeugt von unserer Idee, aktivierten wir unser Netzwerk und produzierten ein aufwändiges Video für unsere Crowdfunding-Kampagne. Unser Ziel: 25 000 Euro. Wir erreichten es zwar nicht, bekamen aber eine Zusage für «Die Höhle der Löwen». Unser Eifer war ungebrochen, und wir legten uns ins Zeug: Finanzplanung, Wareneinkauf, Margenberechnung, Fulfillment – wir spielten das ganze Programm durch. Eine Woche vor der Aufzeichnung rief uns die Redakteurin an: Es tue ihr leid, aber in den USA habe jemand vor vier Wochen ein identisches Produkt mit demselben Namen als Marke eingetragen. Es war vorbei. Meine Freundin zog noch einmal alle Register, vertiefte sich intensiv in die Produktentwicklung und versuchte, mit der Redakteurin mögliche Änderungen und Anpassungen zu verhandeln. Wenn sie etwas wirklich will, gibt sie einfach alles. Doch es blieb beim Nein.

Wenn ich mir heute das Video unserer Kampagne anschaue, dann tue ich das nicht mit einem Gefühl des Scheiterns. Ich blicke mit Dankbarkeit auf jene Zeit zurück und in dem Bewusstsein, wie wertvoll diese Erfahrung war: Ich habe in dieser Zeit so viel über Materialkunde, Fertigung, Finanzierung und Businesspläne gelernt – und davon profitiere ich bis heute.

Diese Haltung ist essenziell für den «CEO-Modus». Scheitern als Chance zu sehen, ist eine der Schlüsselqualifikationen, um resilient und erfolgreich ein Unternehmen zu führen. Lass dich also nicht von Rückschlägen entmutigen, sondern nutze die gewonnenen Einsichten als wertvolle Ressourcen. Mit jedem Scheitern erweiterst du deine Erfahrungen und verbesserst die Fähigkeit, künftige Herausforderungen zu meistern. Es ist diese Haltung, die einen echten CEO – egal in welcher Branche – ausmacht und die essenziell ist für langfristigen Erfolg und stetiges persönliches Wachstum.

Die Bereitschaft, Risiken einzugehen

Die Forschung zu Risikobereitschaft und Unternehmerinnentum von Wissenschaftlerinnen wie Saras D. Sarasvathy, die die Effectuation-Theorie entwickelte, zeigt auf, wie erfolgreiche Unternehmerinnen durch berechnete Risiken Innovationen vorantreiben. In Momenten, in denen das Außen zum

Beispiel anderer Meinung ist, musste auch ich lernen, mich abzugrenzen.

Als ich meinem Umfeld mitteilte, dass ich meinen sicheren Job mit einem sechsstelligen Jahresgehalt an den Nagel hängen wollte und nach der Elternzeit nicht zurückkehren würde, war das den meisten völlig unbegreiflich. Für einige war es sogar kompletter Wahnsinn: «Du willst wirklich deinen sicheren Job aufgeben, und das mit zwei Kindern?» Das waren nur einige der Fragen, die mir täglich begegneten.

Meine Antwort: Ja, gerade wegen meiner Kinder möchte ich den Versuch wagen, noch mehr aus meinem Leben zu machen. Ich möchte ihnen vorleben, dass sie nichts aushalten müssen, was sie nicht erfüllt, und ich möchte ihnen zeigen, dass es okay ist, andere Wege zu gehen, dass es sich lohnt, seinem Herzen zu folgen und Risiken einzugehen.

Aber ich bin nicht einfach blind gesprungen. Ich habe genug Geld zur Seite gelegt und mir ein klares Ziel gesteckt: Sollten nach einem Jahr keine eindeutige Richtung oder Ergebnisse vorliegen, könnte ich immer noch in den Job zurückkehren. Dass ich ein Jahr später über eine halbe Million Umsatz verfügen sollte, eine GmbH gegründet und Hunderte von Frauen auf ihrem Weg begleitet hätte, konnte ich nicht ahnen. Aber ich habe es gewagt.

Risiken einzugehen, erfordert Mut und eine gute strategische Vorbereitung. Sie ist jedoch ein entscheidender Einflussfaktor für überdurchschnittlichen Erfolg und persönliche Erfüllung. Das Wagnis kann groß sein, aber ohne das große Risiko gibt es vielleicht auch keinen großen Erfolg. Es gilt, das Unbekannte zu umarmen und Chancen zu nutzen, die sich nur denjenigen bieten, die bereit sind, aus ihrer Komfortzone hinauszutreten.

I grow as I go

Diese praktische und erfahrungsbasierte Lernmentalität wird durch die Arbeiten von David A. Kolb gestützt, der mit dem *Experiential learning model* die Wichtigkeit der Reflexion und der Anwendung von Wissen hervorhebt.

So habe ich mich zum Beispiel mein Leben lang auf Jobs beworben, für die ich im Grunde nicht qualifiziert genug war. Warum? Weil ich wusste: Nur so kann ich wachsen!

Diese Einstellung teilten nicht alle Menschen, denen ich mich im Laufe meiner Karriere vorstellte. Als ich 24 Jahre alt war, arbeitete ich als Werkstudentin für den Vice President eines der größten Musiklabels der Welt. Als ich erfuhr, dass eine feste Stelle als Assistentin ausgeschrieben werden sollte, beschloss ich, mich dafür zu bewerben, weil ich diese Stelle faktisch bereits seit sechs Monaten als Werkstudentin ausfüllte.

Das Bewerbungsgespräch war kurz und endete abrupt: Es dauerte keine fünf Minuten, bis mich der Manager unterbrach und sagte: «Du bist für die Stelle nicht qualifiziert.» Ich antwortete direkt: «Aber ich lerne schnell.» Seine Antwort war scharf und endgültig: «Das mag sein, aber nicht bei mir, Mäuschen.» Ich kam mir in diesem Moment so klein vor, während er so groß und mächtig in seinem Ledersessel saß.

Doch im Laufe meines Lebens kreuzten Menschen meinen Weg, die mir ihr Vertrauen schenkten – manchmal so viel davon, dass ich selbst kaum damit Schritt halten konnte. Nachdem ich mit 28 Jahren mein Cupcake Café verkauft hatte, bewarb ich mich auf die Position einer Volontärin in einer Berliner Produktionsfirma. Innerhalb von nur drei Monaten vertraute mir die Chefin Tita von Hardenberg – eine renommierte Persönlichkeit in der Medienbranche – die gesamte

Leitung der Onlineredaktion an. Sie erkannte mein Potenzial und förderte meine Fähigkeiten, indem sie mich vor Herausforderungen stellte, an denen ich wachsen konnte und die mir das Vertrauen gaben, dass ich großen Aufgaben auch künftig gewachsen sein würde. Sie wurde meine erste Mentorin. Und dafür bin ich ihr bis heute sehr dankbar.

Diese Erfahrungen sind ein klares Beispiel für das *«I grow as I go»*-Denkmuster. Obwohl ich anfangs auf Unverständnis und Ablehnung stieß, wenn ich mich mutig an eine Aufgabe wagte, die meine Fähigkeiten überstieg, wuchs ich mit jeder neuen Herausforderung, die sich mir bot. Auch Misserfolge waren nicht das Ende meiner Ambitionen, sondern ich nutzte sie als Sprungbrett für meinen nächsten Schritt. Jedes Nein, jede Hürde und jeder Fehler wurden zu Lektionen, die mich stärker und fähiger machten. Diese proaktive und an Resilienz orientierte Haltung half mir dabei, das Vertrauen, das andere in mich setzten, als Chance zu begreifen, durch die ich lernen, mich weiterentwickeln und über mich hinauswachsen konnte.

Übrigens: Ich sah den besagten Musikmanager vor einem Jahr wieder. Ich fuhr Richtung Flughafen, um meine Schwester abzuholen, und regelte den Tempomat an meinem neuen Tesla. Als ich nach rechts schaute, sah ich ihn – in einem kleinen roten Auto. Er hatte die Freisprechanlage an und gestikulierte wild mit den Händen. Dann schaute er zu mir rüber – ich bezweifle, dass er mich erkannte – und zwinkerte mir zu ... Ich gab Gas, schmunzelte und sagte: Nicht bei mir, Mäuschen.

SO WIRST DU DIE UNTERNEHMERIN, DIE DU SEIN MÖCHTEST

Nun, da du mit Strategien ausgestattet bist, wie du dich als angehende CEO ausrichten kannst, ist es an der Zeit, tiefer in deine «*Transformational Identity*», deine Identität als Unternehmerin, einzutauchen. Das ist das innere Bild, das du von dir als erfolgreiche Unternehmerin hast und nach außen vermittelst. Auch wenn dir diese CEO noch weit entfernt scheint, so mache dich Schritt für Schritt mit dieser Version deiner selbst vertraut. Es geht nicht nur darum, was du tust, sondern vor allem darum, wer du bist und sein möchtest auf deiner unternehmerischen Reise. Diese Identität ist ein wesentlicher Bestandteil deiner Entwicklung und trägt maßgeblich zu deinem Erfolg bei. Denn sie steuert, wie du handelst, wie du Entscheidungen triffst und wie du Herausforderungen begegnest. Um dich auf deiner Reise zu leiten, findest du hier deine *Roadmap to CEO*, die dich zum Kern deiner unternehmerischen Persönlichkeit führt.

Deine CEO-Vision

Um eine erfolgreiche Unternehmerpersönlichkeit zu verkörpern, darfst du an erster Stelle eine glasklare Vision von dir selbst entwickeln. Es geht darum, ein klares und detailliertes Bild davon zu entwerfen, wie deine ideale unternehmerische Identität aussehen soll.

Dieses Bild dient dir als Leitstern und Motivationsquelle, um die entsprechenden Eigenschaften zu kultivieren und die erforderlichen Schritte in Richtung deiner angestrebten Rolle als Unternehmerin zu gehen.

Frage dich, welche Werte und Prinzipien sie vertritt. Ist sie innovativ, risikobereit, resilient, stark oder vor allem ethisch, sozial und verantwortungsbewusst? Visualisiere, wie diese Eigenschaften in der Praxis aussehen und wie sie die Führung deines Unternehmens beeinflussen.

Überlege auch, wie diese ideale Unternehmerpersönlichkeit mit Herausforderungen und Rückschlägen umgehen würde. Es ist wichtig, eine proaktive Einstellung zu Problemstellungen zu haben, die auf Anpassungsfähigkeit, Lernbereitschaft und Durchhaltevermögen beruht. Stelle dir vor, wie sie kritische Situationen mit kreativen Lösungen und einem klugen Risikomanagement bewältigt, ohne dabei die Vision und die langfristigen Ziele aus den Augen zu verlieren.

Zudem ist dein Umgang mit Erfolgen ein wichtiger Aspekt deiner Unternehmerinnenpersönlichkeit. Deine Vision sollte auch beinhalten, wie du Erfolge feiern und sie nutzen willst. Eine Unternehmerin sollte in der Lage sein, Erfolge sowohl zu würdigen als auch als Ansporn zu sehen, sich kontinuierlich weiterzuentwickeln und sich nicht auf dem Erreichten auszuruhen.

Halte deine Vision schriftlich fest, um später darauf zurückgreifen zu können.

Dein Verhalten

Um deine Vorstellung von einer idealen CEO Realität werden zu lassen, musst du Verhaltensweisen entwickeln, die zu diesem Bild passen. Überlege, welche täglichen Gewohnheiten deine ideale Unternehmerinnenpersönlichkeit hat, und fange an, diese in dein Leben zu integrieren.

Stelle dir vor, wie dein idealer Business-Tag aussieht. Denke über Routinen nach, die dir helfen, fokussiert und produktiv zu sein – vielleicht startest du den Tag mit Sport oder einer

Meditation. Überlege, wie du deine Zeit einteilst, um effektiv zu arbeiten, und vergiss nicht, Pausen einzulegen, um nicht auszubrennen und kreativ zu bleiben.

Überlege dir auch, wie du als Unternehmerin mit Stress umgehen würdest. Denk an Techniken, um Ruhe zu finden, wie zum Beispiel Atemübungen oder Zeit in der Natur. Vergiss nicht, Zeit für Freunde, Familie und Hobbys einzuplanen, um einen Ausgleich zur Arbeit zu schaffen.

Mache es zu einem festen Bestandteil deines Alltags, neue Verhaltensweisen regelmäßig anzuwenden. Dein Tagesablauf und dein Umgang mit Stress sollten dir zu dauerhaften Gewohnheiten werden, die dein Handeln als Unternehmerin prägen. Es müssen nicht immer große Schritte sein; selbst kleine Veränderungen können schon helfen. So könntest du beispielsweise, anstatt bis zur letzten Minute im Bett zu bleiben, deinen Tag 25 Minuten früher beginnen und dir Zeit für eine Tee-Routine nehmen, um dich auf den Tag vorzubereiten.

Dein Ziel ist es, dass dein tägliches Verhalten mehr und mehr der Vision entspricht, die du für deine Unternehmerinnenpersönlichkeit hast. Durch Disziplin und eine auf Entwicklung ausgerichtete Haltung kannst du sicherstellen, dass deine Werte und Ziele nicht nur auf dem Papier stehen, sondern sich in deinem täglichen Handeln niederschlagen.

Dein Commitment

Commitment zeigt sich besonders in den Momenten, in denen die Erfolge auf sich warten lassen und der Glaube an deine Vision auf die Probe gestellt wird. Es bedeutet, unbeirrt an deinem eingeschlagenen Weg festzuhalten und den Fokus auf deine langfristigen Ziele zu richten, selbst wenn dein Umfeld Zweifel hegt oder keinen direkten Nutzen in deinen Bemühungen erkennen kann.

Sogar in Zeiten, in denen andere sich dem Feierabend oder Freizeitaktivitäten widmen, zeigst du Engagement, indem du dich an den Schreibtisch setzt und weiter an deiner Vision arbeitest. Du gehst die Extrameile, investierst diese zusätzlichen Stunden, denn deine Hingabe für dein Business geht über das Gewöhnliche hinaus.

Nimm vom Anpfiff bis zum Abpfiff deinen Platz auf dem Spielfeld ein und motiviere dich selbst – sei deine persönliche Cheerleaderin, insbesondere in den stillen Momenten, wenn Unterstützung und Begeisterung von außen mal fehlen.

Durch Beharrlichkeit und die ständige Ausrichtung deiner Handlungen an deiner neuen CEO-Identität verankerst du diese in deinem eigenen Selbstbild und machst sie für die Welt um dich herum sichtbar.

Es bedarf nicht immer großer Gesten oder tiefgreifender Veränderungen an einem einzelnen Tag. Unternimm vielmehr kontinuierlich Schritte, die sich aufaddieren und im Laufe der Zeit zu bedeutenden Fortschritten führen. Indem du täglich mindestens eine Aktion ausführst, die dich deiner Vision näher bringt, schaffst du eine Kette erfolgreicher Gewohnheiten, die deinen Unternehmerinnengeist stärken und dich deinem Traum näher bringen.

Setze dir konkrete und greifbare Ziele. Visualisiere deine Zukunft nicht nur als wohlhabend, sondern erlebe sie in deiner Vorstellung bereits jetzt. Mache dich immer wieder auf zu deinem Date mit deinem Future Self. Denn diese Entwicklung zur CEO-Persönlichkeit ist eine kontinuierliche Reise der Selbsterforschung und -bestärkung. Beständigkeit und der unerschütterliche Wille zur persönlichen Weiterentwicklung zeichnen jene aus, die nicht bloß Reichtum anstreben, sondern ein anhaltend erfülltes und selbstbestimmtes Leben in Wohlstand führen wollen.

Training: CEO Identity Bootcamp

Jetzt schnapp dir den Kaffee (so einen richtigen CEO-Kaffee, versteht sich) und mach es dir in deinem imaginierten Chefsessel gemütlich. Es wird ernst auf dem Weg zur CEO Identity! In deinem persönlichen CEO Identity Bootcamp tauchst du ab in die Tiefen deiner Unternehmerinnenidentität. Das Ziel? Ein authentisches, selbstsicheres Auftreten, mit dem du im täglichen Business glänzt. Auf geht's, CEO in spe!

1. Das Visionboard deines zukünftigen Ichs

Visualisiere deine Zukunft und mache sie greifbar durch ein persönliches Visionboard und kreiere eine Vorstellung davon, wie du dich als CEO siehst und fühlst.

Sammle Bilder, Sprüche und Objekte, die für deine zukünftigen Errungenschaften, Persönlichkeitsmerkmale und Ziele stehen, und erstelle dann ein Visionboard, das dir als tägliche Inspiration für deine Transformation zum CEO dient.

Alternativ kannst du dich noch einmal mit deinem Future Self aus Kapitel eins in einer Visualisierungsübung verbinden.

2. Dein großes CEO-Interview

Bereite dich auf die Zukunft vor, indem du dich selbst herausforderst und kritische Fragen über deine Ziele und Methoden beantwortest. Formuliere deine Visionen und Werte aus, sodass du sie im Gespräch klar kommunizieren kannst.

Erstelle zuerst eine Liste mit Fragen, die eine Journalistin dir stellt, sobald du eine erfolgreiche CEO bist. Beantworte diese Fragen dann schriftlich und lasse einfließen, welche Eigenschaften und Entscheidungen dich auf dieses Erfolgslevel gebracht haben.

Hier einige Beispielfragen:

- Wie definierst du Erfolg für dich und für dein Unternehmen?
- Welchen Rat würdest du einem jungen Unternehmer geben, der gerade startet?
- Was war die herausforderndste Entscheidung, die du als CEO treffen musstest?

3. Tägliches Journaling

Nimm dir Zeit für eine tägliche Reflexion, um ein tieferes Verständnis für deine berufliche und persönliche Entwicklung zu gewinnen. Stärke dadurch dein Selbstbewusstsein und Selbstverständnis als CEO.

Schreibe über deine Erfahrungen, Entscheidungen und Gefühle. Nutze Fragen, die deine Denk- und Handlungsweise in Richtung deiner CEO-Identität lenken.

Hier einige Beispielfragen:

- Auf welche Weise habe ich heute bewusst meine Komfortzone verlassen?
- Wie habe ich meine Zeit und Ressourcen heute gemanagt?
- Welche Herausforderungen bin ich heute angegangen, und was habe ich daraus gelernt?

4: Die «Als-ob-Routine»

Führe alltägliche Handlungen aus, als ob du bereits CEO wärst, um so die entsprechenden Gewohnheiten zu festigen. Integriere dadurch CEO-Verhaltensweisen in deinen Alltag und wachse jeden Tag weiter in die angestrebte Rolle hinein.

Entscheide dich für drei tägliche Handlungen, die dein CEO-Ich ausführen würde, wie zum Beispiel eine bestimmte Lektüre wählen, professionelle Kleidung anlegen oder vor wichtigen Meetings meditieren. Integriere diese Handlungen dann in deine Routine und beobachte, wie sie dein Selbstbild und Auftreten beeinflussen.

Hier einige Beispiele für den Anfang:

- *Dress for Success*: Trage Kleidung, die du als CEO tragen würdest, selbst dann, wenn du von zu Hause aus arbeitest.
- Körpersprache bewusst einsetzen: Übe, in Gesprächen eine aufrechte und selbstbewusste Haltung zu wahren, um Kompetenz und Vertrauenswürdigkeit auszustrahlen. Stichwort: digitales Charisma!
- Die tägliche Portion Wissen: Widme dich deiner Weiterbildung, indem du Fachliteratur liest (wie dieses Buch hier, höhö) oder indem du Business-Podcasts hörst.

5: Der Entscheidungsmuskel

Stärke deine Fähigkeit, Entscheidungen zu treffen und die Konsequenzen bewusst zu tragen.

Durch bewusste Wahl und die tägliche Reflexion von Entscheidungen stärkst du deinen Entscheidungsmuskel.

Dokumentiere drei wichtige Entscheidungen, die du heute getroffen hast, und analysiere, wie sie zu deiner zukünftigen CEO-Rolle passen. Reflektiere dann, wie du deine Entscheidungsfähigkeit weiter verbessern kannst, um deinem zukünftigen Ich gerecht zu werden.

Und jetzt viel Erfolg dabei, deine CEO-Aura zum Strahlen zu bringen!

DEINE ERFOLGSROUTINEN

Als CEO besitzt du die Fähigkeit, die Richtung deines Unternehmens maßgeblich zu beeinflussen. Und Zeit ist eine deiner kostbarsten Ressourcen. So viele angehende Unternehmerinnen ertappen sich dabei, dass sie ewig langen To-do-Listen hinterherrennen. Sie wundern sich, warum sie so ausgelaugt sind, während sie gefühlt nichts erledigt bekommen.

Dabei geht es nicht darum, endlose To-do-Listen abzuarbeiten, sondern, Prioritäten zu setzen. In einer Welt, in der es scheint, als ob alle nur «beschäftigt» sein möchten, sind gerade jene erfolgreich, die verstehen, dass es auf Produktivität ankommt, nicht auf die Anzahl der Arbeitsstunden. Auf den folgenden Seiten tauchen wir ein in die Grundlagen für effektives Handeln und verstehen, warum es für den Erfolg deines Online-Business notwendig ist, dass du intelligent und zielorientiert mit deiner Arbeitskraft umgehst.

Wir leben in einer Zeit, in der bei einigen exzessives Arbeiten verpönt ist, beispielsweise bei der Generation Z, und andere zu «hustlen» als Statussymbol sehen. Doch egal wie viel «Hustle-Power» du dir auch vornimmst, deine Gehirnleistung hat ihre Grenzen – und wie sehr du auch durchziehst, was du dir vorgenommen hast, irgendwann erreicht dein Gehirn den Punkt, an dem der «Motor» erschöpft ist.

Stelle es dir so vor: Jeder wacht morgens mit einem Rucksack, gefüllt mit hundert Bällen, auf. Diese Bälle repräsentieren dein «Gehirngold» – deine Fähigkeit, konzentriert und fokussiert zu arbeiten.

Das Gehirngold wird aber bereits morgens beansprucht, sobald du zum Handy greifst: Die ersten dringenden Mails flattern herein, und du hast schon Aufgaben zu erledigen, bevor du überhaupt die Zähne geputzt hast. Gar nicht cool, nicht wahr?

Dein Stresslevel steigt, noch bevor du deinen ersten Kaffee, Tee gekocht oder eine Ruhepause eingelegt hast. Das Ergebnis: Mit jeder Entscheidung, jeder Aufgabe wird dein Rucksack mit Gehirngold leerer. Denn auch wenn du nicht direkt auf die Mail antwortest, so ist bereits diese Entscheidung ein kleiner geistiger Kraftakt.

Du willst dein eigenes Business aufbauen, ja, aber das sollte sich doch möglichst leicht und unbeschwert anfühlen. Du sollst auf deinem Weg wachsen und dich weiterentwickeln, die «*I grow as I go*»-Mentalität annehmen, statt auszubrennen. Also, auf geht's!

Konzentration und Kapazität: Wie viel Hochleistung ist täglich möglich?

Es ist eine ziemlich verbreitete Vorstellung, dass man nur genug arbeiten muss, um erfolgreich zu sein. Aber spannenderweise zeigt uns die Forschung, dass unsere wirkliche Power für konzentrierte Arbeit begrenzt ist. Studien legen nahe, dass die meisten Menschen nur für eine Handvoll Stunden am Tag – etwa vier bis fünf – wirklich effektiv sind, wenn es um kreatives und fokussiertes Arbeiten geht.

Der Psychologe Anders Ericsson hat beobachtet, dass zum Beispiel Musiker in der Regel nur vier Stunden täglich wirklich effektiv üben können.

Jetzt fragst du dich vielleicht: Wie machen wir das Beste aus unseren vier Stunden? Es gibt mehrere Methoden, die uns helfen, unsere Zeit richtig zu nutzen.

Auf den kommenden Seiten erfährst du, wie du deine Arbeitsumgebung zum Boss-Level aufwertest, Prioritäten setzt, störende Nebengeräusche minimierst und gezielt Pausen einlegst, um aus deinen vier Stunden Produktivität das Beste herauszuholen. Arbeite nicht mehr, sondern schlauer, und entwickle effektive Routinen und Arbeitsmethoden, die anhaltende Gesundheit und Leistungsfähigkeit nach sich ziehen. Unser Ziel: dich in den sogenannten *Deep-Work*-Modus zu versetzen. Das ist der Zustand, in dem du tief in deine Aufgaben eintauchst und dich voll und ganz auf deine Projekte fokussierst. Du bist im «Flow».

Das Konzept des *«Deep Work»* wurde übrigens von Cal Newport, einem amerikanischen Informatik-Professor und Autor, geprägt. In seinem gleichnamigen Buch *Deep Work: Rules for Focused Success in a Distracted World* aus dem Jahr 2016 beschreibt Newport, wie man sich in Zeiten hoher Ablenkung tief konzentrieren kann, um hochwertige und produktive Arbeit zu leisten – eine uneingeschränkte Leseempfehlung.

Warum *Decision Fatigue* dein Endgegner ist

Stell dir vor, dein Gehirn ist wie ein Handyakku, der mit jeder Entscheidung, die du triffst, ein bisschen mehr Saft verliert. Klingt verrückt? Aber genauso funktioniert unser Denkapparat, wenn es darum geht, Entscheidungen zu treffen. Jede noch so kleine Wahl, die wir im Laufe des Tages tätigen, zehrt an unserer geistigen Energie.

Wenn du also gegen Ende des Tages das Gefühl hast, dass selbst die einfachsten Entscheidungen wie eine Herkulesaufgabe wirken, bist du wahrscheinlich Opfer der sogenannten ‹Entscheidungsmüdigkeit› – auch als *Decision Fatigue* bekannt –, ein Zustand, in dem dein Gehirn förmlich nach einer Pause schreit. Die Summe all dieser Mikroentscheidungen kann langfristig auch zu einem Burn-out führen. Entscheidungsmüdigkeit kann dich wortwörtlich lahmlegen, wenn du nicht sorgsam mit deiner Energie umgehst.

Roy F. Baumeister, ein renommierter Psychologe, widmete sich in seinen Studien dem Phänomen der Entscheidungsmüdigkeit. Er führte Experimente durch, bei denen die Probandinnen mit anspruchsvollen Aufgaben konfrontiert wurden, die ein hohes Maß an Selbstkontrolle verlangten. Nach diesen intensiven Tests wurden den Teilnehmerinnen sowohl gesunde Snacks als auch Schokolade angeboten. Die Ergebnisse machten es deutlich: Diejenigen, die bereits große mentale Anstrengungen hinter sich hatten, tendierten stärker dazu, die Schokolade zu wählen. Es schien, als hätte ihre Willenskraft nachgelassen, und sie suchten nach sofortiger Belohnung.

Diese Ergebnisse machen deutlich, dass unsere Kapazitäten für Selbstkontrolle begrenzt sind – ein Umstand mit praktischen Konsequenzen für unseren Alltag. Baumeisters Forschungen legen nahe, dass jede Entscheidung, die wir treffen, einen Teil unserer mentalen Energie verbraucht.

Um der Entscheidungsmüdigkeit entgegenzuwirken, gibt es bewährte Strategien. Eine davon ist die *«Cake for Dinner Strategy»*, die darauf abzielt, Vorkehrungen zu treffen, um zu verhindern, dass unsere Willenskraft durch zu viele Entscheidungen im Verlauf des Tages aufgezehrt wird.

Indem wir verstehen, was Entscheidungsmüdigkeit mit uns anstellt und wie wir ihr einen Strich durch die Rechnung machen können, holen wir uns die Kontrolle zurück.

1. *Cake for Dinner*

Stell dir vor, du könntest jeden Tag mit einem klaren Kopf und voller Energie starten, weil du deine To-do-Liste schon am Vorabend aufgestellt hast. Das Planen am Vorabend ist eine effektive und einfache Strategie, um eine Menge mentaler Energie zu sparen, die du im Laufe des Tages sinnvoller einsetzen kannst. Wenn du deine Aufgaben und Ziele für den nächsten Tag schon am Tag zuvor festlegst, entlastest du deinen Geist und schützt ihn vor dem morgendlichen Entscheidungswahnsinn, denn früh am Tag sind wir oft noch müde und unausgeglichen.

Indem wir die Tagesplanung auf eine Zeit verlegen, zu der unser Gehirn sich nicht mehr mit den Herausforderungen des aktuellen Tages auseinandersetzen muss, sparen wir unsere Willensstärke für die Stunden auf, wenn wir sie am dringendsten benötigen – während der Hochphase unserer Produktivität. Wir können uns so direkt und ohne 1000 Todos auf unsere Prioritäten konzentrieren. Das Ergebnis ist ein effizienter Arbeitstag, an dem wir uns produktiv und zufrieden fühlen.

Lass uns diese Idee weiterdenken. Wir nehmen dafür Dominik Spensts Kuchenstückmethode aus seinem Erfolgsjournal in den Blick. Mit dieser Methode unterteilst du deine Aufgaben in drei Segmente: Kuchenstück, Sahnehaube und Kirsche. Das Kuchenstück ist die unverhandelbare Priorität des Tages. Das ist die eine Sache, die an diesem Tag unbedingt erledigt werden muss. Wenn du den nächsten Tag durchgeplant hast und weißt, dass ein festes Zeitfenster für diese bedeutende Aufgabe reserviert ist, kannst du beruhigt schlafen gehen und am nächsten Morgen direkt durchstarten. Die kleineren Aufgaben, deine Sahnehaube und die Kirsche, ordnest du um dein Hauptkuchenstück an. Diese sind zwar wichtig, aber sollten verschiebbare Masse bleiben, damit du auf mögliche Veränderungen im Tagesverlauf flexibel reagieren kannst.

Am Abend nimmst du dir also einen Moment Zeit, um in

Ruhe über den folgenden Tag nachzudenken. Lege fest, welche Herausforderung dein großes Kuchenstück sein soll, und zerlege es in überschaubare Stückchen. So weißt du genau, was zu tun ist. Schätze realistisch ein, wie viel Zeit du für dieses Kuchenstück benötigst, und reserviere diesen Zeitblock für den nächsten Tag im Kalender. Danach bestimmst du die Sahnehaube und die Kirsche, also Aufgaben, die auch wichtig sind, aber das große Kuchenstück ergänzen. Schätze auch für Sahnehaube und Kirsche ab, wie viel Zeit sie einnehmen werden, und lege Pufferzeiten fest, damit du flexibel auf Änderungen reagieren kannst.

Mit dem Wissen, dass deine Planung für den nächsten Tag steht und du keine Entscheidungen mehr treffen musst, bevor du die Arbeit am nächsten Morgen aufnimmst, kannst du entspannt schlafen. Diese abendliche Routine hilft dir, morgendliche Entscheidungsmüdigkeit zu umgehen, und spart dir Energie für das, was wirklich zählt – das konzentrierte Arbeiten an deinen Zielen. Indem du mit deinem wichtigsten Kuchenstück startest, gibst du deinem Tag eine Richtung und diesen besonderen Schwung, um erfolgreich zu sein.

2. Tischlein, deck dich

Immer wenn ich bei meinen Großeltern in Südfrankreich war, hat meine Oma schon am Abend den Frühstückstisch gedeckt: Sie legte die Teller an ihren Platz, auch das Besteck, die «Biscottes», das Lieblingsmesser meines Opas. Sie füllte Wasser in den Wasserkocher und füllte das Tee-Ei mit Schwarztee, und sie stellte ihren geliebten Lavendelhonig auf ihre provenzalische Plastiktischdecke. Ich fand es bewundernswert, da sie es an jedem Abend wie ein Ritual zelebrierte.

Seit meine Kinder auf der Welt sind und wir von morgendlichen Eskapaden ausgehen können, habe ich dieses Ritual übernommen. Ich bereite nicht nur das Frühstück vor, sondern ich habe diese Routine für sämtliche Bereiche übernommen, so auch für meinen Arbeitsplatz.

Stell dir vor, du kommst morgens an deinen Schreibtisch, und anstatt in hektisches Suchen nach Notizbüchern, Stiften oder wichtigen Dokumenten zu verfallen, findest du alles ordentlich und griffbereit vor. Du sparst kostbare Minuten, die sonst für die Vorbereitung draufgehen würden, und verhinderst zugleich, dass dich Unordnung mental aus der Bahn wirft.

Diese ganz praktische Vorbereitung am Abend durchzuführen, bedeutet auch, alle potenziellen Störquellen auszuschalten. Privates Handy? Weg vom Schreibtisch. Benachrichtigungen am Computer? Deaktiviert. So legst du die Basis für einen Tag ohne ständige Unterbrechungen und kannst dich ganz auf deine Arbeit konzentrieren. Diese gut vorbereitete Arbeitsumgebung erlaubt es dir, ganz in deinen *Deep-Work*-Modus einzutauchen. Nachdem du deine Aufgaben für den kommenden Tag geplant hast, solltest du also deinen Arbeitsplatz bestmöglich für diese Aufgaben vorbereiten.

3. Stoppe *Context Switching*

Stell dir vor, du greifst weniger oft zu deinem Smartphone und steigerst deine Produktivität allein durch diese minimale Anpassung enorm – genau das kannst du erreichen, wenn du «*Context Switching*» verstehst und wie es deine Arbeit beeinträchtigt. «*Context Switching*» beschreibt eine Verhaltensweise, bei der du ständig zwischen verschiedenen Aufgaben wechselst, was nachweislich negative Auswirkungen auf deine Effizienz hat. Jeder Wechsel kostet dich wertvolle Zeit, da dein Gehirn sich immer wieder neu orientieren muss.

Dein Smartphone ist einer der größten Verursacher von

«Context Switching». Jeder Blick auf das Display, jede eingehende Benachrichtigung zieht deine Aufmerksamkeit weg von dem, woran du gerade arbeitest. Laut einer Studie aus dem Jahr 2015, veröffentlicht von der Nottingham Trent University im Fachjournal «Computers in Human Behavior», greift eine durchschnittliche Person etwa 85 Mal pro Tag zu ihrem Smartphone. Andere Schätzungen gehen sogar von bis zu 150 Mal pro Tag aus, und die Universität von Kalifornien fand heraus, dass es bis zu 23 Minuten dauern kann, bis man sich nach einer Unterbrechung wieder vollständig auf eine Aufgabe konzentrieren kann.

Das Smartphone ist aber nicht nur eine der Hauptursachen für *«Context Switching»*, es beeinträchtigt auch unsere Willenskraft und trägt zur sogenannten Entscheidungsmüdigkeit bei.

Studien zeigen, dass die Entscheidung, nicht auf das Klingeln oder Vibrieren des Smartphones zu reagieren, Anstrengung erfordert. Wenn das Telefon sich auch nur auf deinem Schreibtisch oder in deiner unmittelbaren Nähe befindet, wird deine Aufmerksamkeit und somit auch deine Willenskraft ständig auf die Probe gestellt. Denn jedes Mal, wenn wir der Verlockung widerstehen, das Smartphone zu überprüfen, setzen wir Willenskraft ein – eine Ressource, die, wie du nun weißt, im Laufe des Tages abnimmt und uns geradewegs in die Entscheidungsmüdigkeit führt.

Um die durch das Smartphone verursachte Entscheidungsmüdigkeit zu mindern, versuche einmal Folgendes: Definiere Zeiten, in denen du konzentriert und ohne Unterbrechungen arbeiten möchtest. Lege dein Smartphone weg, vielleicht sogar in einen anderen Raum. Erkläre deinen Kollegen und deiner Familie, dass du zu bestimmten Zeiten nicht erreichbar bist – es sei denn, es ist ein echter Notfall. Plane nach erfolgreichen

Arbeitsblöcken bewusst Pausen ein, in denen du auch dein Smartphone nutzen darfst. Diese gezielten Pausen dienen als Belohnung und helfen dir, den Reiz, ständig nachschauen zu wollen, zu kontrollieren.

Mit diesen Schritten und ein wenig Disziplin schaffst du es, das ständige *«Context Switching»* zu reduzieren und deine Arbeitszeit effektiv zu nutzen. Du wirst merken, dass du durch das Minimieren von Ablenkungen fokussiert und produktiver sein wirst.

Du hast nun einige Einblicke erhalten, die essenziell sind, um als Unternehmerin und *CEO in the Making* durchzustarten. Du hast gelernt, wie du selbstsabotierende Verhaltensweisen erkennen und überwinden kannst. Du hast verstanden, dass Klarheit, Konsistenz und Fokus Schlüssel zu langfristigem Erfolg sind. Du wurdest dazu angeregt, eine klare Identität als Unternehmerin zu entwickeln und deine Ziele mit Entschlossenheit zu verfolgen. Außerdem hast du persönliche Erfolgsroutinen kennengelernt, die dir helfen können, produktiv und fokussiert zu bleiben.

Ich ermutige dich, das Gelesene in die Tat umzusetzen. Mach dir Gedanken darüber, wie du die neuen Erkenntnisse in dein Leben integrieren kannst. Und merke dir: Du bist auf deinem Weg nicht alleine. Verbinde dich mit Menschen, die in die gleiche Richtung schauen wie du oder die bereits dort sind, wo du hinwillst. Suche dir ein Netzwerk aus Unterstützerinnen und Gleichgesinnten, die dich auf deinem Weg begleiten und dir mit Rat und Tat zur Seite stehen. Und sei auch du eine Unterstützung für andere, denn gemeinsam wächst es sich bekanntlich leichter.

Dieses Buch ist ein erster Schritt, und jetzt bist du dran: Schlage die nächste Seite deiner Geschichte auf. Um es mit den Worten von Mel Robbins zu sagen: Niemand wird kommen, um dich zu retten, niemand wird kommen, um dich zu motivieren. Dieses Leben ist endlich, und das klingt vielleicht pathetisch, aber es ist wahr. Also: Geh los für dich, folge deinem Herzen, aber nimm dein Hirn mit.

Es geht nicht darum, dass du Entscheidungen für die Ewigkeit triffst, sondern darum, die ersten Schritte zu gehen, um den Weg besser sehen zu können. Das ist im Grunde das Wesen des Planens. Du machst dir Gedanken, zimmerst einen Plan und bist dann bereit, unterwegs Anpassungen vorzunehmen. Und wenn du erst einmal mit deinem Business die ersten Erfolge feierst, wirst du neue Chancen sehen, und vielleicht entwickelt sich dein Plan weiter. Ja, und wer weiß, vielleicht wirfst du den Plan dann noch einmal komplett um – völlig egal: Hauptsache, du bleibst dir selbst treu!

Statt um Perfektion geht es im Leben doch um Fortschritt, darum, Geschichten nicht nur zu erzählen, sondern sie zu erleben und mutig Dinge auch dann zu tun, wenn man nicht zu hundert Prozent sicher ist, ob man sie bewältigen kann. Und stelle dir vor, wie du später auf einer Bank am Wegesrand sitzt und du gefragt wirst: «Warum bist du diesen Weg gegangen?» Dann kannst du sagen: «Weil ich es kann!»

DANK

Ich möchte diesen Dank all jenen Menschen widmen, die mich in meinem Leben begleiten. Zuerst: meinen wundervollen Kindern, Sarah und Gabriel. Ihr seid das Einzige auf der Welt, was ich mit Worten nicht beschreiben kann. Ich liebe euch so sehr, und ich bin so dankbar und stolz, eure Mama sein zu dürfen.

Liebe Mama, auch wenn du nicht mehr bei uns bist, widme ich dir dieses Buch. Ich liebe und vermisse dich jeden Tag und danke dir, dass du mich zu der Frau gemacht hast, die ich heute bin. Ich werde dieses Jahr in unserem Pub in London sitzen und auf dich anstoßen.

Sören, mein Partner in Crime: danke, dass du mich herausforderst, mich begleitest und bedingungslos an mich glaubst und mich unterstützt. *You had me at:* «Ist der Platz noch frei?»

Judith, meine Schwester und mein Zwilling im Herzen: Du wählst das Licht, und ich wähle dich. Lass uns ganz bald wieder Chamonix-Kekse essen, okay? Danke dafür, dass ich mit niemandem sonst so krasse Lachkrämpfe bekomme wie mit dir.

Julia: danke, dass du die große Schwester bist, die uns zusammenhält, die für sich einsteht, und danke auch für den wundervollsten Adventskalender, den du uns gemacht hast, als wir noch Kinder und Mama in Kur war.

David: mein einziger Bruder und der silberne Wolf in einer Einhorn-Herde. Danke für deine Unterstützung und Kreativität! Und danke, dass du mich früher beim Karate hast gewinnen lassen, hihi.

Biggi: danke für deinen Rat: «Entschuldige dich niemals

für deinen Erfolg. Nur wir wissen, welchen Weg wir gegangen sind.»

Steffen: danke für unsere Sneak-Peek-Abende und dafür, dass du so bedingungslos du selbst bist und mich damit immer wieder inspirierst.

Julia (mit Elsi und Fridi): danke, dass du immer im richtigen Moment anrufst, auch dann Worte findest, wenn ich selbst keine mehr sagen kann, und du Dinge sagst, die ich vielleicht nicht hören möchte, die aber gut für mich sind.

Rebecca, von Herzen danke für dein Sein. Du bist eine Naturgewalt der Liebe, und ich danke dir für deine unerschütterliche Energie, Kreativität und die krasseste Gabe, alles zu manifestieren, was du dir wünschst.

Mein lieber Onkel Thomas, danke für deine Geschichten, die dazu führen, dass ich immer das Gefühl habe, Mama ist noch unter uns.

Danne und Oskar: danke, dass ihr mir ein Lächeln und Liebe schenkt.

Danke, Lea, du wundervolle junge Frau, die nun mutig in die Welt hinausgeht.

Ari und Kubi, danke, dass ihr so wundervolle Menschen und Familie für uns seid.

Alex, danke für die tollste Tochter auf der Welt.

Alex und Claudia: «Family Affair» verbindet – *you know*.

Liebe Carolina: Freundschaft ist, wenn man sich Jahre nicht sieht und beim ersten Wiedersehen bereits nach zwei Minuten mit einem Lachkrampf auf dem Boden liegt.

Ich möchte dieses Buch auch den Menschen widmen, die nicht mehr auf dieser Welt, aber in meinem Herzen sind: Michelino: du kleiner großer Sonnenschein, du Engel, danke für die Liebe und Freude, die du uns geschenkt hast. Stella: danke für die Zeiten der Freundschaft, der Liebe und der Inspiration.

Last but not least: danke an dich, du, die dieses Buch bis hierher gelesen hat. Danke an meine Community, die mehr ist als eine Ansammlung von Followerinnen, Kundinnen, Podcast-Hörerinnen oder E-Mail-Abonnentinnen. Wenn ich dich auf deinem Weg auch nur ein bisschen unterstützen kann, ist mein Warum erfüllt. *Your win is my why.*

In diesem Sinne: *Let's create your empire!*

Deine Olli

QUELLEN

Kapitel 1

Laura Malina Seiler, *Happy Holy Confident* (Podcast), abrufbar unter: https://lauraseiler.com/podcast-happy-holy-confident/

Dweck, C. S. (2006). *Mindset: The New Psychology of Success,* Random House, New York.

Avidan, Asaf, «Reckoning Song» (2008) mit der Zeile «One Day, Baby, we'll be old», Chrisalis Records, London. Julia Engelmann, 5. Bielefelder Hörsaal-Slam – Julia Engelmann – Campus TV 2013, abrufbar unter: https://www.youtube.com/watch?v=DoxqZWvt7g8

Dispenza, J. (2012). *Breaking the Habit of Being Yourself: How to Lose Your Mind and Create a New One,* Hay House, New York.

Dispenza, J. (2022). *Remembering our future ... Rembering ourselves,* abrufbar unter: https://drjoedispenza.com/dr-joes-blog/remembering-our-future-remembering-ourselves

Robbins, M. (2023). *No one is coming*, abrufbar unter: https://www.youtube.com/watch?v=SwLm3QSBrDA

Robbins, M. (2023). *Who you hang out with matters*, abrufbar unter: https://www.youtube.com/watch?v=S9bYVM1nCpc

Robbins, M. (2017). *The 5 Second Rule: Transform Your Life, Work, and Confidence with Everyday Courage,* Savio Republic, Brentwood.

Hill, N. (1937). *Think and Grow Rich,* The Ralston Society.

Kapitel 2

Wer sich tiefer mit dem Konzept Ikigai befassen möchte, dem empfehle ich folgende Literatur: Mogi, K. (2020). Die japanische Lebenskunst (Japanische Lebensweisheiten, Band 1), DuMont Buchverlag, Köln.

Kapitel 3

Mark, M., & Pearson, C. S. (2001). *The Hero and the Outlaw: Building Extraordinary Brands Through the Power of Archetypes,* McGraw-Hill, New York.

Jung, C. G. (1981). *The Archetypes and The Collective Unconscious,* (2nd ed.), Princeton University Press, Princeton NY.

Robbins, M. (2017). *The 5 Second Rule: Transform Your Life, Work, and Confidence with Everyday Courage,* Savio Republic.

acebook (2017). *Rapport: Bouleversements d'ici 2020: Multiplicateurs multisensoriels*, abbrufbar unter: https://www.facebook.com/business/news/insights/shifts-for-2020-multisensory-multipliers

Kapitel 6

Tracy, B. (2006). *Psychology of Selling: Increase Your Sales Faster and Easier Than You Ever Thought Possible,* Thomas Nelson, Nashville.

Ziglar, Z. (2006). *Secrets of Closing the Sale,* Revell, Grand Rapids.

Bandura, A. (1986.) *Social Foundations of Thought and Action: A Social Cognitive Theory,* Prentice-Hall, New Jersey.

Englewood Cliffs, Cialdini, R. B. (2001). *Influence: Science and Practice,* Allyn and Bacon, Boston.

Milgram, S. (1974). *Obedience to Authority: An Experimental View,* Harper & Row, New York.

CMM360 (2022). Harvard Business Review Studie: Kundenerlebnis ist viel mehr, als durch NPS gemessen werden kann, abrufbar unter: https://www.cmm360.ch/kundenerlebnis-ist-viel-mehr-als-durch-nps-gemessen-werden-kann

Reichheld, F.; Darnell, D.; Burns, M. (2022). So wertvoll sind glückliche Kunden, abrufbar unter: https://www.manager-magazin.de/hbm/marketing/net-promoter-score-earned-growth-so-wertvoll-sind-glueckliche-kunden-a-e06f99e3-0002-0001-0000-000201159033

Genesys (2022). Download Harvard Business Review Studie: Kundenerlebnis ist viel mehr, als durch NPS gemessen werden kann, in: Harvard Business Manager, abrufbar unter: https://www.genesys.com/de-de/resources/beyond-nps-cx-measurement-reimagined

Kapitel 7

Maxwell, J. C. (2000). *Failing Forward: Turning Mistakes into Stepping Stones for Success,* Thomas Nelson, Nashville.

Sarasvathy, S. D. (2008): *Effectuation: Elements of Entrepreneurial Expertise,* Edward Elgar Publishing, Cheltenham.

Kolb, D. A. (1984). *Experiential Learning: Experience as the Source of Learning and Development.* Englewood Cliffs, NJ: Prentice Hall.

Ericsson, K. A.; Krampe, R. Th.; Tesch-Römer, C. (1993). T*he role of deliberate practice in the acquisition of expert performance,* in: Psychological Review 100(3).

Newport, C. (2016). *Deep Work: Rules for Focused Success in a Distracted World.* Grand Central Publishing, New York.

Baumeister, Roy F.; Tierney, J. (2011). *Willpower: Rediscovering the Greatest Human Strength.* Penguin Press, New York.

Wer sich tiefer mit dem Thema *Time Management* befassen möchte, dem empfehle ich den Podcast von Marie Forleo, abrufbar unter: https://www.marieforleo.com/podcast

Allis, D.; Shaw, H.; Piwek, L. (2015). *Beyond Self-Report: Tools to Compare Estimated and Real-World Smartphone Use*, abrufbar unter: https://journals.plos.org/plosone/article?id=10.1371/journal.pone.0139004

MIX
Papier | Fördert gute Waldnutzung
FSC® C083411